全国水利类高职高专教育规划教材

水利水电工程造价

主　编　陈金良　邵正荣

副主编　许明丽　张文义　高丽琴　廖明菊

主　审　刘占军

U0294513

中国水利水电出版社

www.waterpub.com.cn

内 容 提 要

本书为全国水利类高职高专教育规划教材，是根据全国水利水电高职教研会审定的水利水电建筑工程、水利工程、水利工程管理专业指导性人才培养方案"水利水电工程造价"课程标准编写的。本书较全面地阐述了水利水电工程造价的基本知识和编制方法，并附有大量的实例。全书共分 9 个项目，包括工程造价概论，工程定额，基础单价，建筑与安装工程单价，设计概算编制，投资估算、施工图预算、施工预算与竣工决算，水利工程工程量清单计价，水利水电工程招标与投标，水利水电工程造价软件应用。

本书可作为高职、高专院校水利水电建筑工程、水利工程施工技术、水利工程、水利工程管理、工程造价、工程监理等专业的教材，也可供水利类专业教师和水利行业工程技术人员参考。

图书在版编目（CIP）数据

水利水电工程造价/陈金良，邵正荣主编 . —北京：
中国水利水电出版社，2015.8（2018.1 重印）
全国水利类高职高专教育规划教材
ISBN 978 - 7 - 5170 - 3413 - 1

Ⅰ.①水…　Ⅱ.①陈…②邵…　Ⅲ.①水利水电工程
-工程造价-高等职业教育-教材　Ⅳ.①TV512

中国版本图书馆 CIP 数据核字（2015）第 163811 号

书　　　名	全国水利类高职高专教育规划教材 **水利水电工程造价**
作　　　者	主　编　陈金良　邵正荣 副主编　许明丽　张文义　高利琴　廖明菊 主　审　刘占军
出 版 发 行	中国水利水电出版社 （北京市海淀区玉渊潭南路 1 号 D 座　100038） 网址：www.waterpub.com.cn E - mail：sales@waterpub.com.cn 电话：（010）68367658（营销中心）
经　　　售	北京科水图书销售中心（零售） 电话：（010）88383994、63202643、68545874 全国各地新华书店和相关出版物销售网点
排　　　版	中国水利水电出版社微机排版中心
印　　　刷	天津嘉恒印务有限公司
规　　　格	184mm×260mm　16 开本　17.5 印张　415 千字
版　　　次	2015 年 8 月第 1 版　2018 年 1 月第 3 次印刷
印　　　数	4001—6000 册
定　　　价	45.00 元

前 言

　　本书是根据教育部《关于加强高职高专教育人才培养工作意见》和《国家中长期教育改革和发展规划纲要（2010—2020 年）》《国家中长期人才发展规划纲要（2010—2020 年）》的精神，实现人才强国的战略目标，以及全国水利水电高职教研会审定的水利水电建筑工程、水利工程、水利工程管理专业指导性人才培养方案"水利水电工程造价"课程标准编写的。

　　本书在编写中，以培养生产、建设、管理和服务等一线需要的高等技术应用型人才为目标，以培养学生能力为主线，按照《水利工程设计概（估）算编制规定》（水总〔2014〕429 号文）编写而成，具有鲜明的时代特点，体现出实用性、实践性、创新性的教材特色，是一本理论联系实际、教学面向生产的高职高专教育精品规划教材。全书包括 9 个项目以及附录和参考文献。

　　由于水利水电工程造价是一门经济性、政策性、实践性紧密结合的课程，随着工程造价模式改革的深入和经济的发展，国家和上级主管部门还将陆续颁布一些新的规定、定额和费用标准，同时各省、自治区、直辖市地方水利工程造价编制办法也不尽相同，因此各院校在采用本书讲授时，应结合国家和上级主管部门的新规定及本地区的实际情况和规定给予补充和修订。

　　本书编写人员及编写分工如下：山西水利职业技术学院邵正荣编写项目1；辽宁水利职业学院陈金良编写项目2、项目4；广东水利电力职业技术学院张文义编写项目3；中水东北勘测设计研究有限责任公司熊玲编写项目5；广西水利电力职业技术学院廖明菊编写项目6；河南水利与环境职业学院高利琴编写项目7；辽宁水利职业学院袁鑫编写项目8中的任务1、任务2；辽宁水利职业学院赵津霆编写项目8中的任务3；辽宁水利职业学院许明丽编写项目9；湖北水总水利水电建设股份有限公司陈小云编写附录A；沈阳大学石丽忠编写附录B～附录E。本书由陈金良、邵正荣担任主编，陈金良负责全书统稿，由许明丽、张文义、高利琴、廖明菊担任副主编，由辽宁水利职业学院刘占军担任主审。

　　本书的编写得到了各位参编人员所在院校的大力支持和协助，特别是得到了中水东北勘测设计研究有限责任公司专家熊玲的精心指导，在此一并深表谢意。

由于编者水平有限，时间也比较紧张，书中难免有疏漏和不妥之处，诚恳希望广大师生及读者批评指正。

编 者

2015 年 5 月

目　录

项目1 工程造价概论

学习目标与学习要点

本项目主要学习基本建设、基本建设项目、基本建设程序的概念，基本建设的种类，基本建设项目划分和水利水电基本建设项目划分，水利水电基本建设程序，水利工程费用构成，水利水电建筑产品的特点和价格特点，水利水电工程造价的概念及具体的分类，水利水电工程造价与基本建设程序之间的关系，水利水电工程概预算编制程序及编制方法，以及概预算文件的组成内容等。要求了解基本建设项目的类型以及划分；理解基本建设、基本建设项目、基本建设程序的概念；重点掌握水利水电基本建设项目划分及水利水电基本建设程序，能针对实际工程进行项目划分。要求了解水利水电建筑产品的特点和价格特点，工程造价的概念、分类及编制程序；理解工程造价与基本建设程序之间的关系；掌握概预算文件的组成内容。

任务1.1 基 本 建 设

1.1.1 基本建设的概念

基本建设是国民经济各个部门为了扩大再生产而进行的增加固定资产的建设工作，也就是指建造、购置和安装固定资产的活动以及与此有关的其他工作。

基本建设的内容很广，主要包括以下几点：

（1）建筑安装工程：包括各种土木建筑、矿井开凿、水利工程建筑、生产、动力、运输、实验等各种需要安装的机械设备的装配，以及与设备相连的工作台等装设工程。

（2）设备购置：即购置设备、工具和器具等。

（3）勘察、设计、科学研究实验、征地、拆迁、试运转、生产、职工培训和建设单位管理工作等。

基本建设是形成固定资产的生产活动。固定资产是指在其有效使用期内重复使用而不改变其实物形态的主要劳动资料，它是人们生产和活动的必要物质条件。基本建设是一个物质资料生产的动态过程，这个过程概括起来，就是将一定的物资、材料、机器设备通过购置、建造和安装等活动转化为固定资产，形成新的生产能力或使用效益的建设工作。

1.1.2 基本建设的作用

基本建设在国民经济中具有十分重要的作用。

（1）实现社会主义扩大再生产。基本建设为国民经济各部门增加新的固定资产和生产能力，对建立新的生产部门、调整原有经济结构、促进生产力的合理配置、提高生产技术水平等具有重要的作用。

（2）改善和提高人民的生活水平。在增强国家经济实力的基础上，提供大量住宅和科研、文教卫生设施以及城市基础设施，对改善和提高人民的物质文化生活水平具有直接的作用。

基本建设在整个国民经济中占有重要地位，近年来，随着国民经济的不断发展，基本建设投资日益增加。

1.1.3　基本建设程序

1. 基本建设程序

工程项目建设的各阶段、各环节、各项工作之间存在着一定的不可违反的先后顺序。基本建设程序是指基本建设项目从决策、设计、施工到竣工验收整个工作进行过程中各阶段及其工作所必须遵循的先后次序与步骤。基本建设是一项十分复杂的工作，它涉及面广，反映了在基本建设过程中各有关部门之间一环扣一环的紧密联系和工作中相互协调、相互配合的工作关系。要完成一项工程，需要多方面的工作，有些是前后衔接的，有些是相互配合的，更有些是相互交叉的。因而这些工作必须按照一定的程序和先后次序依次进行，才能确保基本建设工作的顺利进行。否则，违反了基本建设程序将会造成无法挽回的经济损失。例如，不做可行性研究就轻率决策定案，没有搞清水文、地质情况就仓促开工，边勘察、边设计、边施工等，不仅浪费了投资，也降低了质量，更严重的后果是建设项目迟迟不能发挥效益，即"工期马拉松，投资无底洞，质量无保证"。因此，基本建设程序是符合客观规律、经济规律，获得最大效益的科学方法，必须严格遵循。

2. 水利水电基本建设程序

我国的基本建设程序，最初是1952年由政务院颁布实施的。根据我国基本建设实践经验，水利水电工程的基本建设程序为：根据资源条件和国民经济长远发展规划，进行流域或河段规划，提出项目建议书；进行可行性研究和项目评估，编制可行性研究报告；可行性研究报告批准后，进行初步设计；初步设计经过审批，项目列入国家基本建设年度计划；进行施工准备和设备订货；开工报告批准后正式施工；建成后进行验收投产；生产运行一定时间后，对建设项目进行后评价。

鉴于水利水电工程建设规模大、施工工期相对较长、施工技术复杂、横向交叉面广、内外协作关系和工序多等特点，故水利水电基本建设较其他部门的基本建设有一定的特殊性，工程失事后危害性也比较大，因此水利水电基本建设程序较其他部门更为严格，否则将会造成严重的后果和巨大的经济损失。

水利水电工程基本建设程序的具体工作内容如下：

（1）流域规划。流域规划就是根据该流域的水资源条件和国家长远计划，以及该地区水利水电工程建设发展的要求，提出该流域水资源的梯级开发和综合利用的最优方案。对该流域的自然地理、经济状况等进行全面、系统的调查研究，初步确定流域内可能的建设位置，分析各个坝址的建设条件，拟定梯级布置方案、工程规模、工程效益等，进行多方案分析比较，选定合理梯级开发方案，并推荐近期开发的工程项目。

（2）项目建议书。项目建议书应根据国民经济和社会发展长远规划、流域综合规划、区域综合规划、专业规划，按照国家产业政策和国家有关投资建设方针进行编制，是对拟进行建设项目的初步说明。

项目建议书是在流域规划的基础上，由主管部门提出建设项目的轮廓设想，从宏观上衡量分析项目建设的必要性和可能性，分析建设条件是否具备，是否值得投入资金和人力。

项目建议书编制一般由政府委托有相应资质的设计单位承担，并按照国家现行规定权限向主管部门申报审批。项目建议书被批准后，由政府向社会公布，若有投资建设意向，则组建项目法人筹备机构，进行可行性研究工作。

（3）可行性研究。可行性研究是项目能否成立的基础，这个阶段的成果是可行性研究报告。它是运用现代技术科学、经济科学和管理工程学等，对项目进行技术经济分析的综合性工作。其任务是研究兴建某个建设项目在技术上是否可行，经济效益是否显著，财务上是否能够盈利；建设中要动用多少人力、物力和资金；建设工期的长短，如何筹建建设资金等重大问题。因此，可行性研究是进行建设项目决策的主要依据。

水利水电工程项目的可行性研究是在流域（河段）规划的基础上，组织各方面的专家、学者对拟建项目的建设条件进行全方位多方面的综合论证比较。例如三峡工程就涉及许多部门和专业，甚至整个流域的生态环境、文物古迹、军事等学科。

可行性研究报告按国家现行规定的审批权限报批。申请项目可行性研究报告必须同时提出项目法人组建方案及运行机制、资金筹措方案、资金结构及回收资金办法，并依照有关规定附具有管辖权的水行政主管部门或流域机构签署的规划同意书、对取水许可预申请的书面审查意见，审批部门要委托有相应资质的工程咨询机构对可行性研究报告进行评估，并综合行业主管部门、投资机构（公司）、项目法人（或筹备机构）等方面的意见进行审批。项目的可行性研究报告批准后，应正式成立项目法人，并按项目法人负责制实行项目管理。

（4）设计阶段。可行性研究报告批准后，项目法人应择优选择有相应资质的设计单位承担工程的勘测设计工作。

对水利水电工程来说，承担设计任务的单位在进行设计以前，要认真研究可行性研究报告，并进行勘测、调查和试验研究工作，要全面收集建设地区的工农业生产、社会经济、自然条件资料，包括水文、地质、气象等资料；要对坝址、库区的地形、地质进行勘测、勘探；对岩土地基进行分析试验；对建设地区的建筑材料分布、储量、运输方式、单价等进行调查、勘测。不仅设计前要有大量的勘测、调查、试验工作，在设计中以及工程施工中仍要有相当细致的勘测、调查、试验工作。

设计工作是分阶段进行的，一般采用两阶段进行，即初步设计与施工图设计。对于某些大型工程或技术复杂的工程一般采用三阶段设计，即初步设计、技术设计及施工图设计。

1）初步设计。初步设计是根据批准的可行性研究报告和必要且准确的设计资料，对设计对象进行通盘研究，阐明拟建工程在技术上的可行性和经济上的合理性，规定项目的各项基本技术参数，编制项目的总概算。初步设计任务应择优选择有相应资质的设计单位承担，依照有关初步设计编制规定进行编制。

初步设计主要是解决建设项目的技术可行性和经济合理性问题。初步设计具有一定程度的规划性质，是建设项目的"纲要"设计。

初步设计是在可行性研究的基础上进行的，要提出设计报告、初设概算和经济评价三项资料。初步设计的主要任务是确定工程规模；确定工程总体布置、主要建筑物的结构型式及布置；确定电站或泵站的机组机型、装机容量和布置；选定对外交通方案、施工导流方式、施工总进度和施工总布置、主要建筑物施工方法及主要施工设备、资源需用量及其来源；确定水库淹没、工程占地的范围，提出水库淹没处理、移民安置规划和投资概算；提出环境保护措施设计；编制初步设计概算；复核经济评价等。对灌区工程来说，还要确定灌区的范围，主要干支渠的规划布置，渠道的初步定线、断面设计和土石方量的估算等。

对大中型水利水电工程中一些重大问题，如新坝型、泄洪方式、施工导流、截流等，应进行相应深度的科学研究，必要时应有模型试验成果的论证。初步设计批准前，一般由项目法人委托有相应资质的工程咨询机构或组织专家，对初步设计中的重大问题进行咨询论证。设计单位根据咨询论证意见，对初步设计文件进行补充、修改和细化。初步设计由项目法人组织审查后，按国家现行规定权限向主管部门申报审批。

2）技术设计。技术设计是根据初步设计和更详细的调查研究资料编制的，进一步解决初步设计中的重大技术问题，如工艺流程、建筑结构、设备选型及数量的确定等，以使建设项目的设计更具体、更完善、技术革新经济指标更好。技术设计要完成以下内容：

a. 落实各项设备选型方案、关键设备科研项目，根据提供的设备规格、型号、数量进行订货。

b. 对建筑和安装工程提供必要的技术数据，从而可以编制施工组织总设计。

c. 编制修改总概算，并提出符合建设总进度的分年度所需要资金的数额，修改总概算金额应控制在设计总概算金额之内。

d. 列举配套工程项目、内容、规模和要求配套建成的期限。

e. 为工程施工所进行的组织准备和技术准备提供必要的数据。

3）施工图设计。施工图设计是在初步设计和技术设计的基础上，根据建筑安装工程的需要，针对各项工程的具体施工，绘制施工详图。施工图纸一般包括：施工总平面图、建筑物的平面、立面和剖面图，结构详图（包括钢筋图），设备安装详图，各种材料、设备明细表，施工说明书。根据施工图设计，提出施工图预算及预算书。

设计文件编好以后，必须按照规定进行审核和批准。施工图设计文件是已定方案的具体化，由设计单位负责完成。在交付施工单位时，须经建设单位技术负责人审查签字。根据现场需要，设计人员应到现场进行技术交底。并可以根据项目法人、施工单位及监理单位提出的合理化建议进行局部设计修改。

（5）施工准备阶段。项目在主体工程开工之前，必须完成各项施工准备工作，其主要内容如下：

1）施工场地的征地、拆迁，施工用水、电、通信、道路的建设和场地平整等工程。

2）完成必需的生产、生活临时建筑工程。

3）组织招标设计、咨询、设备和物资采购等服务。

4）组织建设监理和主体工程招标投标，并择优选择建设监理单位和施工承包商。

5）进行技术设计，编制修正总概算和施工详图设计，编制设计预算。

施工准备工作开始前，项目法人或其代理机构，须依照有关规定，向行政主管部门办理报建手续，同时交验工程建设项目的有关批准文件。工程项目报建后，方可组织施工准备工作。工程建设项目施工，除某些不适应招标的特殊工程项目外（须经水行政主管部门批准），均须实行招标投标。

水利水电工程项目进行施工准备必须满足如下条件：初步设计已经批准；项目法人已经建立；项目已列入国家或地方水利建设投资计划；筹资方案已经确定；有关土地使用权已经批准；已办理报建手续。

（6）建设实施阶段。建设实施阶段是指主体工程的建设实施。项目法人按照批准的建设文件，组织工程建设，保证项目建设目标的实现。

项目法人或其代理机构，必须按审批权限，向主管部门提出主体工程开工申请报告，经批准后，主体工程方可正式开工。主体工程开工须具备以下条件：

1）前期工程各阶段文件已按规定批准，施工详图设计可以满足初期主体工程施工需要。

2）建设项目已列入国家或地方水利水电工程建设投资年度计划，年度建设资金已落实。

3）主体工程招标已经决标，工程承包合同已经签订，并得到主管部门的同意。

4）现场施工准备和征地移民等建设外部条件能够满足主体工程开工需要。

5）建设管理模式已经确定，投资主体与项目主体的管理关系已经理顺。

6）项目建设所需全部投资来源已经明确，且投资结构合理。

7）项目产品的销售，已有用户承诺，并确定了定价原则。

要按照"政府监督、项目法人负责、社会监理、企业保证"的要求，建立健全质量管理体系，重要的建设项目，须设立质量监督项目站，行使政府对项目建设的监督职能。

（7）生产准备阶段。生产准备是项目投产前所要进行的一项重要工作，是建设阶段转入生产经营的必要条件。项目法人应按照建管结合和项目法人责任制的要求，适时做好有关生产准备工作，生产准备工作应根据不同类型的工程要求确定，一般应包括如下内容：

1）生产组织准备。建立生产经营的管理机构及其相应管理制度。

2）招收和培训人员。按照生产运营的要求配备生产管理人员，并通过多种形式的培训提高人员素质，使之能满足运营要求。生产管理人员要尽早介入工程的施工建设，参加设备的安装调试，熟悉情况，掌握好生产技术和工艺流程，为顺利衔接基本建设和生产经营阶段做好准备。

3）生产技术准备。主要包括技术资料的汇总、运行技术方案的制定、岗位操作规程的制定和新技术准备。

4）生产物资准备。主要是落实投产运营所需要的原材料、协作产品、工器具、备品备件和其他协作配合条件的准备。

5）正常的生活福利设施准备。

6）及时具体落实产品销售合同协议的签订，提高生产经营效益，为偿还债务和资产的保值增值创造条件。

（8）竣工验收。竣工验收是工程完成建设目标的标志，是全面考核基本建设成果、检验设计和工程质量的重要步骤。竣工验收合格的项目即从基本建设转入生产或使用。

当建设项目的建设内容全部完成，经过单位工程验收，符合设计要求，并按水利基本建设项目档案管理的有关规定，完成了档案资料的整理工作；在完成竣工报告、竣工决算等必需文件的编制后，项目法人按照有关规定，向验收主管部门提出申请，根据《水利水电建设工程验收规程》（SL 223—2008）组织验收。

竣工决算编制完成后，须由审计机关组织竣工审计，其审计报告作为竣工验收的基本资料。

对工程规模较大、技术较复杂的建设项目可先进行初步验收。不合格的工程不予验收；有遗留问题必须有具体处理意见，且有限期处理的明确要求并落实负责人。

水利水电工程按照设计文件所规定的内容建成以后，在办理竣工验收以前，必须进行试运行。例如，对灌溉渠道来说，要进行放水试验；对水电站、抽水站来说，要进行试运转和试生产，检查考核其是否达到设计标准和施工验收的质量要求。如工程质量不合格，应返工或加固。

竣工验收的目的是全面考核建设成果，检查设计和施工质量，及时解决影响投产的问题；办理移交手续，交付使用。

竣工验收程序一般分为两个阶段，即单项工程验收和整个工程项目的全部验收。对于大型工程，因建设时间长或建设过程中逐步投产，应分批组织验收。验收之前，项目法人要组织设计、施工等单位进行初验并向主管部门提交验收申请，根据《水利水电建设工程验收规程》（SL 223—2008）组织验收。

项目法人要系统整理技术资料，绘制竣工图，分类立卷，在验收后作为档案资料交生产单位保存。项目法人要认真清理所有财产和物资，编好工程竣工决算，报上级主管部门审批。竣工决算编制完成后，须由审计机关组织竣工审计，审计报告作为竣工验收的基本资料。

水利水电工程把上述验收程序分为阶段验收和竣工验收，凡能独立发挥作用的单项工程均应进行阶段验收，如截流、下闸蓄水、机组启动、通水等。

（9）后评价。后评价是工程交付生产运行后一段时间内（一般经过1～2年），对项目的立项决策、设计、施工、竣工验收、生产运营等全过程进行系统评估的一种技术活动，是基本建设程序的最后一环，通过后评价达到肯定成绩、总结经验、研究问题、提高项目决策水平和投资效果的目的。后评价通常包括影响评价、经济效益评价和过程评价。

1）影响评价。影响评价是项目投产后对各方面的影响所进行的评价。

2）经济效益评价。经济效益评价是对项目投资、国民经济效益、财务效益、技术进步和规模效益、可行性研究深度等方面进行的评价。

3）过程评价。过程评价是对项目立项、设计、施工、建设管理、竣工投产、生产运营等全过程进行的评价。项目后评价工作一般按三个层次组织实施，即项目法人的自我评价、项目行业的评价、计划部门（或主要投资方）的评价。建设项目后评价工作必须遵循客观、公正、科学的原则，做到分析合理、评价公正。

以上所述基本建设程序的九项内容，既是我国对水利水电工程建设程序的基本要求，也基本反映了水利水电工程建设工作的全过程。

任务 1.2　基 本 建 设 项 目

1.2.1　基本建设项目的概念

基本建设项目是指在一个总体设计或初步设计范围内，由一个或几个单项工程组成，在经济上进行统一核算，行政上有独立组织形式，实行统一管理的建设单位。例如，独立的工厂、学校、矿山、水库、水电站、港口、灌区工程等。

凡属于一个总体设计范围内分期分批进行建设的主体工程和附属配套工程、综合利用工程、供水供电工程及水库的干渠配套工程等均应作为一个工程建设项目，不能将其按地区或施工承包单位划分为若干个工程建设项目，也不能将不属于一个总体设计范围内的几个工程，按各种方式归算为一个工程建设项目。

1.2.2　基本建设项目的种类

（1）按建设项目性质分类。基本建设项目可分为新建项目、扩建项目、改建项目、迁建项目和恢复项目。新建项目是从无到有、平地起家的建设项目；扩建和改建项目是在原有企业、事业、行政单位的基础上，扩大产品的生产能力或增加新的产品生产能力，以及对原有设备和工程进行全面技术改造的项目；迁建项目是原有企业、事业单位，由于各种原因，经有关部门批准搬迁到另地建设的项目；恢复项目是指对由于自然、战争或其他人为灾害等原因而遭到毁坏的固定资产进行重建的项目。

（2）按建设项目用途分类。基本建设项目可分为生产性基本建设项目和非生产性基本建设项目。生产性基本建设是用于物质生产和直接为物质生产服务的项目的建设，包括工业建设、建筑业和地质资源勘探事业建设和农林水利建设等；非生产性基本建设是用于人民物质和文化生活项目的建设，包括住宅、学校、医院、托儿所、影剧院，以及国家行政机关和金融保险业的建设等。

（3）按建设规模或总投资的大小分类。基本建设项目可分为大型、中型和小型建设项目。国家对工业建设项目和非工业建设项目均规定有划分大、中、小型的标准，各部委对所属专业建设项目也有相应的划分标准。如水利水电建设项目就有对水库、水电站等划分为大、中、小型的标准。

（4）按建设阶段分类：

1）预备项目。预备项目是按照中长期投资计划拟建而又未立项的建设项目，只作初步可行性研究或提出设想方案供参考，不进行建设的实际准备工作。

2）筹建项目。筹建项目是经批准立项，正在进行建设前期准备工作而尚未开始的项目。

3）施工项目。施工项目是本年度计划内进行建筑或安装施工活动的项目，包括新开工项目和续建项目。

4）建成投产项目。建成投产项目是年内按设计文件建成主体工程和相应配套的辅助设施，形成生产能力或发挥工程效益，经验收合格并正式投入生产或交付使用的建设项目，包括全部投产项目、部分投产项目和建成投产单项工程。

5）收尾项目。上年度已经全部建成投产，但尚有少量不影响正常使用的辅助工程或非生产性工程，在本年度继续施工的项目。

6）竣工项目。竣工项目是本年内办理完竣工验收手续，交付投入使用的项目。

（5）按隶属关系分类。基本建设项目可分为国务院各部门直属项目、地方投资国家补助项目、地方项目和企事业单位自筹建设项目。

1.2.3 基本建设项目的划分

一个基本建设项目往往规模大，建设周期长，影响因素复杂，尤其是大中型水利水电工程。因此，为了便于编制基本建设计划和工程造价，组织招投标与施工，进行质量、工期和投资控制，拨付工程款项，实行经济核算和考核工程成本，须对一个基本建设项目进行系统的逐级划分，使之有利于工程造价的编审以及基本建设的计划、统计、会计和基建拨款贷款等各方面的工作，也是为了便于同类工程之间进行比较和对不同分项工程进行技术经济分析，使编制工程造价项目时不重不漏，保证质量。基本建设项目通常按项目本身的内部组成，将其划分为单项工程、单位工程、分部工程和分项工程，如图1.1所示。

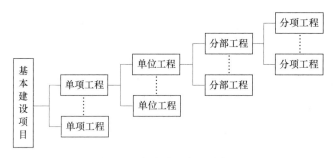

图1.1　建设项目分解示意图

（1）单项工程。单项工程是基本建设项目的组成部分，是一个建设项目中具有独立的设计文件、竣工后能够独立发挥生产能力和使用效益的工程，如工厂内能够独立生产的车间、办公楼等，一所学校的教学楼、学生宿舍等，一个水利枢纽工程的发电站、拦河大坝等。

单项工程是具有独立存在意义的一个完整工程，也是一个极为复杂的综合体，它是由许多单位工程所组成的，如一个新建车间，不仅有厂房，还有设备安装等工程。

（2）单位工程。单位工程是单项工程的组成部分，是指具有独立的设计文件、可以独立组织施工，但完工后不能独立发挥效益的工程。例如，工厂车间是一个单项工程，它又可以划分为建筑工程和设备安装工程两大类单位工程。

每一个单位工程依然是一个较大的组合体，它本身依然是由许多的结构或更小的部分组成的，所以对单位工程还需要进一步划分。

（3）分部工程。分部工程是单位工程的组成部分，是按工程部位、设备种类和型号、使用的材料和工种的不同对单位工程所作的进一步划分。例如建筑工程中的一般土建工程，按照不同的工种和不同的材料结构可划分为土石方工程、基础工程、砌筑工程、钢筋混凝土工程等分部工程。

分部工程是编制工程造价、组织施工、质量评定、包工结算与成本核算的基本单位，但在分部工程中影响材料消耗的因素仍然很多。例如，同样都是土方工程，由于土壤类别（普通土、坚硬土、砾质土）不同，挖土的深度不同，施工方法不同，则每一单位土方工程所消耗的人工、材料差别很大。因此，还必须把分部工程按照不同的施工方法、不同的材料、不同的规格等作进一步的划分。

（4）分项工程。分项工程是分部工程的组成部分，是通过较为简单的施工过程就能生产出来，并且可以用适当计量单位计算其工程量大小的建筑或设备安装工程产品，例如每立方米砖基础工程、一台电动机的安装等。一般说，它的独立存在是没有意义的，它只是建筑或设备安装工程中的最基本构成要素。

1.2.4 水利水电建设项目划分

由于水利水电建设项目常常是由多种性质的水工建筑物构成的复杂的建筑综合体，同其他工程相比，包含的建筑种类多，涉及面广。在编制水利水电工程概（估）算时，根据现行水利部 2014 年颁发的水总〔2014〕429 号《水利工程设计概（估）算编制规定》（工程部分）（简称《编规》）的有关规定，结合水利水电工程的性质特点和组成内容进行项目划分。

1.2.4.1 按工程性质和功能划分

水利工程按工程性质和功能划分为三大类，分别是枢纽工程、引水工程和河道工程，具体划分如图 1.2 所示。

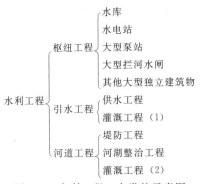

图 1.2 水利工程三大类的示意图

大型泵站是指装机容量不小于 $50\text{m}^3/\text{s}$ 的灌溉、排水泵站，大型拦河水闸是指过闸流量不小于 $1000\text{m}^3/\text{s}$ 的拦河水闸（见附录 A）。

灌溉工程（1）指设计流量不小于 $5\text{m}^3/\text{s}$ 的灌溉工程，灌溉工程（2）指设计流量小于 $5\text{m}^3/\text{s}$ 的灌溉工程和田间工程。

1.2.4.2 按水利工程特点划分

水利工程概算由工程部分、建设征地移民补偿、环境保护工程、水土保持工程四大部分构成，具体划分如图 1.3 所示。

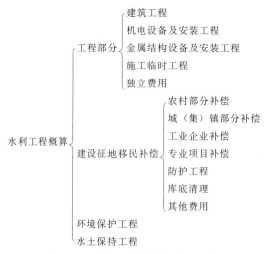

图 1.3　水利工程概算构成示意图

1. 工程部分

工程部分划分为建筑工程、机电设备及安装工程、金属结构设备及安装工程、施工临时工程和独立费用五个部分，每个部分下设三个等级项目。

（1）第一部分　建筑工程。

1）枢纽工程。枢纽工程指水利枢纽建筑物、大型泵站、大型拦河水闸和其他大型独立建筑物（含引水工程的水源工程），包括挡水工程、泄洪工程、引水工程、发电厂（泵站）工程、升压变电站工程、航运工程、鱼道工程、交通工程、房屋建筑工程、供电设施工程和其他建筑工程，其中挡水工程等前七项为主体建筑工程。

a. 挡水工程。包括挡水的各类坝（闸）工程。

b. 泄洪工程。包括溢洪道、泄洪洞、冲沙孔（洞）、放空洞、泄洪闸等工程。

c. 引水工程。包括发电引水明渠、进水口、隧洞、调压井、高压管道等工程。

d. 发电厂（泵站）工程。包括地面、地下各类发电厂（泵站）工程。

e. 升压变电站工程。包括升压变电站、开关站等工程。

f. 航运工程。包括上下游引航道、船闸、升船机等工程。

g. 鱼道工程。根据枢纽建筑物布置情况，可独立列项。与拦河坝相结合的，也可作为拦河坝工程的组成部分。

h. 交通工程。包括上坝、进厂、对外等场内外永久公路，以及桥梁、交通隧洞、铁路、码头等工程。

i. 房屋建筑工程。包括为生产运行服务的永久性辅助生产建筑、仓库、办公、值班宿舍及文化福利建筑等房屋建筑工程和室外工程。

j. 供电设施工程。指工程生产运行供电需要架设的输电线路及变配电设施工程。

k. 其他建筑工程。包括安全监测设施工程，照明线路，通信线路，厂坝（闸、泵站）区供水、供热、排水等公用设施，劳动安全与工业卫生设施，水文、泥沙监测设施工程，水情自动测报系统工程及其他。

2）引水工程。引水工程指供水工程、调水工程和灌溉工程（1），包括渠（管）道工程、建筑物工程、交通工程、房屋建筑工程、供电设施工程和其他建筑工程。

a. 渠（管）道工程。包括明渠、输水管道工程，以及渠（管）道附属小型建筑物（如观测测量设施、调压减压设施、检修设施）等。

b. 建筑物工程。指渠系建筑物、交叉建筑物工程，包括泵站、水闸、渡槽、隧洞、箱涵（暗渠）、倒虹吸、跌水、动能回收电站、调蓄水库、排水涵（槽）、公路（铁路）交叉（穿越）建筑物等。

建筑物类别根据工程设计确定。工程规模较大的建筑物可以作为一级项目单独列示。

c. 交通工程。指永久性对外公路、运行管理维护道路等工程。

d. 房屋建筑工程。包括为生产运行服务的永久性辅助生产建筑、仓库、办公用房、值班宿舍及文化福利建筑等房屋建筑工程和室外工程。

e. 供电设施工程。指工程生产运行供电需要架设的输电线路及变配电设施工程。

f. 其他建筑工程。包括安全监测设施工程，照明线路，通信线路，厂坝（闸、泵站）区供水、供热、排水等公用设施工程，劳动安全与工业卫生设施，水文、泥沙监测设施工程，水情自动测报系统工程及其他。

3）河道工程。河道工程指堤防修建与加固工程、河湖整治工程以及灌溉工程（2），包括河湖整治与堤防工程、灌溉及田间渠（管）道工程、建筑物工程、交通工程、房屋建筑工程、供电设施工程和其他建筑工程。

a. 河湖整治与堤防工程。包括堤防工程、河道整治工程、清淤疏浚工程等。

b. 灌溉及田间渠（管）道工程。包括明渠、输配水管道、排水沟（渠、管）工程、渠（管）道附属小型建筑物（如观测测量设施、调压减压设施、检修设施）、田间土地平整等。

c. 建筑物工程。包括水闸、泵站工程，田间工程机井、灌溉塘坝工程等。

d. 交通工程。指永久性对外公路、运行管理维护道路等工程。

e. 房屋建筑工程。包括为生产运行服务的永久性辅助生产建筑、仓库、办公用房、值班宿舍及文化福利建筑等房屋建筑工程和室外工程。

f. 供电设施工程。指工程生产运行供电需要架设的输电线路及变配电设施工程。

g. 其他建筑工程。包括安全监测设施工程，照明线路，通信线路，厂坝（闸、泵站）区供水、供热、排水等公用设施工程，劳动安全与工业卫生设施，水文、泥沙监测设施工程及其他。

（2）第二部分　机电设备及安装工程。

1）枢纽工程。枢纽工程指构成枢纽工程固定资产的全部机电设备及安装工程。本部分由发电设备及安装工程、升压变电设备及安装工程和公用设备及安装工程三项组成。大型泵站和大型拦河水闸的机电设备及安装工程项目划分参考引水工程及河道工程划分方法。

a. 发电设备及安装工程。包括水轮机、发电机、主阀、起重机、水力机械辅助设备、电气设备等设备及安装工程。

b. 升压变电设备及安装工程。包括主变压器、高压电气设备、一次拉线等设备及安装工程。

c. 公用设备及安装工程。包括通信设备、通风采暖设备、机修设备、计算机监控系统、工业电视系统、管理自动化系统、全厂接地及保护网，电梯，坝区馈电设备，厂坝区供水、排水、供热设备，水文、泥沙监测设备，水情自动测报系统设备，视频安防监控设备，安全监测设备，消防设备，劳动安全与工业卫生设备，交通设备等设备及安装工程。

2）引水工程及河道工程。引水工程及河道工程指构成该工程固定资产的全部机电设备及安装工程，一般包括泵站设备及安装工程、水闸设备及安装工程、电站设备及安装工程、供变电设备及安装工程和公用设备及安装工程四项组成。

a. 泵站设备及安装工程。包括水泵、电动机、主阀、起重设备、水力机械辅助设备、电气设备等设备及安装工程。

b. 水闸设备及安装工程。包括电气一次设备、电气二次设备及安装工程。

c. 电站设备及安装工程。其组成内容可参照枢纽工程的发电设备及安装工程和升压变电设备及安装工程。

d. 供变电设备及安装工程。包括供电、变配电设备及安装工程。

e. 公用设备及安装工程。包括通信设备、通风采暖设备、机修设备、计算机监控系统、工业电视系统、管理自动化系统、全厂接地及保护网，厂坝（闸、泵站）区供水、排水、供热设备，水文、泥沙监测设备，水情自动测报系统设备，视频安防监控设备，安全监测设备，消防设备，劳动安全与工业卫生设备，交通设备等设备及安装工程。

灌溉田间工程还包括首部设备及安装工程、田间灌水设施及安装工程等。

f. 首部设备及安装工程。包括过滤、施肥、控制调节、计量等设备及安装工程等。

g. 田间灌水设施及安装工程。包括田间喷灌、微灌等全部灌水设施及安装工程。

（3）第三部分　金属结构设备及安装工程。

金属结构设备及安装工程指构成枢纽工程、引水工程和河道工程固定资产的全部金属结构设备及安装工程，包括闸门、启闭机、拦污设备、升船机等设备及安装工程，水电站（泵站等）压力钢管制作及安装工程和其他金属结构设备及安装工程。

金属结构设备及安装工程的一级项目应与建筑工程的一级项目相对应。

（4）第四部分　施工临时工程。

施工临时工程指为辅助主体工程施工所必须修建的生产和生活用临时性工程。本部分组成内容如下：

1）导流工程。包括导流明渠、导流洞、施工围堰、蓄水期下游断流补偿设施、金属结构设备及安装工程等。

2）施工交通工程。包括施工现场内外为工程建设服务的临时交通工程，如公路、铁路、桥梁、施工支洞、码头、转运站等。

3）施工场外供电工程。包括从现有电网向施工现场供电的高压输电线路（枢纽工程35kV及以上等级；引水工程、河道工程10kV及以上等级；掘进机施工专用供电线路）、施工变（配）电设施设备（场内除外）工程。

4）施工房屋建筑工程。指工程在建设过程中建造的临时房屋，包括施工仓库，办公及生活、文化福利建筑及所需的配套设施工程。

5）其他施工临时工程。指除施工导流、施工交通、施工场外供电、施工房屋建筑、缆机平台、掘进机泥水处理系统和管片预制系统土建设施以外的施工临时工程，主要包括施工供水（大型泵房及干管）、砂石料系统、混凝土拌和浇筑系统、大型机械安装拆卸、防汛、防冰、施工排水、施工通信等工程。

根据工程实际情况可单独列示缆机平台、掘进机泥水处理系统和管片预制系统土建设施等项目。

施工排水指基坑排水、河道降水等，包括排水工程建设及运行费。

（5）第五部分　独立费用。

本部分由建设管理费、工程建设监理费、联合试运转费、生产准备费、科研勘测设计费和其他等六项组成。

1）建设管理费。

2）工程建设监理费。

3）联合试运转费。

4）生产准备费。包括生产及管理单位提前进厂费、生产职工培训费、管理用具购置费、备品备件购置费、工器具及生产家具购置费。

5）科研勘测设计费。包括工程科学研究试验费和工程勘测设计费。

6）其他。包括工程保险费、其他税费。

第一、二、三部分均为永久性工程，均构成生产运行单位的固定资产。第四部分施工临时工程的全部投资扣除回收价值后，第五部分独立费用扣除流动资产和递延资产后，均以适当的比例摊入各永久性工程中，构成固定资产的一部分。

（6）每个部分下设三个等级项目。

1）一级项目。具有独立功能的单项工程，相当于扩大单位工程。如第一部分建筑工程，枢纽工程下设的一级项目有挡水工程、泄洪工程、引水工程、发电厂（泵站）工程、升压变电站工程、航运工程、鱼道工程、交通工程、房屋建筑工程、供电设施工程和其他建筑工程。编制概估算时视工程具体情况设置项目，一般应按项目划分的规定，不宜合并。

2）二级项目。相当于单位工程。如上述枢纽工程一级项目中的挡水工程，其二级项目划分为混凝土坝（闸）、土石坝等工程。引水工程一级项目中的建筑物工程，其二级项目划分为泵站（扬水站、排灌站）、水闸工程、渡槽工程、隧洞工程。河道工程一级项目中的建筑物工程，其二级项目划分为水闸工程、泵站工程（扬水站、排灌站）和其他建筑物。

3）三级项目。相当于分部分项工程。如上述二级项目下设的三级项目为土方开挖、石方开挖、混凝土、模板、防渗墙、钢筋制安、混凝土温控措施、细部结构工程等。三级项目要按照施工组织设计提出的施工方法进行单价分析。

水利工程项目划分见附录 B。

二、三级项目中，仅列示了代表性子目，编制概算时，二、三级项目可根据水利工程初步设计阶段的工作深度要求和工程情况进行增减。以三级项目为例，下列项目宜作必要的再划分：

a. 土方开挖工程。土方开挖工程应将土方开挖与砂砾石开挖分列。

b. 石方开挖工程。石方开挖工程应将明挖与暗挖，平洞与斜井、竖井分列。

c. 土石方回填工程。土石方回填工程应将土方回填与石方回填分列。

d. 混凝土工程。混凝土工程应将不同工程部位、不同强度等级、不同级配的混凝土分列。

e. 模板工程。模板工程应将不同规格形状和材质的模板分列。

f. 砌石工程。砌石工程应将干砌石、浆砌石、抛石、铅丝（钢筋）笼块石等分列。

g. 钻孔工程。钻孔工程应按使用不同钻孔机械及钻孔的不同用途分列。

h. 灌浆工程。灌浆工程应按不同灌浆种类分列。

i. 机电、金属结构设备及安装工程。机电、金属结构设备及安装工程应根据设计提供的设备清单，按分项要求逐一列出。

j. 钢管制作及安装工程。钢管制作及安装工程应将不同管径的钢管、岔管分列。

对于招标工程，应根据已批准的初步设计概算，按水利水电工程业主预算项目划分进行业主预算（执行概算）的编制。

2. 建设征地移民补偿

建设征地移民补偿划分为农村部分补偿、城（集）镇部分补偿、工业企业补偿、专业项目补偿、防护工程、库底清理和其他费用七个部分，各部分根据具体工程情况分别设置一级、二级、三级、四级、五级项目。详见水利部2014年颁发的水总〔2014〕429号《水利工程设计概（估）算编制规定》（建设征地移民补偿）的有关规定。

3. 环境保护工程

环境保护工程项目划分为环境保护措施、环境监测措施、环境保护仪器设备及安装、环境保护临时措施、环境保护独立费用五个部分，各部分下设一级、二级、三级项目。详见《水利水电工程环境保护概估算编制规程》（SL 359—2006）的有关规定。

4. 水土保持工程

水土保持工程项目划分为工程措施、植物措施、施工临时工程和独立费用四个部分，各部分下设一级、二级、三级项目。详见水总〔2003〕67号《水土保持工程概（估）算编制规定》的有关规定。

5. 水利工程项目划分注意事项

（1）现行的项目划分适用于估算、概算和施工图预算。对于招标文件和业主预算，要根据工程分标及合同管理的需要来调整项目划分。

（2）建筑安装工程三级项目的设置深度除应满足《编规》的规定外，还必须与所采用定额相一致。

（3）对有关部门提供的工程量和预算资料，应按项目划分和费用构成正确处理。如施工临时工程，按其规模、性质，有的应在第四部分施工临时工程一至四项中单独列项，有的包括在"其他施工临时工程中"不单独列项，还有的包括在建筑安装工程直接费中的其他直接费内。

（4）注意设计单位的习惯与概算项目划分的差异。如施工导流用的闸门及启闭设备大多由金属结构设计人员提供，但应列在第四部分施工临时工程内，而不是第三部分金属结构设备及安装工程内。

任务 1.3　水利水电工程造价

1.3.1　水利水电建筑产品的特点和价格特点

1.3.1.1　水利水电建筑产品的特点

与一般工业产品相比，水利水电建筑产品具有以下特点。

1. 建筑产品建设地点的不固定性

建筑产品都是在选定的地点上建造的，如水利工程一般都是建筑在河流上或河流旁边，它不能像一般工业产品那样在工厂里重复地批量进行生产，工业产品的生产条件一般不受时间及气象条件限制。由于水利水电建筑产品的施工地点不同，使得对于用途、功能、规模、标准等基本相同的建筑产品，因其建设地点的地质、气象、水文条件等不同，其造型、材料选用、施工方案等都有很大的差异，从而影响着产品的造价。此外，不同地区人员的工资标准以及某些费用标准，例如材料运输费、冬雨季施工增加费等，都会由于建设地点的不同而不同，使建筑产品的造价有很大的差异。水利水电建筑产品一般都是建筑在河流上或河流旁边，受水文、地质、气象因素的影响大，形成价格的因素比较复杂。

2. 建筑产品的单件性

水利水电工程一般都随所在河流的特点而变化，每项工程都要根据工程的具体情况进行单独设计，在设计内容、规模、造型、结构和材料等各方面都互不相同。同时，因为工程的性质（新建、改建、扩建或恢复建等）不同，其设计要求不一样。即使工程的性质或设计标准相同，也会因建设地点的地质、水文条件不同，其设计也不尽相同。

3. 建筑产品生产的露天性

水利水电建筑产品的生产一般都是在露天进行的，季节的更替，气候、自然环境条件的变化，会引起产品设计的某些内容和施工方法的变化，也会造成防寒防雨或降温等费用的变化，水利水电工程还涉及施工期工程防汛。这些因素都会使建筑产品的造价发生相应的变动，使得各建筑产品的造价不相同。

此外，由于建筑产品规模大，大于任何工业产品，由此决定了它的生产周期长，程序多，涉及面广，社会协作关系复杂，这些特点也决定了建筑产品价值构成不可能一样。

水利水电建筑产品的上述特点，决定了它不可能像一般工业产品那样，可以采用统一价格，而必须通过特殊的计划程序，逐个编制概预算来确定其价格。

1.3.1.2　水利水电建筑产品的价格特点

1. 水利水电建筑产品的属性

商品是用来交换的、能满足他人需要的产品。它具有价值和使用价值两种属性。水利水电建筑产品也是商品，水利水电建筑企业进行的是商品生产。

（1）水利水电建筑企业生产的建筑产品是为了满足建设单位或使用单位的需要。由于建筑产品建设地点的不固定性、建筑产品的单件性和生产的露天性，建筑企业（承包者）必须按使用者（发包者）的要求（设计）进行施工，建成后再移交给使用者。这实际上是一种"加工定做"的方式，先有买主，再进行生产和交换。因此，水利水电建筑产品是一种特殊的商品，它有着特殊的交换关系。

（2）建筑产品也有使用价值和价值。建筑产品的使用价值表现在它能满足用户的需要，这是由它的自然属性决定的。在市场经济条件下，建筑产品的使用价值是它的价值的物质承担者。建筑产品的价值是指它凝结的物化劳动和活劳动。

2. 建筑产品的价格特点

建筑产品作为商品，其价格与所有商品一样，是价值的货币表现，是由成本、税金和利润组成的。但是，建筑产品又是特殊的商品，其价格有其自身的特点，其定价要解决两方面的问题：一是如何正确反映成本；二是盈利如何反映到价格中去。

承包商的基本活动，是组织并建造建筑产品，其投资及施工过程，也就是资金的消费过程。因此，建造工程过程中耗费的物化劳动（表现为耗费的劳动对象和劳动工具的价值）和活劳动（体现为以工资的形式支付给劳动者的报酬）就构成了工程的价值。在工程价值物化劳动消耗及活劳动消耗中的物化劳动部分就是建筑产品的必要消耗，用货币形式表示，就构成建筑产品的成本。所以，工程成本按其经济实质来说，就是用货币形式反映的已消耗的生产资料价值和劳动者为自己所创造的价值。

事实上，在实际工作中，工程成本或许还包括一些非生产性消耗，即包括由于企业经营管理不善所造成的支出、企业支付的流动资金贷款利息和职工福利基金等。

由此可见，实际工作中的工程成本，就是承包商在投资及工程建设的过程中，完成一定数量的建筑工程和设备安装工程所发生的全部费用。需要指出的是，成本是部门的社会平均成本，而不是个别成本，应准确地反映生产过程中物化劳动和活劳动消耗，不能把由于管理不善而造成的损失都计入成本。

关于盈利问题有多种计算类型。一是按预算成本乘以规定的利润率计算；二是按法定利润和全部资金比例关系确定；三是按利润与劳动者工资之间的比例关系确定；四是利润一部分以生产资金为基础，另一部分以工资为基础，按比例计算。

建筑产品的价格主要有以下两个方面的特点。一是建筑产品的价格不能像工业产品那样有统一的价格，一般都需要通过逐个编制概预算进行估价。建筑产品的价格是一次性的，同时具有地区差异性。建筑产品坐落的地区不同，特别是水利水电工程所在的河流和河段不同，其建造的复杂程度也不同，这样所需的人工、材料和机械的价格就不同，最终决定建筑产品的价格具有多样性。

从形式上看，建筑产品价格是不分段的整体价格，在产品之间没有可比性。实际上它是由许多共性的分项价格组成的个性价格。建筑产品的价格竞争也正是以共性的分项价格为基础进行的。

1.3.2　水利水电工程造价的概念及类型

1.3.2.1　工程造价的概念

工程造价是基本建设项目建设造价的简称，包括两层含义，即建设项目的建设成本和工程承发包价格。建设成本是对业主而言的，工程承发包价格是对应于发包方、承包方双方而言的。二者既有区别，又相互联系。

1. 二者之间的区别

（1）建设成本的边界涵盖建设项目的全部费用，工程价格的范围却只包括建设项目的局部费用，如承发包工程的费用。在总体数额及内容组成上，建设成本总是大于工程承发包价格的。这种区别即使对"交钥匙"工程也是存在的，比如业主本身对项目的管理费、咨询费、建设项目的贷款利息等是不可能纳入工程承发包范围的。

（2）建设成本是对应于业主而言的。在确保建设要求、质量的基础上，为谋求以较低的投入获得较高的产出，建设成本总是越低越好。工程价格如工程承包价格是对应于发包方、承包方双方而言的。工程承发包价格形成于发包方与承包方的承发包关系中，即合同下的买卖关系中。双方的利益是矛盾的。在具体工程上，双方都在通过市场谋求有利于自身的承发包价格，并保证价格的兑现和风险的补偿，因此双方都需要对具体工程项目进行管理。这种管理显然属于价格管理范畴。

（3）建设成本中不含业主的利润和税金，它形成了投资者的固定资产，工程价格中含有承包方的利润与税金。

2. 二者之间的联系

（1）工程价格以"价格"形式进入建设成本，是建设成本的重要组成部分。

（2）实际的建设成本（决算）反映实际的工程承发包价格（结算），预测的建设成本则要反映市场正常行情下的工程价格。也就是说，在预测建设成本时，要反映建筑市场的正常情况，反映社会必要劳动时间，即通常所说的标准价、指导价。

（3）建设项目中承发包工程的建设成本等于承发包价格。目前承发包一般限于建筑安装工程，在这种情况下，建筑或安装工程的建设成本也就等于建筑或安装工程承发包价格。

（4）建设成本的管理要服从工程价格的市场管理，工程价格的市场管理要适当估计建设成本的承受能力。

无论工程造价的哪种含义，它强调的都只是工程建设所消耗资金的数量标准。

1.3.2.2　工程造价的类型

水利水电工程建设过程中由于各阶段工作深度不同、要求不同，其工程造价文件类型也不同。现行的工程造价文件类型主要有投资估算、设计概算、修改概算、修正概算、业主预算、标底与报价、施工图预算、施工预算、竣工结算和竣工决算等。

1. 投资估算

投资估算是指在项目建议书阶段、可行性研究阶段对建设工程造价的预测，它应考虑多种可能的需要、风险、价格上涨等因素，要打足投资、不留缺口，适当留有余地。它是项目建议书、可行性研究文件的重要组成部分，是控制拟建项目投资的最高限额，是根据规划阶段和前期勘测阶段所提供的资料、有关数据，对拟建项目不同建设方案进行比较、论证后所提出的投资总额，这个投资额连同可行性研究报告一经上级批准，即作为该拟建项目进行初步设计、编制概算投资总额的控制依据。

2. 设计概算

设计概算是指在初步设计阶段，设计单位为确定拟建基本建设项目所需的投资额或费用而编制的工程造价文件。设计概算是国家控制建设项目投资总额，编制年度基本建设计划，控制基本建设拨款、投资贷款的依据；是实行建设项目投资包干，招标项目控制标底的依据；是控制施工图预算，考核设计单位设计成果经济合理的依据；也是建设单位进行成本核算、考核成本是否经济合理的依据。

3. 修改概算

由于水利水电工程受自然、地质条件变化的影响很大，加之建设工期长，受物价变动等因素的影响也较大，因此对设计概算的修改是正常的，其目的是对在编制设计概算时所确定或所依据的某些发生变化了的条件和内容进行修改，以代替原来编制的设计概算。但由于变化的内容多种多样，因而修改的形式也是多种多样的。

（1）概算调整书形式，主要适用于设计概算的局部修改，如设备、材料价格变动的调整。

（2）补充概算形式（也称追加概算），主要适用于设计需修改或增加一个或几个项目。

（3）修改概算书形式，主要适用于修改范围广、内容较多的工程。

（4）概算重编本形式，主要适用于原设计概算的编制原则、采用的标准发生变化，须重新编制设计概算以代替原设计概算。

4. 修正概算

修正概算是对个别复杂的项目进行技术设计，而在这个设计阶段编制的设计概算为修正概算，它仍需由原设计概算审批机关批准，它的作用与设计概算是相同的。

5. 业主预算

业主预算又称执行概算，它是对确定招标的项目在已经批准的设计概算的基础上，按照项目法人的管理要求和分标情况，对工程项目进行合理调整后而编制的。其主要目的是有针对性地计算建设项目各部分的投资，对临时工程费与其他费用进行摊销，以利于设计概算与承包单位的投标价格同口径比较，便于对投资进行管理和控制。但业主工程项目间的投资调整不应影响工程投资总额，它应与投资概算总额相一致。

6. 标底与报价

标底是招标人对发包工程项目的预期价格。它是由业主委托具有相应资质的设计单位、社会咨询单位，根据招标文件、图纸，按有关规定，结合工程的具体情况计算出的合理工程价格。标底的主要作用是招标单位对招标工程所需投资的自我预测，明确自己在发包工程上应承担的财务义务。标底也是衡量投标单位报价的准绳和评标的重要参考尺度。

投标报价，即报价，是施工企业（或厂家）对建筑工程施工产品（或机电、金属结构设备）的自主定价。它反映的是市场价格，体现了企业的经营管理、技术和装备水平。中标报价是基本建设产品的成交价格。

7. 施工图预算

施工图预算是指在施工图设计阶段，根据施工图纸、施工组织设计、工程量计算规则、预算定额、材料预算价格和规定的取费标准等，计算单位工程所需人力、物力和投资额的文件。它应在已批准的设计概算控制下进行编制。它是施工前组织物资、机具、劳动力，编制施工计划，统计完成工作量，办理工程价款结算，实行经济核算，考核工程成本，以及实行建筑工程包干和建设银行拨（贷）工程款的依据。它是施工图设计的组成部分，由设计单位负责编制。它的主要作用是确定单位工程项目造价，是考核施工图设计经济合理性的依据。一般建筑工程以施工图预算作为编制施工招标标底的依据。

8．施工预算

施工预算是承担项目施工的单位根据施工工序而自行编制的人工、材料、机械台时耗用量及其费用总额，即单位工程成本。它主要用于施工企业内部人、材、机的计划管理，是控制成本和班组经济核算的依据。

9．竣工结算和竣工决算

竣工决算又叫完工结算。竣工结算是指一个单位工程或单项工程完工后，经组织验收合格，由施工单位根据承包合同条款和计价的规定，结合工程施工中设计变更等引起的工程建设费增加或减少的具体情况编制，经建设或委托的监理单位签认的，用以表达该项工程最终实际造价为主要内容的作为结算工程价款依据的经济文件。竣工结算方式按工程承包合同规定办理，为维护建设单位和施工企业双方权益，应按完成多少工程、付多少款的方式结算工程价款。

竣工决算是指建设项目全部竣工验收合格后编制的实际造价的经济文件。竣工决算是建设单位向管理单位移交财产、考核工程项目投资、分析投资效果的依据。竣工决算是竣工验收报告的重要组成部分，它反映了工程的实际造价。竣工决算由建设单位负责编制。

完工结算与竣工决算的主要区别有两点：一是范围，完工结算的范围只是承建工程项目，是基本建设项目的局部，而竣工决算的范围是基本建设项目的整体；二是成本内容，完工结算只是承包合同范围内的工程成本，而竣工决算是完整的工程成本，它还要计入工程建设的其他费用开支、临时工程设施费和建设期融资利息等工程成本和费用。由此可见，完工结算是竣工决算的基础，只有先做好完工结算，才有条件编制竣工决算。

1.3.2.3　水利水电工程造价与基本建设程序之间的关系

水利水电工程造价与基本建设程序之间的关系如图 1.4 所示。从图 1.4 可以看出它们之间的关系如下：

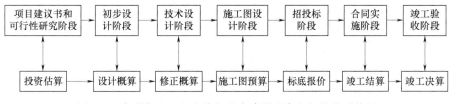

图 1.4　水利水电工程造价与基本建设程序之间的关系简图

（1）在项目建议书和可行性研究阶段编制投资估算。

（2）在初步设计和技术设计阶段，分别编制设计概算和修正概算。

（3）在施工图设计完成后，在施工前编制施工图预算。

（4）在项目招投标阶段编制标底和报价。

（5）在项目实施建设阶段，分阶段或标段进行竣工结算。

（6）在项目竣工验收阶段，编制项目竣工决算。

1.3.3　水利水电工程费用构成

建设项目费用是指工程项目从筹建到竣工验收、交付使用所需要的费用总和。根据

《编规》的规定，水利水电工程建设项目费用由建筑及安装工程费、设备费、施工临时工程费、独立费用、预备费、建设期融资利息组成。

1.3.3.1　建筑及安装工程费

建筑及安装工程费由直接费、间接费、利润、材料补差及税金组成。

1. 直接费

直接费指建筑安装工程施工过程中直接消耗在工程项目上的活劳动和物化劳动。由基本直接费、其他直接费组成。

基本直接费包括人工费、材料费、施工机械使用费。

其他直接费包括冬雨季施工增加费、夜间施工增加费、特殊地区施工增加费、临时设施费、安全生产措施费和其他。

（1）基本直接费：

1）人工费。人工费指直接从事建筑安装工程施工的生产工人开支的各项费用，包括以下内容：

a. 基本工资。由岗位工资和年应工作天数内非作业天数的工资组成。

（a）岗位工资。指按照职工所在岗位各项劳动要素测评结果确定的工资。

（b）生产工人年应工作天数以内非作业天数的工资，包括生产工人开会学习、培训期间的工资，调动工作、探亲、休假期间的工资，因气候影响的停工工资，女工哺乳期间的工资，病假在六个月以内的工资及产、婚、丧假期的工资。

b. 辅助工资。指在基本工资之外，以其他形式支付给生产工人的工资性收入，包括根据国家有关规定属于工资性质的各种津贴，主要包括艰苦边远地区津贴、施工津贴、夜餐津贴、节假日加班津贴等。

2）材料费。材料费指用于建筑安装工程项目上的消耗性材料、装置性材料和周转性材料摊销费。包括定额工作内容规定应计入的未计价材料和计价材料。材料预算价格一般包括材料原价、运杂费、运输保险费和采购及保管费四项。

a. 材料原价。指材料指定交货地点的价格。

b. 运杂费。指材料从指定交货地点至工地分仓库或相当于工地分仓库（材料堆放场）所发生的全部费用。包括运输费、装卸费及其他杂费。

c. 运输保险费。指材料在运输途中的保险费。

d. 采购及保管费。指材料在采购、供应和保管过程中所发生的各项费用。主要包括材料的采购、供应和保管部门工作人员的基本工资、辅助工资、职工福利费、劳动保护费、养老保险费、失业保险费、医疗保险费、工伤保险费、生育保险费、住房公积金、教育经费、办公费、差旅交通费及工具用具使用费；仓库、转运站等设施的检修费、固定资产折旧费、技术安全措施费；材料在运输、保管过程中发生的损耗等。

3）施工机械使用费。施工机械使用费指消耗在建筑安装工程项目上的机械磨损、维修和动力燃料费用等。包括折旧费、修理及替换设备费、安装拆卸费、机上人工费和动力燃料费等。

a. 折旧费。指施工机械在规定使用年限内回收原值的台时折旧摊销费用。

b. 修理及替换设备费：

（a）修理费指施工机械使用过程中，为了使机械保持正常功能而进行修理所需的摊销费用和机械正常运转及日常保养所需的润滑油料、擦拭用品的费用，以及保管机械所需的费用。

（b）替换设备费指施工机械正常运转时所耗用的替换设备及随机使用的工具附具等摊销费用。

c. 安装拆卸费。指施工机械进出工地的安装、拆卸、试运转和场内转移及辅助设施的摊销费用。部分大型施工机械的安装拆卸不在其施工机械使用费中计列，包含在其他施工临时工程中。

d. 机上人工费。指施工机械使用时机上操作人员人工费用。

e. 动力燃料费。指施工机械正常运转时所耗用的风、水、电、油和煤等费用。

（2）其他直接费：

1）冬雨季施工增加费。冬雨季施工增加费指在冬雨季施工期间为保证工程质量所需增加的费用。包括增加施工工序，增设防雨、保温、排水等设施增耗的动力、燃料、材料，以及因人工、机械效率降低而增加的费用。

2）夜间施工增加费。夜间施工增加费指施工场地和公用施工道路的照明费用。照明线路工程费用包括在"临时设施费"中；施工附属企业系统、加工厂、车间的照明费用，列入相应的产品中，均不包括在本项费用之内。

3）特殊地区施工增加费。特殊地区施工增加费指在高海拔、原始森林、沙漠等特殊地区施工而增加的费用。

4）临时设施费。临时设施费指施工企业为进行建筑安装工程施工所必需的但又未被划入施工临时工程的临时建筑物、构筑物和各种临时设施的建设、维修、拆除、摊销等，如供风、供水（支线）、供电（场内）、照明、供热系统及通信支线，土石料场，简易砂石料加工系统，小型混凝土拌和浇筑系统，木工、钢筋、机修等辅助加工厂，混凝土预制构件厂，场内施工排水，场地平整、道路养护及其他小型临时设施等。

5）安全生产措施费。安全生产措施费指为保证施工现场安全作业环境及安全施工、文明施工所需要的，在工程设计已考虑的安全支护措施之外发生的安全生产、文明施工相关费用。

6）其他。包括施工工具用具使用费，检验试验费，工程定位复测及施工控制网测设，工程点交、竣工场地清理，工程项目及设备仪表移交生产前的维护费，工程验收检测费等。

a. 施工工具用具使用费。指施工生产所需，但不属于固定资产的生产工具，检验、试验用具等的购置、摊销和维护费。

b. 检验试验费。指对建筑材料、构件和建筑安装物进行一般鉴定、检查所发生的费用，包括自设实验室所耗用的材料和化学药品费用，以及技术革新和研究试验费，不包括新结构、新材料的试验费和建设单位要求对具有出厂合格证明的材料进行试验、对构件进行破坏性试验，以及其他特殊要求检验试验的费用。

c. 工程项目及设备仪表移交生产前的维护费。指竣工验收前对已完工程及设备进行保护所需费用。

d. 工程验收检测费。指工程各级验收阶段为检测工程质量发生的检测费用。

2. 间接费

间接费指施工企业为建筑安装工程施工而进行组织与经营管理所发生的各项费用。间接费构成产品成本，由规费和企业管理费组成。

（1）规费。规费指政府和有关部门规定必须缴纳的费用。包括社会保险费和住房公积金。

1）社会保险费：

a. 养老保险费。指企业按照规定标准为职工缴纳的基本养老保险费。

b. 失业保险费。指企业按照规定标准为职工缴纳的失业保险费。

c. 医疗保险费。指企业按照规定标准为职工缴纳的基本医疗保险费。

d. 工伤保险费。指企业按照规定标准为职工缴纳的工伤保险费。

e. 生育保险费。指企业按照规定标准为职工缴纳的生育保险费。

2）住房公积金。住房公积金指企业按照规定标准为职工缴纳的住房公积金。

（2）企业管理费。企业管理费指施工企业为组织施工生产和经营管理活动所发生的费用，包括以下内容：

1）管理人员工资。指管理人员的基本工资、辅助工资。

2）差旅交通费。指施工企业管理人员因公出差、工作调动的差旅费，误餐补助费，职工探亲路费，劳动力招募费，职工离退休、退职一次性路费，工伤人员就医路费，工地转移费，交通工具运行费及牌照费等。

3）办公费。指企业办公用文具、印刷、邮电、书报、会议、水电、燃煤（气）等费用。

4）固定资产使用费。指企业属于固定资产的房屋、设备、仪器等的折旧、大修理、维修费或租赁费等。

5）工具用具使用费。指企业管理使用不属于固定资产的工具、用具、家具、交通工具和检验、试验、测绘、消防用具等的购置、维修和摊销费。

6）职工福利费。指企业按照国家规定支出的职工福利费，以及由企业支付离退休职工的易地安家补助费、职工退职金、六个月以上的病假人员工资、按规定支付给离休干部的各项经费。职工发生工伤时企业依法在工伤保险基金之外支付的费用，其他在社会保险基金之外依法由企业支付给职工的费用。

7）劳动保护费。指企业按照国家有关部门规定标准发放的一般劳动防护用品的购置及修理费、保健费、防暑降温费、高空作业及进洞津贴、技术安全措施以及洗澡用水、饮用水的燃料费等。

8）工会经费。指企业按职工工资总额计提的工会经费。

9）职工教育经费。指企业为职工学习先进技术和提高文化水平按职工工资总额计提的费用。

10）保险费。指企业财产保险、管理用车辆等保险费用，高空、井下、洞内、水下、水上作业等特殊工种安全保险费、危险作业意外伤害保险费等。

11）财务费用。指施工企业为筹集资金而发生的各项费用，包括企业经营期间发生的短期融资利息净支出、汇兑净损失、金融机构手续费，企业筹集资金发生的其他财务费用，以及投标和承包工程发生的保函手续费等。

12）税金。指企业按规定交纳的房产税、管理用车辆使用税、印花税等。

13）其他。包括技术转让费、企业定额测定费、施工企业进退场费、施工企业承担的施工辅助工程设计费、投标报价费、工程图纸资料费及工程摄影费、技术开发费、业务招待费、绿化费、公证费、法律顾问费、审计费、咨询费等。

3．利润

利润指按规定应计入建筑安装工程费用中的利润。

4．材料补差

材料补差指根据主要材料消耗量、主要材料预算价格与材料基价之间的差值，计算的主要材料补差金额。材料基价是指计入基本直接费的主要材料的限制价格。

5．税金

税金指国家对施工企业承担建筑、安装工程作业收入所征收的营业税、城乡维护建设税和教育费附加。

1.3.3.2　设备费

设备费包括设备原价、运杂费、运输保险费和采购及保管费。

1．设备原价

国产设备其原价指出厂价。进口设备以到岸价和进口征收的税金、手续费、商检费及港口费等各项费用之和为原价。大型机组及其他大型设备分瓣运至工地后的拼装费用，应包括在设备原价内。

2．运杂费

运杂费指设备由厂家运至工地现场所发生的一切运杂费用，包括运输费、装卸费、包装绑扎费、大型变压器充氮费及可能发生的其他杂费。

3．运输保险费

运输保险费指设备在运输过程中的保险费用。

4．采购及保管费

采购及保管费指建设单位和施工企业在负责设备的采购、保管过程中发生的各项费用。主要包括：

（1）采购保管部门工作人员的基本工资、辅助工资、职工福利费、劳动保护费、养老保险费、失业保险费、医疗保险费、工伤保险费、生育保险费、住房公积金、教育经费、办公费、差旅交通费、工具用具使用费等。

（2）仓库、转运站等设施的运行费、维修费、固定资产折旧费、技术安全措施费和设备的检验、试验费等。

1.3.3.3　施工临时工程费

施工临时工程是指在水利水电基本建设工程项目的施工准备阶段和建设过程中，为保证永久建筑安装工程的施工而修建的临时工程和辅助设施。由于水利水电工程的特点，往往致使临时工程规模大、项目多、投资高，不能列入其他直接费中的临时设施费内，故在水利工程建设项目费用构成中将其单独列项，其费用构成同建筑安装工程。

1.3.3.4　独立费用

独立费用由建设管理费、工程建设监理费、联合试运转费、生产准备费、科研勘测设计费和其他等六项组成。

1. 建设管理费

建设管理费指建设单位在工程项目筹建和建设期间进行管理工作所需的费用,包括建设单位开办费、建设单位人员费、项目管理费三项。

(1) 建设单位开办费。建设单位开办费指新组建的工程建设单位,为开展工作所必须购置的办公设施、交通工具等,以及其他用于开办工作的费用。

(2) 建设单位人员费。建设单位人员费指建设单位从批准组建之日起至完成该工程建设管理任务之日止,需开支的建设单位人员费用,主要包括工作人员的基本工资、辅助工资、职工福利费、劳动保护费、养老保险费、失业保险费、医疗保险费、工伤保险费、生育保险费、住房公积金等。

(3) 项目管理费。项目管理费指建设单位从筹建到竣工期间所发生的各种管理费用。包括以下内容:

1) 工程建设过程中用于资金筹措、召开董事(股东)会议、视察工程建设所发生的会议和差旅等费用。

2) 工程宣传费。

3) 土地使用税、房产税、印花税、合同公证费。

4) 审计费。

5) 施工期间所需的水情、水文、泥沙、气象监测费和报汛费。

6) 工程验收费。

7) 建设单位人员的教育经费、办公费、差旅交通费、会议费、交通车辆使用费、技术图书资料费、固定资产折旧费、零星固定资产购置费低值易耗品摊销费、工具用具使用费、修理费、水电费、采暖费等。

8) 招标业务费。

9) 经济技术咨询费。包括勘测设计成果咨询、评审费,工程安全鉴定、验收技术鉴定、安全评价相关费用,建设期造价咨询,防洪影响评价、水资源论证、工程场地地震安全性评价、地质灾害危险性评价及其他专项咨询等发生的费用。

10) 公安、消防部门派驻工地补贴费及其他工程管理费用。

2. 工程建设监理费

工程建设监理费指建设单位在工程建设过程中委托监理单位,对工程建设的质量、进度、安全和投资进行监理所发生的全部费用。

3. 联合试运转费

联合试运转费指水利工程的发电机组、水泵等安装完毕,在竣工验收前,进行整套设备带负荷联合试运转期间所需的各项费用,主要包括联合试运转期间所消耗的燃料、动力、材料及机械使用费,工具用具购置费,施工单位参加联合试运转人员的工资等。

4. 生产准备费

生产准备费指水利建设项目的生产、管理单位为准备正常的生产运行或管理发生的费用。包括生产及管理单位提前进厂费、生产职工培训费、管理用具购置费、备品备件购置费和工器具及生产家具购置费。

（1）生产及管理单位提前进厂费。生产及管理单位提前进厂费指在工程完工之前，生产、管理单位一部分工人、技术人员和管理人员提前进厂进行生产筹备工作所需的各项费用。其内容包括提前进厂人员的基本工资、辅助工资、职工福利费、劳动保护费、养老保险费、失业保险费、医疗保险费、工伤保险费、生育保险费、住房公积金、教育经费、办公费、差旅交通费、会议费、技术图书资料费、零星固定资产购置费、低值易耗品摊销费、工具用具使用费、修理费、水电费、采暖费等，以及其他属于生产筹建期间应开支的费用。

（2）生产职工培训费。生产职工培训费指生产及管理单位为保证生产、管理工作顺利进行，对工人、技术人员和管理人员进行培训所发生的费用。

（3）管理用具购置费。管理用具购置费指为保证新建项目的正常生产和管理所必须购置的办公和生活用具等费用，包括办公室、会议室、资料档案室、阅览室、文娱室、医务室等公用设施需要配置的家具器具。

（4）备品备件购置费。备品备件购置费指工程在投产运行初期，由于易损件损耗和可能发生的事故，而必须准备的备品备件和专用材料的购置费，不包括设备价格中配备的备品备件。

（5）工器具及生产家具购置费。工器具及生产家具购置费指按设计规定，为保证初期生产正常运行所必须购置的不属于固定资产标准的生产工具、器具、仪表、生产家具等的购置费，不包括设备价格中已包括的专用工具。

5. 科研勘测设计费

科研勘测设计费指工程建设所需的科研、勘测和设计等费用，包括工程科学研究试验费和工程勘测设计费。

（1）工程科学研究试验费。工程科学研究试验费指为保障工程质量，解决工程建设技术问题，而进行必要的科学研究试验所需的费用。

（2）工程勘测设计费。工程勘测设计费指工程从项目建议书阶段开始至以后各设计阶段发生的勘测费、设计费和为勘测设计服务的常规科研试验费，不包括工程建设征地移民设计、环境保护设计、水土保持设计各设计阶段发生的勘测设计费。

6. 其他

（1）工程保险费。工程保险费指工程建设期间，为使工程能在遭受水灾、火灾等自然灾害和意外事故造成损失后得到经济补偿，而对工程进行投保所发生的保险费用。

（2）其他税费。其他税费指按国家规定应缴纳的与工程建设有关的税费。

1.3.3.5 预备费及建设期融资利息

1. 预备费

预备费包括基本预备费和价差预备费。

（1）基本预备费。基本预备费主要为解决在工程建设过程中，设计变更和有关技术标准调整增加的投资以及工程遭受一般自然灾害所造成的损失和为预防自然灾害所采取的措施费用。

（2）价差预备费。价差预备费主要为解决在工程建设过程中，因人工工资、材料和设备价格上涨以及费用标准调整而增加的投资。

2. 建设期融资利息

根据国家财政金融政策规定，工程在建设期内需偿还并应计入工程总投资的融资利息。

1.3.4　水利水电工程造价预测的基本方法

基本建设项目主要由建筑和安装工程构成，准确、合理地进行建筑和安装工程造价的编制，对预测整个建设项目的工程造价具有重要意义。目前，国内外预测建筑和安装工程造价的基本方法有综合指标法、单价法和实物量法三种。

1.3.4.1　综合指标法

在项目建议书阶段，由于设计深度不足，只能提出概括性的项目，确定不出具体项目的工程量，因此编制投资估算时常常采用综合指标法。其特点是概括性强，不需作具体分析。如大坝混凝土综合指标包括坝体、溢流面、闸墩、胸墙、导流墙、工作桥、消力池、护坦、海漫等；综合指标中包括人工费、材料费、机械使用费及其他费用并考虑了一定的扩大系数。在编制设计概算时水利水电工程的其他永久性专业工程，如铁路、公路、桥梁、供电线路、房屋建筑工程等，也可采用综合指标法编制设计概算。

1.3.4.2　单价法

单价法是新中国成立至今我国一直沿用的一种编制建安工程造价的方法，由于此方法多采用套定额计算工程单价，故又称定额法。

将建安工程按工程性质、部位，划分为若干个分部分项工程，其划分的粗细程度应与所采用的定额相适应，根据定额给定的分部分项工程所需的人工、材料、机械台时数量乘以相应人、材、机的价格，求得人工费、材料费和机械使用费，再按有关规定的其他直接费、间接费、利润、材料补差和税金的取费标准，计算出工程单价。各分部分项工程的工程量分别乘以相应的工程单价，然后合计求得工程造价。

单价法计算简单、方便。但由于我国的单价法确定人、材、机定额数量的标准反映的是一定时期和一定地区范围的"共性"，与各个具体工程项目的自然条件、施工条件及各种影响因素的"个性"之间存在有差异，有时甚至差异还很大。

1.3.4.3　实物量法

实物量法预测工程造价是根据确定的工程项目、施工方案及劳动组合，计算各种资源（人、材、机）的消耗量，求得完成工程项目的直接费用。其他费用的计算过程和单价法类似。实物量法编制工程造价的关键是施工规划，该方法编制工程造价的一般程序如下所述。

1. 直接费分析

（1）把工程中的各个建筑物划分为若干个工程项目，如土方工程、石方工程、混凝土工程等。

（2）把每个工程项目再划分为若干个施工工序，如石方工程的钻孔、爆破、出渣等工程。

（3）根据施工条件选择施工方法和施工设备，确定施工设备的生产率。

（4）根据所要求的施工进度确定各个工序的施工强度，由此确定施工设备、劳动力的组合，根据进度计算出人员、材料、机械 的总数量。

（5）将人、材、机的总数量分别乘以相应的基础单价，计算出直接费用。

（6）直接费用除以该工程项目的工程量即得直接费单价。

2. 间接费分析

根据施工管理单位的人员配备、车辆和间接费包括的范围，计算施工管理费和其他间接费。

3. 承包商加价分析

根据工程施工特点和承包商的经营状况等因素，具体分析承包商的总部管理费、中间商的佣金、承包人不可预见费以及利润和税金等费用。

4. 工程风险分析

根据工程规模、结构特点、地形地质条件、设计深度，以及劳动力、设备材料等读市场供求状况，进行工程风险分析，确定工程不可预见准备金。

5. 工程总成本计算

工程总成本为直接成本、间接成本、承包商加价之和，再加上施工准备工程费、设备采购工程、技术采购工程及有关公共费用、保险、不可预见准备金，建设期融资利息等。

实物量法的主要缺点是计算比较麻烦、复杂。但这种方法是“逐个量体裁衣”，针对每个工程项目的具体情况预测工程造价，对设计深度满足要求，施工方法符合实际的工程采用此方法比较合理、准确，这也是国外普遍采用此方法的缘故。

采用实物量法预测工程造价在我国还处于积极探索阶段。由于采用实物量法预测工程造价，要求造价人员有较高的业务水平和丰富的工程经验，且要掌握大量的基本资料，所以在我国目前还没有全面推广。

本书主要介绍的工程造价的编制方法为单价法。

1.3.5　水利水电工程概算编制程序

1. 设计概算编制依据

（1）国家及省（自治区、直辖市）颁发的有关法令法规、制度、规程。

（2）水利工程设计概（估）算编制规定。

（3）水利行业主管部门颁发的概算定额和有关行业主管部门颁发的定额。

（4）水利水电工程设计工程量计算规定。

（5）初步设计文件及图纸。

（6）有关合同协议及资金筹措方案。

（7）其他。

2. 设计概算编制程序

（1）准备工作。

1）了解工程概况，即了解工程位置、规模、枢纽布置、地质、水文情况、主要建筑物的结构型式和主要技术数据、施工总体布置、施工导流、对外交通条件、施工进度及主体工程施工方案等。

2）拟定工作计划，确定编制原则和依据；确定计算基础价格的基本条件和参数；确定所采用的定额、标准及有关数据；明确各专业提供的资料内容、深度要求和时间；落实编制进度及提交最后成果的时间；编制人员分工安排和提出计划工作量。

3) 调查研究、收集资料。主要了解施工砂、石、土料储量、级配、料场位置、料场内外交通条件、开挖运输方式等，收集物资、材料、税务、交通等价格及主要设备价格资料，调查新技术、新工艺、新材料的有关价格等。

（2）计算基础单价。基础单价是建安工程单价计算的重要依据。应根据收集到的各项资料，按工程所在地编制年价格水平，执行上级主管部门有关规定分析计算。

（3）划分工程项目，计算工程量。按照水利水电基本建设项目划分的规定将工程项目进行划分，并按水利水电工程量计算规定计算工程量。

（4）套用定额计算工程单价。

在上述工作的基础上，根据工程项目的施工组织设计、现行定额、费用标准和有关基础单价，分别编制工程单价。

（5）编制各部分工程概算。根据工程量、设备清单、工程单价和费用标准分别编制各部分概算。

（6）进行工、料、机分析汇总。将各工程项目所需的人工工时和费用，主要材料数量和价格，施工机械的规格、型号、数量及台时，进行汇总。

（7）汇总总概算。各部分概算投资计算完成后，即可进行总概算汇总，主要包括以下内容：

1) 汇总建筑工程、机电设备及安装工程、金属结构设备及安装工程、施工临时工程、独立费用五部分投资。

2) 五部分投资合计之后，再依次计算基本预备费、价差预备费、建设期融资利息，最终计算静态总投资和总投资。

（8）编写编制说明及装订整理。最后编写编制说明并将校核、审定后的概算成果一同装订成册，形成设计概算文件。

1.3.6　水利水电工程概算文件组成

概算文件包括设计概算报告（正件）、附件、投资对比分析报告。

1. 概算正件组成内容

（1）编制说明：

1) 工程概况。工程概况包括：流域、河系，兴建地点，工程规模，工程效益，工程布置形式，主体建筑工程量，主要材料用量，施工总工期等。

2) 投资主要指标。投资主要指标包括：工程总投资和静态总投资，年度价格指数，基本预备费率，建设期融资额度、利率和利息等。

3) 编制原则和依据。编制原则和依据包括：①概算编制原则和依据；②人工预算单价，主要材料，施工用电、水、风以及砂石料等基础单价的计算依据；③主要设备价格的编制依据；④建筑安装工程定额、施工机械台时费定额和有关指标的采用依据；⑤费用计算标准及依据；⑥工程资金筹措方案。

4) 概算编制中其他应说明的问题。

5）主要技术经济指标表。主要技术经济指标表根据工程特性表编制，反映工程主要技术经济指标。

（2）工程概算总表。工程概算总表应汇总工程部分、建设征地移民补偿、环境保护工程、水土保持工程总概算表。

（3）工程部分概算表和概算附表：

1）概算表。概算表包括：①工程部分总概算表；②建筑工程概算表；③机电设备及安装工程概算表；④金属结构设备及安装工程概算表；⑤施工临时工程概算表；⑥独立费用概算表；⑦分年度投资表；⑧资金流量表（枢纽工程）。

2）概算附表。概算附表包括：①建筑工程单价汇总表；②安装工程单价汇总表；③主要材料预算价格汇总表；④次要材料预算价格汇总表；⑤施工机械台时费汇总表；⑥主要工程量汇总表；⑦主要材料量汇总表；⑧工时数量汇总表。

2．概算附件组成内容

（1）人工预算单价计算表。

（2）主要材料运输费用计算表。

（3）主要材料预算价格计算表。

（4）施工用电价格计算书（附计算说明）。

（5）施工用水价格计算书（附计算说明）。

（6）施工用风价格计算书（附计算说明）。

（7）补充定额计算书（附计算说明）。

（8）补充施工机械台时费计算书（附计算说明）。

（9）砂石料单价计算书（附计算说明）。

（10）混凝土材料单价计算表。

（11）建筑工程单价表。

（12）安装工程单价表。

（13）主要设备运杂费率计算书（附计算说明）。

（14）施工房屋建筑工程投资计算书（附计算说明）。

（15）独立费用计算书（勘测设计费可另附计算书）。

（16）分年度投资计算表。

（17）资金流量计算表。

（18）价差预备费计算表。

（19）建设期融资利息计算书（附计算说明）。

（20）计算人工、材料、设备预算价格和费用依据的有关文件、询价报价资料及其他。

3．投资对比分析报告

应从价格变动、项目及工程量调整、国家政策性变化等方面进行详细分析，说明初步设计阶段与可行性研究阶段（或可行性研究阶段与项目建设书阶段）相比较的投资变化原因和结论，编写投资对比分析报告。工程部分报告应包括以下附表：

（1）总投资对比表。

（2）主要工程量对比表。

（3）主要材料和设备价格对比表。

（4）其他相关表格。

投资对比分析报告应汇总工程部分、建设征地移民补偿、环境保护、水土保持各部分对比分析内容。

设计概算报告（正件）、投资对比分析报告可单独成册，也可作为初步设计报告（设计概算章节）的相关内容；设计概算附件宜单独成册，并应随初步设计文件报审。

以上正件、附件及投资对比分析报告的表格形式见附录C。

思考与练习题

1. 名词解释

基本建设项目；单项工程；单位工程；分部工程；分项工程。

2. 什么是基本建设？基本建设的工作内容有哪些？

3. 基本建设项目的种类有哪些？

4. 什么是基本建设项目划分？

5. 水利水电基本建设项目和一般基本建设项目划分有何不同？

6. 水利水电工程项目划分应注意的事项是什么？

7. 简述我国水利水电工程基本建设程序。

8. 与一般工业产品相比，水利水电建筑产品具有哪些特点？

9. 竣工结算与竣工决算的主要区别是什么？

10. 水利工程的费用由哪些构成？

11. 水利水电工程概预算的文件组成内容有哪些？

项目 2 工 程 定 额

学习目标与学习要点

本项目主要学习工程定额的概念、作用及分类；施工定额、预算定额、概算定额的概念、作用、编制原则、方法和步骤；工程定额的使用。通过本项目的学习，了解定额的种类和编制方法；理解各种定额之间的区别与联系；掌握施工定额、预算定额、概算定额的概念、作用和定额的使用。

任务 2.1 概 述

2.1.1 定额的起源和发展

定额是企业科学管理的产物，最先由美国工程师泰勒（F. W. Taylor，1856—1915）开始研究。

20 世纪初，在资本主义国家，企业的生产技术得到了很大的提高，但由于管理跟不上，经济效益仍然不理想。为了通过加强管理提高劳动生产率，泰勒开始研究管理方法。它首先将工人的工作时间划分为若干个组成部分，如划分为准备工作时间、基本工作时间、辅助工作时间等，然后用秒表来测定完成各项工作所需的劳动时间，以此为基础制定工时消耗定额，作为衡量工人工作效率的标准。

在研究工人工作时间的同时，泰勒把工人在劳动中的操作过程分解为若干个操作步骤，去掉那些多余和无效的动作，制定出操作顺序最佳、付出体力最少、节省工作时间最多的操作方法，以期达到提高工作效率的目的。可见，运用该方法制定工时消耗定额是建立在先进合理的操作方法基础上的。

制定科学的工时定额、实行标准的操作方法、采用先进的工具和设备，再加上有差别的计件工资制，就构成了"泰勒制"的主要内容。

泰勒制给资本主义企业管理带来了根本的变革。因而，在资本主义管理史上，泰勒被尊为"科学管理之父"。

在企业管理中采用实行定额管理的方法来促进劳动生产率的提高，正是泰勒制中科学的、有价值的内容，我们应该用来为社会主义市场经济建设服务。定额虽然是管理科学发展初期的产物，但它在企业管理中占有重要地位，因为定额提供的各项数据，始终是实现科学管理的必要条件，所以，定额是企业科学管理的基础。

2.1.2　定额的基本概念

1. 定额的概念

所谓"定"就是规定；"额"就是额度或限额，是进行生产经营活动时，在人力、物力、财力和时间消耗方面所应遵守或达到的数量标准。从广义理解，定额就是规定的额度或限额，即标准或尺度，也是处理特定事物的数量界限。

在现代社会经济生活中，定额几乎是无处不在。就生产领域来说，工时定额、原材料消耗定额、原材料和成品半成品储备定额、流动资金定额等，都是企业管理的重要基础。在工程建设领域也存在多种定额，它是工程造价计价的重要依据。更为重要的是，在市场经济条件下，从市场价格机制角度，该如何看待现行工程建设定额在工程价格形成中的作用。因此，在研究工程造价的计价依据和计价方式时，有必要首先对工程建设定额的基本原理有一个基本认识。

2. 建设工程定额的概念

建设工程定额是指在正常的施工条件和合理劳动组织、合理使用材料及机械的条件下，完成单位合格产品所必须消耗的人工、材料、机械和工期等的数量标准。

建设工程定额是工程造价的计价依据。反映社会生产力投入和产出关系的定额，在建设管理中不可缺少。尽管建设管理科学在不断发展，但是仍然离不开建设工程定额。

定额的概念适用于建设工程的各种定额。定额概念中的"正常施工条件"，是界定研究对象的前提条件。一般在定额子目中，仅规定了完成单位合格产品所必须消耗人工、材料、机械台班（时）的数量标准，而定额的总说明、册说明、章说明中，则对定额编制的依据、定额子目包括的内容和未包括的内容、正常施工条件和特殊条件下数量标准的调整系数等均作了说明和规定，所以了解正常施工条件，是学习使用定额的基础。

定额概念中"合理劳动组织、合理使用材料和机械"的含义，是指按定额规定的劳动组织、施工应符合国家现行的施工及验收规范、规程、标准，施工条件完善，材料符合质量标准，运距在规定的范围内，施工机械设备符合质量规定的要求，运输、运行正常等。

定额概念中"单位合格产品"的单位是指定额子目中的单位。合格产品的含义是施工生产提供的产品，必须符合国家或行业现行施工及验收规范和质量评定标准的要求。

所以，定额不仅规定了建设工程投入产出的数量标准，而且还规定了具体工作内容、质量标准和安全要求。考察个别生产过程中的投入产出关系不能形成定额，只有大量科学分析、考察建设工程中投入和产出关系，并取其平均先进水平或社会平均水平，才能确定某一研究对象的投入和产出的数量标准，从而制定定额。

2.1.3　建设工程定额的特点

1. 科学性

工程建设定额的科学性包括两重含义：①工程建设定额和生产力发展水平相适应，反映出工程建设中生产消费的客观规律；②工程建设定额管理在理论、方法和手段上适应现代科学技术和信息社会发展的需要。

工程建设定额的科学性，首先表现在用科学的态度制定定额，尊重客观实际，力求定额水平合理；其次表现在制定定额的技术方法上，利用现代科学管理的成就，形成一套系统的、完整的、在实践中行之有效的方法；第三表现在定额制定和贯彻的一体化，制定是为了提供贯彻的依据，贯彻是为了实现管理的目标，也是对定额的信息反馈。

建筑工程定额的科学性主要表现在用科学的态度和方法，总结我国大量投入和产出的关系和资源消耗数量标准的客观规律，制定的定额符合国家有关标准、规范的规定，反映了一定时期我国生产力发展的水平，是在认真研究施工生产过程中的客观规律的基础上，通过长期的观察、测定、总结生产实践经验以及广泛搜集资料的基础上编制的。在编制过程中，必须对工作时间、现场布置、工具设备改革以及生产技术与组织管理等各方面进行科学的综合研究。因此，制定的定额客观地反映了施工生产企业的生产力水平，所以定额具有科学性。

2. 系统性

工程建设定额是相对独立的系统，它是由不同层次的多种定额结合而成的一个有机的整体。它的结构复杂，有鲜明的层次，有明确的目标。

工程建设定额的系统性是由工程建设的特点决定的。按照系统论的观点，工程建设本身就是庞大的实体系统，工程建设定额是为这个实体系统服务的。因而工程建设本身的多种类、多层次就决定了以它为服务对象的工程建设定额的多种类、多层次。

3. 统一性

工程建设定额的统一性按照其影响力和执行范围来看，有全国统一定额、地区统一定额和行业统一定额等；按照定额的制定、颁布和贯彻使用来看，有统一的程序、统一的原则、统一的要求和统一的用途。

工程建设定额的统一性，主要是由国家对经济发展有计划的宏观调控职能决定的。为了使国民经济按照既定的目标发展，就需要借助于某些标准、定额、参数等，对工程建设进行规划、组织、调节、控制，而这些标准、定额、参数必须在一定的范围内是一种统一的尺度，才能实现上述职能，才能利用它对项目的决策、设计方案、投标报价、成本控制进行比选和评价。

4. 权威性

定额是由国家授权部门，根据当时的实际生产力水平制定并颁发的，具有很大的权威性，这种权威性在一些情况下具有经济法规性质，各地区、部门和相关单位，都必须严格遵守，未经许可，不得随意改变定额的内容和水平，以保证建设工程造价有统一的尺度。

但是，在市场经济条件下，定额在执行过程中允许企业根据招投标等具体情况进行调整，使其体现市场经济的特点。建筑安装工程定额既能起到国家宏观调控市场，又能起到让建筑市场充分发展的作用，就必须要有一个社会公认的，在使用过程中可以有根据地改变其水平的定额。这种具有权威性控制量的定额，各业主和工程承包商可以根据生产力水平状况进行适当调整。

具有权威性和灵活性的建筑安装工程定额是符合社会主义市场经济条件下建筑产品的

生产规律。

定额的权威性是建立在采用先进科学的编制方法基础之上的，能正确反映本行业的生产力水平，符合社会主义市场经济的发展规律。

5. 稳定性与时效性

定额反映了一定时期社会生产力水平，是一定时期技术发展和管理水平的反映。当生产力水平发生变化，原定额已不适用时，授权部门应当根据新的情况制定出新的定额或修改、调整、补充原有的定额。但是，社会和市场的发展有其自身的规律，有一个从量变到质变的过程，而且定额的执行也有一个时间过程。所以，定额发布后，在一段时期内表现出相对稳定性。保持定额的稳定性是维护定额的权威性所必需的。

但是工程建设定额的稳定性是相对的。生产力向前发展，定额就会与已经发展了的生产力不相适应，这样，它原有的作用就会逐步减弱以至消失，需要重新编制或修订。

6. 群众性

定额的群众性是指定额的制定和执行都必须有广泛的群众基础，因为定额水平的高低主要取决于建筑安装工人所创造的劳动生产力水平的高低；其次，工人直接参加定额的测定工作，有利于制定出容易掌握和推广的定额；最后，定额的执行要依靠广大职工的生产实践活动方能完成，也只有得到群众的支持和协助，定额才会定得合理，并能为群众所接受。

2.1.4　定额的分类

建筑工程定额的种类很多，根据内容、用途和使用范围的不同，可有以下几种分类方式。

1. 按定额反映的生产要素内容分类

进行物质资料生产所必须具备的三要素是：劳动者、劳动对象和劳动手段。劳动者是指生产工人，劳动对象是指建筑材料和各种半成品等，劳动手段是指生产机具和设备。为了适应建筑施工活动的需要，定额可按这三个要素编制，即劳动消耗定额、材料消耗定额、机械消耗定额。

（1）劳动消耗定额。劳动消耗定额简称劳动定额，也称为人工定额，它规定了在一定的技术装备和劳动组织条件下，某工种某等级的工人或工人小组，生产单位合格产品所需消耗的劳动时间，或是在单位工作时间内生产合格产品的数量标准。前者称为时间定额，后者称为产量定额。

（2）材料消耗定额。材料消耗定额指规定在正常施工条件、节约和合理使用材料条件下，生产单位合格产品所必须消耗的一定品种规格的原材料、半成品、构配件的数量标准。

（3）机械消耗定额。我国机械消耗定额是以一台机械一个工作班（或一小时）为计量单位，所以又称为机械台班（或台时）使用定额。它规定了在正常施工条件下，利用某种施工机械，生产单位合格产品所必须消耗的机械工作时间，或者在单位时间内施工机械完成合格产品的数量标准。

2. 按定额的编制程序和用途分类

可以把工程建设定额分为施工定额、预算定额、概算定额、投资估算指标等四种。

（1）施工定额。施工定额是以同一性质的施工过程——工序，作为研究对象，表示生产产品数量与时间消耗综合关系编制的定额。施工定额是施工企业（建筑安装企业）在组织生产和加强管理时在企业内部使用的一种定额，属于企业定额的性质。它是工程建设定额中的基础性定额，同时也是编制预算定额的基础。施工定额本身由劳动定额、材料消耗定额和机械台班（时）使用定额三个相对独立的部分组成。

（2）预算定额。预算定额是以建筑物或构筑物各个分部分项工程为对象编制的定额。其内容包括劳动定额、材料消耗定额、机械台班（时）使用定额三个基本部分，是一种计价的定额。从编制程序上看，预算定额是以施工定额为基础综合扩大编制的，同时它也是编制概算定额的基础。随着经济的发展，在一些地区出现了综合预算定额的形式，它实际上是预算定额的一种，只是在编制方法上更加扩大、综合、简化。

（3）概算定额。概算定额是以扩大的分部分项工程或单位扩大结构构件为对象，表示完成合格的该工程项目所需消耗的人工、材料和机械台班（时）的数量标准，同时它也列有工程费用，也是一种计价性定额。概算定额一般是在预算定额的基础上通过综合扩大编制而成，同时也是编制概算指标的基础。

（4）投资估算指标。它是在项目建议书和可行性研究阶段编制投资估算、计算投资需要量时使用的一种定额。它非常概略，往往以独立的单项工程或完整的工程项目为计算对象，编制内容是所有项目费用之和。它的概略程度与可行性研究相适应。投资估算指标往往根据历史的预算、决算资料和价格变动等资料编制，但其编制基础仍然离不开预算定额、概算定额。

3. 按照费用性质分类

（1）直接费定额。直接费定额是指直接用于施工生产的人工、材料、机械消耗的定额。如现行水利水电建安工程预算定额和概算定额等。

（2）间接费定额。间接费定额是指施工企业进行施工组织和管理所发生的费用定额。

（3）施工机械台班（时）费定额。施工机械台班（时）费定额是指施工机械在单位台班或台时中，为使机械正常运转所损耗和分摊的费用定额，如《水利工程施工机械台时费定额》。

（4）其他基本建设费用定额。其他基本建设费用定额是指不属于建筑安装工程的独立费用定额，如勘测设计费定额、工程项目管理费定额等。

4. 按编制单位和管理权限分类

工程建设定额可以分为全国统一定额、行业统一定额、地区统一定额、企业定额、补充定额五种。

（1）全国统一定额。全国统一定额是由国家建设行政主管部门，综合全国工程建设中技术和施工组织管理的情况编制，并在全国范围内执行的定额。

（2）行业统一定额。行业统一定额，是考虑到各行业部门专业工程技术特点，以及施工生产和管理水平编制的，一般只在本行业和相同专业性质的范围内使用。

（3）地区统一定额。地区统一定额包括省、自治区、直辖市定额。地区统一定额主要是考虑地区性特点和全国统一定额水平作适当调整和补充编制的。

（4）企业定额。企业定额是指由施工企业考虑本企业具体情况，参照国家、部门或地区定额的水平制定的定额。企业定额只在企业内部使用，是企业管理水平的一个标志。企业定额水平一般应高于国家现行定额，才能满足生产技术发展、企业管理和市场竞争的需要。

（5）补充定额。补充定额是指随着设计、施工技术的发展，现行定额不能满足需要的情况下，为了补充缺陷所编制的定额。补充定额只能在制定的范围内使用，可以作为以后修订定额的基础。

5. 按照专业性质分类

工程建设定额分为全国通用定额、行业通用定额和专业专用定额三种。

（1）全国通用定额。全国通用定额是指工程地质、施工条件、方法相同的建设工程，各部门和地区间都可以使用的定额，如工业与民用建筑工程定额。

（2）行业通用定额。行业通用定额是指一些工程项目，具有一定的专业特点在行业部门内可以通用的定额，如煤炭、化工、建材、冶金等部门共同编制的矿山、巷井工程定额。

（3）专业专用定额。专业专用定额是指一些专业性工程，只在某一专业内使用的定额，如水利工程定额、化工工程定额等。

上述各种定额虽然适用于不同的情况和用途，但是它们是一个互相联系的、有机的整体，在实际工作中配合使用。

水利水电工程历年颁发的定额见表 2.1。

表 2.1　　　　　　　　　　　　水利水电工程历年颁发的定额表

颁发年份	定 额 名 称	颁发单位
1954	水利水电工程预算定额（草案）	水利部、燃料部水电总局
	水力发电建筑安装工程施工定额（草案）	
	水力发电建筑安装工程预算定额（草案）	
1956	水力发电建筑安装工程预算定额	电力部
1957	水利工程施工定额（草案）	水利部
1958	水利水电建筑安装工程预算定额	水利电力部
	水力发电设备安装价目表	
1964	水利水电安装工程工、料、机械施工指标	
	水利水电建筑安装工程预算指标（征求意见稿）	
	水力发电设备安装价目表（征求意见稿）	
1965	水利水电工程预算指标（即"65"定稿）	
1973	水利水电建筑安装工程定额（讨论稿）	
1975	水利水电建筑工程概算指标	
	水利水电设备安装工程概算指标	
1980	水利水电工程设计预算定额（试行）	

续表

颁发年份	定额名称	颁发单位
1983	水利水电建筑安装工程统一劳动定额	水利电力部水电总局
1985	水利水电工程其他工程费用定额	水利电力部
1985	水利水电建筑安装工程机械台班费定额	水利电力部
1986	水利水电设备安装工程预算定额	水利电力部
1986	水利水电设备安装工程概算定额	水利电力部
1986	水利水电建筑工程预算定额	水利电力部
1988	水利水电建筑工程概算定额	水利电力部
1989	水利水电工程设计概（估）算费用构成及计算标准	水利电力部
1990	水利水电工程投资估算指标（试行）	能源部、水利部
1990	水利水电工程勘测设计收费标准（试行）	能源部、水利部
1991	水利水电工程勘测设计生产定额	水利水电规划总院
1991	水利水电工程施工机械台班费定额	能源部、水利部
1994	水利水电建筑工程补充预算定额	水利部
1994	水利水电工程设计概（估）算费用构成及计算标准	水利部
1997	水力发电建筑工程概算定额	电力工业部
1997	水力发电设备安装工程概算定额	电力工业部
1997	水力发电工程施工机械台时费定额	电力工业部
1998	水利水电工程设计概（估）算费用构成及计算标准	水利部
1999	水利水电设备安装工程预算定额	水利部
1999	水利水电设备安装工程概算定额	水利部
2000	水力发电设备安装工程概算定额	国家经济贸易委员会
2002	水利建筑工程预算定额（上、下册）	水利部
2002	水利建筑工程概算定额（上、下册）	水利部
2002	水利水电设备安装工程预算定额	水利部
2002	水利水电设备安装工程概算定额	水利部
2002	水利工程施工机械台时费定额	水利部
2002	水利工程设计概（估）算编制规定	水利部
2003	水电工程设计概算编制办法及计算标准	国家经济贸易委员会
2003	水力发电设备安装工程预算定额	国家经济贸易委员会
2007	水电工程设计概算编制规定	国家发展和改革委员会
2007	水电工程设计概算费用标准	国家发展和改革委员会
2007	水电建筑工程概算定额	国家发展和改革委员会
2013	水电工程设计概算编制规定	国家发展和改革委员会
2013	水电工程设计概算费用标准	国家发展和改革委员会
2014	水利工程设计概（估）算编制规定	水利部

2.1.5 定额编制方法

1. 技术测定法

技术测定法是一种科学的调查研究方法。它是通过对施工过程的具体活动进行实地观察，详细记录工人和施工机械的工作时间消耗，测定完成产品的数量和有关影响因素，将记录结果进行分析研究，整理出可靠的数据资料，为编制定额提供可靠数据的一种方法。

常用的技术测定方法包括测时法、写实记录法、工作日写实法。

2. 经验估计法

经验估计法是根据定额员、技术员、生产管理人员和老工人的实际工作经验，对生产某一产品或某项工作所需的人工、材料、机械台班（时）数量进行分析、讨论和估算后，确定定额消耗量的一种方法。

3. 统计计算法

统计计算法是一种用过去统计资料编制定额的一种方法。

4. 比较类推法

比较类推法也叫典型定额法。比较类推法是在相同类型的项目中，选择有代表性的典型项目，用技术测定法编制出定额，然后根据这些定额用比较类推的方法编制其他相关定额的一种方法。

任务 2.2 施 工 定 额

2.2.1 施工定额的概念

施工定额是指在全国统一定额指导下，以同一性质的施工过程——工序为测算对象，规定建筑安装工人或班组，在正常施工条件下完成单位合格产品所需消耗人工、材料、机械台班（时）的数量标准。

施工定额是施工企业内部直接用于组织与管理施工的一种技术定额，是指规定在工作过程或综合工作过程中所生产合格单位产品必须消耗的活劳动与物化劳动的数量标准。

施工定额是地区专业主管部门和企业的有关职能机构根据专业施工的特点规定出来并按照一定程序颁发执行的。它反映了制定和颁发施工定额的机构和企业对工人劳动成果的要求，它也是衡量建筑安装企业劳动生产率水平和管理水平的标准。

2.2.2 施工定额的组成和作用

1. 施工定额的组成

施工定额由劳动消耗定额、机械消耗（台班使用）定额和材料消耗定额组成。

施工定额中的人材机消耗量标准，应根据各地区（企业）的技术和管理水平，结合工程质量标准、安全操作规程等技术规范要求，采用平均先进水平编制。施工定额的项目划分较细，是建筑工程定额中的基础定额，也是预算定额的编制基础，但施工定额测算的对象是施工过程，而预算定额的测算对象是分部分项工程。预算定额比施工定额更综合扩大，这两者不能混淆。

2. 施工定额的作用

施工定额是企业内部直接用于组织与管理施工中控制人机材消耗的一种定额，在施工过程中，施工定额是施工企业的生产定额，是企业管理工作的基础。在施工企业管理中有如下方面的主要作用：

（1）施工定额是编制施工预算、进行"两算"对比加强企业成本管理的依据。施工预算是指按照施工图纸和说明书计算的工程量，根据施工组织设计的施工方法，采用施工定额并结合施工现场实际情况编制的，拟完成某一单位合格产品所需要的人工、材料、机械消耗数量和生产成本的经济文件。没有施工定额，施工预算无法进行编制，就无法进行"两算"（施工图预算和施工预算）对比，企业管理就缺乏基础。

（2）施工定额是组织施工的依据。施工定额是施工企业下达施工任务单、劳动力安排、材料供应和限额领料、机械调度的依据；是编制施工组织设计，制订施工作业计划和人工、材料、机械台班（时）需用量计划的依据；是施工队向工人班组签发施工任务书和限额领料单的依据。

（3）施工定额是计算劳动报酬和按劳分配的依据。目前，施工企业内部推行多种形式的经济承包责任制，是计算承包指标和考核劳动成果、发放劳动报酬和奖励的依据；是实行计件、定额包工包料、考核工效的依据；是班组开展劳动竞赛、班组核算的依据。

（4）施工定额能促进技术进步和降低工程成本。施工定额的编制采用平均先进水平，所谓平均先进水平，是指在正常条件下，多数施工班组或生产者经过努力可以达到，少数班组或生产者可以接近，个别班组或生产者可以超过的水平，一般来说，它低于先进水平，略高于平均水平。这种水平使先进的班组或工人感到有一定压力，能鼓励他们进一步提高技术水平；大多数处于中间水平的班组或工人感到定额水平可望也可及，能增强他们达到定额甚至超过定额的信心。平均先进水平不迁就少数后进者，而是使他们产生努力工作的责任感，认识到必须花较大的精力去改善施工条件，改进技术操作方法，才能缩短差距，尽快达到定额水平。所以，平均先进水平是一种鼓励先进、勉励中间、鞭策后进的定额水平。只有贯彻这样的定额水平，才能不断提高劳动生产率，进而提高企业经济效益。

因此施工定额不仅可以计划、控制、降低工程成本，而且可以促进基层学习，采用新技术、新工艺、新材料和新设备，提高劳动生产率，达到快、好、省地完成施工任务的目的。

（5）施工定额是编制预算定额的基础。预算定额是在施工定额的基础上通过综合和扩大编制而成的。由于新技术、新结构、新工艺等的采用，在预算定额或单位估价表中缺项时，要补充或测定新的预算定额及单位估价表都是以施工定额为基础来制定的。

2.2.3 劳动消耗定额

1. 劳动消耗定额的概念

劳动消耗定额简称劳动定额，也称为人工定额，就是规定在一定的技术装备和劳动组织条件下，生产单位产品所需劳动时间消耗量的标准，或规定单位时间内应完成的合格产品或工作任务的数量标准。

2. 劳动消耗定额的表现形式

生产单位产品的劳动消耗量可用劳动时间来表示,同样,在单位时间内劳动消耗量也可以用生产的产品数量表示,因此,劳动定额有两种基本的表现形式,即时间定额和产量定额。为了便于综合和核算,劳动定额大多采用工作时间消耗量来计算劳动消耗的数量,所以劳动定额主要表现形式是时间定额,但同时也表现为产量定额。

(1) 时间定额。时间定额是指在一定的技术装备和劳动组织条件下,规定完成合格的单位产品所需消耗工作时间的数量标准。一般用工时或工日为计量单位。计算公式如下:

$$时间定额 = \frac{消耗的总工日数}{产品数量}$$

(2) 产量定额。产量定额是指在一定的技术装备和劳动组织条件下,规定劳动者在单位时间(工日)内应完成合格产品的数量标准。由于产品多种多样,产量定额的计量单位也就无法统一,一般为 m^3、m^2、m、kg、t、套、台等。计算公式如下:

$$产量定额 = \frac{产品数量}{消耗的总工日数}$$

时间定额和产量定额是同一劳动定额的不同表现形式,它们都表示同一劳动定额,但各有其用途。

时间定额因为单位统一,便于综合,计算劳动量比较方便;而产量定额具有形象化的特点,使工人的奋斗目标直观明确,便于分配工作任务。

(3) 时间定额与产量定额的关系。时间定额和产量定额都表示的是同一劳动定额,时间定额与产量定额互为倒数。它们之间的关系可用下式来表示,即

$$时间定额 = \frac{1}{产量定额}$$

或

$$产量定额 = \frac{1}{时间定额}$$

即当时间定额减少时,产量定额就会增加,反之,当时间定额增加时,产量定额就会减少,然而其增加和减少时比例是不同的。

【例 2.1】 某劳动定额规定,人工挖三类土装斗车的时间定额为 0.265 工日/m^3。求产量定额。

解:产量定额 $= \frac{1}{时间定额} = \frac{1}{0.265}$工日/$m^3 = 3.77 m^3$/工日

同理,已知产量定额,也可求得时间定额。

3. 工人工作时间的分类及定额消耗时间的确定

(1) 工作时间的分类。研究施工中的工作时间,最主要的目的是确定施工的时间定额和产量定额,研究施工中工作时间的前提,是对工作时间按其消耗性质进行分类,以便研究工时消耗的数量及其特点。

工作时间,指的是工作班的延续时间,国家现行制度规定为 8 小时工作制,即日工作时间为 8 小时。工人在工作班内消耗的工作时间,按其消耗的性质可以分为两大类:必须消耗的时间和损失时间。

1) 必须消耗的时间是工人在正常施工条件下,为完成一定产品(工作任务)所消耗

的时间，它是制定定额的主要根据。建筑安装工人的工作时间的分类如图 2.1 所示。

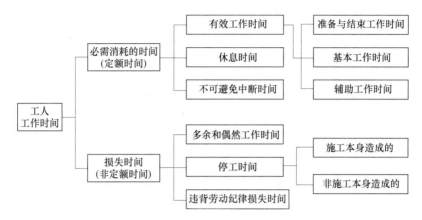

图 2.1　建筑安装工人的工作时间的分类

从图 2.1 中可以看出，必需消耗的工作时间里，包括有效工作时间、休息时间和不可避免中断时间的消耗。

a. 有效工作时间是指从生产效果来看与产品生产直接有关的时间消耗。其中包括准备与结束工作时间、辅助工作时间、基本工作时间的消耗。

（a）准备与结束工作时间是执行任务前或任务完成后所消耗的工作时间，又可以把这项时间消耗分为班内的准备与结束工作时间和任务的准备与结束工作时间：前者主要包括每天班前领取工具设备、机械开动前观察和试车以及交接班的时间；后者主要包括接受工程任务单、研究施工详图、进行技术交底、竣工验收所消耗的时间。准备和结束工作时间的长短与所担负的工作量大小无关，但往往和工作内容有关。

（b）辅助工作时间是为保证基本工作能顺利完成所消耗的时间，在辅助工作时间里不能使产品的形状大小、性质或位置发生变化，例如工具的矫正和小修、机械的调整、施工过程中机械上油等消耗的时间。

（c）基本工作时间是工人完成能生产一定产品的施工工艺过程所消耗的时间。通过这些工艺过程可以改变材料外形，可以改变材料的结构与性质，也可以改变产品外部及表面的性质，基本工作时间所包括的内容依工作性质各不相同。基本工作时间的长短和工作量大小成正比例。

b. 休息时间是工人在工作过程中为恢复体力所必需的短暂休息和生理需要的时间消耗。这种时间是为了保证工人精力充沛地进行工作，所以在定额时间中必须进行计算。休息时间的长短和劳动条件有关，劳动越繁重、越紧张、劳动条件越差，则需要休息的时间越长。

c. 不可避免的中断所消耗的时间是指由于施工工艺特点引起的工作中断所必需的时间。与施工过程工艺特点有关的工作中断时间，应包括在定额时间内，但应尽量缩短此项时间消耗，例如起重机在吊预制构件时安装工等待的时间；而与工艺特点无关的工作中断所占用时间，是由于劳动组织不合理引起的，属于损失时间，不能计入定额时间。

2）损失时间，是和产品生产无关，而和施工组织和技术上的缺点有关，与工人在施工过程的个人过失或某些偶然因素有关的时间消耗。

损失时间包括多余和偶然工作、停工和违背劳动纪律三种情况所引起的工时损失。

a. 多余工作，就是工人进行了任务以外的工作而又不能增加产品数量的工作，包括返工造成的时间损失，如重砌质量不合格的墙体。多余工作的工时损失，一般都是由于工程技术人员和工人的差错而引起的，因此，不应计入定额时间中。偶然工作也是工人在任务外进行的工作，但能够获得一定产品，例如电工在铺设电线时，需临时在墙壁上凿洞的时间，抹灰工不得不补上砌墙时遗留的墙洞的时间等。在定额时间中，需适当考虑偶然工作时间的影响。

b. 停工时间是工作班内停止工作造成的工时损失。停工时间按其性质可分为：施工本身造成的停工时间和非施工本身造成的停工时间两种。

（a）施工本身造成的停工时间，是由于施工组织不善、材料供应不及时、工作面准备工作做得不好、工作地点组织不良等情况引起的停工时间。

（b）非施工本身造成的停工时间，是由于气候条件影响、水源和电源中断引起的停工时间，前一种情况在拟定定额时不应该计算，后一种情况定额中则应给予合理的考虑。

c. 违背劳动纪律损失的时间是指在工作时间内迟到、早退、擅离工作岗位、聊天等造成的工作时间损失。此类时间在定额中不予考虑。

（2）人工定额消耗时间的确定。时间定额和产量定额是人工定额的两种表现形式。拟定出时间定额，也就可以计算出产量定额。

1）拟定基本工作时间。基本工作时间在必需消耗的工作时间中占的比重最大，其做法是，首先确定工作过程每一组成部分的工时消耗，然后再综合出工作过程的工时消耗。

2）拟定辅助工作时间和准备与结束工作时间。辅助工作时间和准备与结束工作时间的确定方法与基本工作时间相同。如果在计时观察时不能取得足够的资料，也可采用工时规范或经验数据来确定，以占工作日的百分比表示此项工时消耗的时间定额。

3）拟定不可避免的中断时间。在确定不可避免中断时间的定额时，必须注意由工艺特点所引起的不可避免中断才可列入工作过程的时间定额，一般以占工作日的百分比表示此项工时消耗的时间定额。

4）拟定休息时间。休息时间应根据工作班作息制度、经验资料、计时观察资料，以及对工作的疲劳程度作全面分析来确定。

5）拟定定额时间。确定的基本工作时间、辅助工作时间、准备与结束工作时间、不可避免中断时间和休息时间之和，就是劳动定额的时间定额。根据时间定额可计算出产量定额，时间定额和产量定额互为倒数。

多余和偶然工作时间、停工时间、违背劳动纪律损失时间，一般不计入定额时间。

人工消耗定额的制定，主要采用工程量计时分析法，即对工人工作时间分类的各部分时间消耗进行实测，分析整理后，制定人工消耗定额。

【例2.2】 已知砌砖基本工作时间为390min，准备与结束时间为19.5min，休息时间为11.7min，不可避免的中断时间为7.8min，损失时间为78min；共砌砖1000块，并已知1m³砌体需要520块砖。试确定砌砖的时间定额和产量定额。

解：（1）求定额时间：

定额时间＝（390＋19.5＋11.7＋7.8）/（8×60）工日≈0.89工日

（2）计算 1000 块砖的体积：

$$1000/520 \approx 1.92 m^3$$

（3）求时间定额：

$$时间定额 = \frac{消耗的总工日数}{产品数量} = \frac{0.89}{1.92} 工日/m^3 \approx 0.46 工日/m^3$$

（4）求产量定额：

$$产量定额 = \frac{1}{时间定额} = \frac{1}{0.46} m^3/工日 \approx 2.17 m^3/工日$$

所以，砌砖的时间定额为 0.46 工日/m³，产量定额为 2.17m³/工日。

2.2.4　机械消耗定额

1. 机械消耗定额的概念

机械消耗定额也称机械台班（时）消耗定额，是指在正常施工条件和合理使用施工机械条件下，完成单位合格产品所必需消耗的某种型号的施工机械台班（时）的数量标准。

建筑施工中，有的施工活动（或工序）是由人工完成的，有的则是由机械完成的，还有的是由人工和机械共同完成的。由机械完成的或由人工和机械共同完成的产品，都需要消耗一定的机械工作时间。一台机械工作一个工作班（即 8 小时）称为一个台班。

2. 机械消耗定额的表现形式

（1）机械时间定额。规定生产某一合格的单位产品所必需消耗的机械工作时间。

（2）机械产量定额。规定某种机械在一个工作班内应完成合格产品的数量标准。

（3）机械时间定额与机械产量定额的关系。从上述概念可以看出，机械时间定额与机械产量定额是互为倒数关系。

$$机械时间定额 = \frac{1}{机械产量定额}$$

或

$$机械产量定额 = \frac{1}{机械时间定额}$$

【例 2.3】　用一台 20t 平板拖车运输钢结构，由 1 名司机和 5 名起重工组成的人工小组共同完成。已知调车 10km 以内，运距为 5km，装载系数为 0.55，台班车次为 4.4 次/台班。试计算：

（1）平板拖车台班运输量和运输 10t 钢结构的时间定额。

（2）吊车司机和起重工的人工时间定额。

解：（1）计算平板拖车的台班运输量：

台班运输量 = 台班车次×额定装载量×装载系数 = 4.4×20×0.55 = 48.4（t）

（2）计算运输 10t 钢结构的时间定额：

$$机械时间定额 = \frac{1}{机械产量定额} = \frac{1}{48.4/10} 台班/10t = 0.21 台班/10t$$

（3）计算司机和起重工的人工时间定额：

司机时间定额 = 1×0.21 工日/10t = 0.21 工日/10t

起重工的时间定额 = 5×0.21 工日/10t = 1.05 工日/10t

3. 机械工作时间的分类及定额消耗时间（台班）的确定

（1）机械工作时间的分类。机械工作时间的消耗，按其性质进行分类，机械工作时间也分为必需消耗的时间和损失时间两大类，如图 2.2 所示。

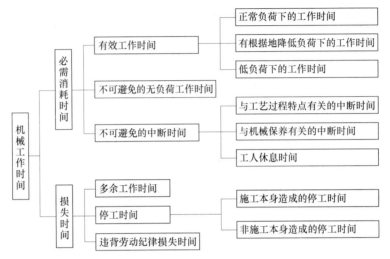

图 2.2 施工机械工作时间的分类

1）必需消耗的时间即定额时间，包括有效工作时间、不可避免的无负荷工作时间和不可避免的中断时间。

a. 有效工作的时间消耗中又包括正常负荷下、有根据地降低负荷下和低负荷下的工作时间。

（a）正常负荷下的工作时间，是指机械在机械技术说明书规定的载荷能力相符的情况下进行工作的时间。

（b）有根据地降低负荷下的工作时间，是在某些特殊情况下，由于技术上的原因，机器在低于其正常负荷下工作的时间，如汽车运输重量轻而体积大的货物时，不能充分利用汽车的载重吨位的工作时间。

（c）低负荷下的工作时间，是由于操作人员的原因，使施工机械在低负荷的情况下工作的时间，如工人装车的砂石数量不足引起的汽车在降低负荷的情况下工作所延续的时间。此项工作时间不能作为计算时间定额的基础。

b. 不可避免的无负荷工作时间，是由施工过程的特点和机械结构的特点造成的机械无负荷工作时间。例如，筑路机在工作区末端调头等，都属于此项工作时间的消耗。

c. 不可避免的中断时间，是指由施工过程的技术操作和组织特性，而引起的机械工作中断时间，包括与工艺过程特点有关的中断时间、与机械使用保养有关的中断时间和工人休息有关的中断时间。

（a）与工艺过程的特点有关的不可避免中断工作时间有循环的和定期的两种。循环的不可避免中断，是在机械工作的每一个循环中重复一次，如汽车装货和卸货时的停车。定期的不可避免中断，是经过一定时期重复一次，比如当把灰浆泵由一个工作地点转移到另一工作地点时的工作中断。

（b）与机械使用保养有关的不可避免中断时间，是指由于操作人员进行准备工作、结束工作、保养机械等辅助工作，所引起的机械中断工作时间。

（c）工人休息引起的不可避免中断时间，是指在不可能利用机械不可避免的停转机会，并且组织轮班又不方便的时候，为保证操作工人必需的休息所引起的机械中断工作时间。

2）损失时间即非定额时间，包括多余工作、停工和违背劳动纪律损失时间。

a. 机械多余工作时间，是机械进行任务内和工艺过程内未包括的工作而延续的时间。如工人没有及时供料而使机械空运转的时间。

b. 机械的停工时间，按其性质也可分为施工本身造成和非施工本身造成的停工。这两项停工中延续的时间，均为机械的停工时间。

（a）施工本身造成的停工时间，是由于施工组织得不好而引起的停工现象，如由于未及时供给机械燃料而引起的停工。

（b）非施工本身造成的停工时间，是由于气候条件所引起的停工现象，如暴雨时压路机的停工。

c. 违反劳动纪律引起的机械的时间损失，是指操作人员迟到、早退或擅离工作岗位等原因引起的机械停工时间。

（2）机械定额消耗时间（台班）的确定：

1）确定正常的施工条件。确定机械工作正常条件，主要是确定工作地点的合理组织和合理的工人编制。工作地点的合理组织，就是对施工地点的机械和材料的放置位置、工人从事操作的场所进行合理安排的平面和空间布置，以节省工作时间和减轻劳动强度。拟定合理的工人编制，就是根据施工机械的正常生产率和工人正常的劳动工效，合理确定操纵机械的工人和直接参加机械化施工过程的工人的编制人数。

2）确定机械 1h 纯工作正常生产率。确定机械正常生产率时，必须首先确定出机械纯工作 1h 的正常生产效率。机械纯工作时间，就是指机械的必需消耗时间。机械 1h 纯工作正常生产率，就是在正常施工组织条件下，具有必需的知识和技能的技术工人操纵机械 1h 的生产率。

3）确定施工机械的正常利用系数。施工机械的正常利用系数，是指机械在工作班内对工作时间的利用率。确定机械正常利用系数，要计算工作班正常状况下准备与结束工作，机械启动、机械维护等工作所必需消耗的时间，以及机械有效工作的开始与结束时间，从而进一步计算出机械在工作班内的纯工作时间和机械正常利用系数。机械正常利用系数的计算公式如下：

$$机械正常利用系数 = \frac{机械在一个工作班内纯工作时间}{一个工作班延续时间(8h)}$$

4）计算施工机械台班定额。其计算公式为

施工机械产量定额＝机械 1h 纯工作正常生产率×工作班纯工作时间

或 　　施工机械产量定额＝机械 1h 纯工作正常生产率×一个工作班延续时间

×机械正常利用系数

$$机械时间定额 = \frac{1}{机械产量定额}$$

【例 2.4】 已知用塔式起重机吊运混凝土。测定塔吊需时 50s，运行需时 60s，卸料需时 40s，返回需时 30s，中断 20s，每次装混凝土 0.50m³，机械利用系数 0.85。求该塔式起重机的时间定额和产量定额。

解： （1）计算一次循环时间：50＋60＋40＋30＋20＝200（s）

（2）计算每小时循环次数：60×60/200 次/h＝18 次/h

（3）求塔式起重机产量定额：18×0.50×8×0.85＝61.20（m³/台班）

（4）求塔式起重机时间定额：1/61.20 台班/m³＝0.02 台班/m³

2.2.5 材料消耗定额

1. 材料消耗定额的概念

材料消耗定额是指规定在正常施工条件、合理使用材料条件下，生产单位合格产品所必需消耗的一定品种和规格的原材料、半成品、构配件的数量标准。

工程建设中，所用材料品种繁多，耗用量大。在建筑安装工程中，材料费用占工程造价的 60％～70％。材料消耗量的多少，是节约还是浪费，对产品价格及工程成本都有着直接影响，因此，合理使用材料，降低材料消耗，对于降低工程成本具有重要意义。

2. 材料消耗量的组成

工程建设中使用的材料有一次性使用材料和周转性使用材料两种类型。一次性使用材料，如水泥、钢材、砂、碎石等材料，使用时直接被消耗而转入产品组成部分之中。而周转性使用的材料，是指施工中必须使用，但不是一次性被全部消耗掉的材料，如脚手架、挡土板、模板等，它们可以多次使用，是逐渐被消耗掉的材料。

一次性使用材料的总耗量，由以下两部分组成：

（1）净用量。净用量是指直接用到工程上、构成工程实体的材料消耗量。

（2）损耗量。损耗量是指不可避免的合理损耗量，包括材料从现场仓库领出到完成合格产品过程中的施工操作损耗量、场内运输损耗量、加工制作损耗量和场内堆放损耗量。计入材料消耗定额内的损耗量，应当是在正常条件下，采用合理施工方法时所形成的不可避免的合理损耗量。

材料净耗量与材料不可避免损耗量之和构成材料必需消耗量。其计算公式为

$$材料消耗量 = 材料净用量 + 材料损耗量$$

$$材料损耗率 = \frac{材料损耗量}{材料消耗量} \times 100\%$$

$$材料消耗量 = \frac{材料净用量}{(1 - 材料损耗率)}$$

3. 材料消耗量的确定方法

（1）一次性使用材料消耗量的确定方法。确定材料净用量定额和材料损耗定额的计算数据是通过现场技术测定、实验室试验、现场统计和理论计算等方法获得的。

1）利用现场技术测定法，主要是编制材料损耗定额，也可以提供编制材料净用量定额的参考数据。其优点是能通过现场观察、测定，取得产品产量和材料消耗的情况，为编

制材料定额提供技术根据。

2）利用实验室试验法，主要是编制材料净用量定额。通过试验，能够对材料的结构、化学成分和物理性能，以及按强度等级控制的混凝土、砂浆配比作出科学的结论，给编制材料消耗定额提供依据。

3）采用现场统计法，是通过对现场进料、用料的大量统计资料进行分析计算，获得材料消耗的数据。这种方法由于不能分清材料消耗的性质，只能作为确定材料净用量定额的参考。

上述三种方法的选择必须符合国家有关标准规范，即材料的产品标准，计量要使用标准容器和称量设备，质量符合施工验收规范要求，以保证获得可靠的定额编制依据。

4）理论计算法，是运用一定的数学公式计算材料消耗定额。例如，砌体工程中砖和砂浆净用量一般都采用以下公式计算。

$$砖数 = \frac{墙厚砖数 \times 2}{墙厚 \times (砖长 + 灰缝) \times (砖厚 + 灰缝)}$$

$$砂浆(m^3) = 1m^3 砌体 - 砖数 \times 一块砖的体积$$

（2）周转性使用的材料消耗量的确定方法。施工中使用周转性材料，是在工程施工中多次周转使用而逐渐消耗的工具性材料，在周转使用过程中不断补充，多次反复地使用，如脚手架、模板、挡土板、支撑等材料。

在编制材料消耗定额时，应按多次使用、分次摊销的办法进行计算或确定。为了使周转性材料的周转次数确定接近合理，应根据工程类型和使用条件，采用各种测定手段进行实地观察，结合有关的原始记录、经验数据加以综合取定。纳入定额的周转性材料消耗量指标按摊销量计算，即

$$摊销量 = 周转使用量 - 回收量$$

$$周转使用量 = \frac{一次使用量 \times [1 + (周转次数 - 1) \times 补损率]}{周转次数}$$

$$回收量 = \frac{一次使用量 \times (1 - 补损率) \times 回收折价率}{周转次数}$$

$$一次使用量 = 构件单位模板接触面积的模板净用量 \times (1 + 损耗率)$$

式中　摊销量——按周转次数分摊到每一定额计量单位模板面积中的周转材料数量；

　　周转使用量——在考虑了使用次数和每周转一次后的补充损耗数量后，每周转一次的平均使用量；

　　一次使用量——在不重复使用条件下，完成定额计量单位产品需要的模板数量；

　　周转次数——在补损条件下周转材料可以重复使用的次数。

任务 2.3　预　算　定　额

2.3.1　预算定额的概念

预算定额是以工程基本构造要素，即分项工程和结构构件为研究对象。规定完成单位合格产品，需要消耗的人工、材料、机械台班（时）的数量标准，是计算建筑安装工程产品价格的基础。

预算定额是由国家主管机关或被授权单位组织编制并颁发的一种法令性指标，也是工程建设中一项重要的技术经济文件，在执行中具有很大的权威性。它的各项指标反映了在完成规定计量单位、符合设计标准和施工及验收规范要求的分项工程所消耗的活劳动和物化劳动的数量限度。这种限度最终决定着单项工程和单位工程的成本和造价。

2.3.2　预算定额的作用

预算定额是确定单位分项工程或结构构件价格的基础，因此，它体现着国家、建设单位和施工企业之间的一种经济关系。建设单位按预算定额为拟建工程提供必要的资金供应，施工企业则在预算定额的范围内，通过建筑施工活动，按质、按量、按期地完成工程任务。预算定额在我国建筑安装工程中具有以下的重要作用。

1. 预算定额是编制施工图预算及确定和控制建筑安装工程造价的依据

施工图预算是施工图设计文件之一，是控制和确定建筑安装工程造价的必要手段。编制施工图预算，除设计文件决定的建设工程功能、规模、尺寸和文字说明是计算分部分项工程量和结构构件数量的依据外，预算定额是确定一定计量单位分项工程（或结构构件）人工、材料、机械消耗量的依据，也是计算分项工程（或结构构件）单价的基础。所以，预算定额对建筑安装工程直接工程费影响很大。依据预算定额编制施工图预算，对确定建筑安装工程费用会起到很好的作用。

2. 预算定额是对设计方案进行技术经济分析和比较的依据

设计方案的确定在设计工作中居于中心地位。设计方案的选择要满足功能要求、符合设计规范，既要技术先进又要经济合理。根据预算定额对方案进行技术经济分析和比较，是选择经济合理设计方案的重要方法。对设计方案进行比较，主要是通过定额对不同方案所需人工、材料和机械台班（时）消耗量，材料重量、材料资源等进行比较。这种比较可以判明不同方案对工程造价的影响，从而选择经济合理的设计方案。

对于新结构、新材料的应用和推广，也需要借助于预算定额进行技术经济分析和比较，从技术与经济的结合上考虑普遍采用的可能性和效益。

3. 预算定额是编制施工组织设计的依据

施工组织设计的重要任务之一，是确定施工中所需人力、物力的供求量，并作出最佳安排。施工单位在缺乏本企业的施工定额的情况下，根据预算定额，也能比较精确地计算出施工中各项资源的需要量，为有计划地组织材料采购和预制件加工、劳动力和施工机械的调配提供可靠的计算依据。

4. 预算定额是工程结算的依据

按照进度支付工程款，需要根据预算定额将已完分项工程的造价算出来；单位工程验收后，再按竣工工程量、预算定额和施工合同规定进行结算，以保证建设单位资金的合理使用和施工单位的经济收入。

5. 预算定额是施工企业进行经济活动分析的依据

实行经济核算的根本目的，是用经济的方法促使企业在保证质量和工期的条件下，用较少的劳动消耗取得好的经济效果。在目前，预算定额仍决定着施工企业的效益，企业必须以预算定额作为评价施工企业工作的重要标准。施工企业可根据预算定额，对施工中的人工、材料、机械的消耗情况进行具体的分析，以便找出低工效、高消耗的薄弱环节及其原因，为实现经济效益的增长由粗放型向集约型转变提供对比数据，促进企业提高在市场上的竞争能力。

6. 预算定额是编制标底和投标报价的基础

在我国加入 WTO 以后，为了与国际工程承包管理的惯例接轨，随着工程量清单计价的推行，预算定额的指令性作用将日益削弱，而对施工企业按照工程个别成本报价的指导性作用仍然存在，因此，预算定额作为编制标底的依据和施工企业投标报价的基础性的作用仍将存在，这是由它本身的科学性和权威性决定的。

7. 预算定额是编制概算定额和概算指标的基础

概算定额和概算指标是在预算定额基础上经综合扩大编制的，需要利用预算定额作为编制依据，这样做不但可以节约编制工作中大量的人力、物力和时间，收到事半功倍的效果，还可以使概算定额和概算指标在水平上与预算定额一致，以避免造成同一工程项目在不同阶段造价管理中的不一致。

2.3.3 预算定额与施工定额的区别与联系

1. 预算定额与施工定额的联系

预算定额以施工定额为基础进行编制，都规定了完成单位合格产品所需人工、材料、机械台班（时）消耗的数量标准。

2. 预算定额与施工定额的区别

（1）研究对象不同。预算定额以分部分项工程为研究对象，施工定额以施工过程为研究对象，前者在后者基础上编制，在研究对象上进行了科学的综合扩大。

（2）编制水平不同。预算定额采用社会平均水平编制，施工定额采用平均先进水平编制。人工消耗量方面，预算定额一般比施工定额低 10%～15%。

（3）编制程序不同。预算定额是在施工定额的基础上编制而成的。

（4）所起作用不同。施工定额为非计价定额，是施工企业内部作为管理使用的一种工具。预算定额是一种计价定额，是确定建筑安装工程价格的依据。

2.3.4 预算定额的编制

1. 预算定额的编制原则

为保证预算定额的质量，充分发挥预算定额的作用，使之在实际使用中简便、合理、有效，在编制中应遵循以下原则：

（1）按社会平均水平的原则确定预算定额。预算定额是确定和控制建筑安装工程造价的主要依据，因此它必须遵照价值规律的客观要求，按生产过程中所消耗的社会必要劳动时间确定定额水平。即在正常施工条件下，以平均的劳动强度、平均的劳动熟练程度、平均的技术装备来确定完成每一项单位分项工程或结构构件所需的劳动消耗，作为确定预算定额水平的重要原则。预算定额的水平以施工定额水平为基础，二者有着密切的联系，但是，预算定额绝对不是简单地套用施工定额的水平。预算定额是社会平均水平，施工定额是企业平均先进水平，两者相比预算定额水平要相对低一些。

（2）简明适用原则。编制预算定额贯彻简明适用原则是对预算定额的可操作性和便于使用而言的。为此，编制预算定额对于那些主要的、常用的、价值量大的项目划分宜细，次要的不常用的、价值量相对较小的项目可以放粗一些。

要注意补充那些因采用新技术、新结构、新材料和先进经验而出现的新的定额项目。项目不全、缺漏项多就使建筑安装工程价格缺少充足的、可靠的依据。即补充的定额一般因受资料所限，且费时费力，可靠性较差，容易引起争执。同时要注意合理确定预算定额的计量单位，简化工程量的计算，尽可能避免同一种材料用不同的计量单位，以及尽量少留活口，减少换算工作量。

（3）坚持统一性和差别性相结合的原则。所谓统一性，就是从培养全国统一市场规范计价行为出发，计价定额的制定规划和组织实施由国务院建设行政主管部门归口，并负责全国统一定额的制定或修订，颁发有关工程造价管理的规章制度办法等。这样就有利于通过定额和工程造价的管理实现建筑安装工程的宏观调控。通过编制全国统一定额，使建筑安装工程具有一个统一的计价依据，也使考核设计和施工的经济效果具有一个统一的尺度。

所谓差别性，就是在统一性基础上，各部门和省、自治区、直辖市主管部门可以在自己的管辖范围内，根据本部门和本地区的具体情况，制定部门和地区性定额、补充性制度和管理办法，以适应我国幅员辽阔，地区、部门间发展不平衡和差异大的实际情况。

2. 预算定额的编制依据

（1）现行劳动定额和施工定额。

（2）现行的设计规范、施工验收规范、质量评定标准和安全操作规程。

（3）具有代表性的典型水利工程施工图纸及有关标准图。

（4）已推广的新技术、新结构、新材料、新工艺和先进施工经验的资料。

（5）有关的科学实验、技术鉴定、可靠的统计资料和经验数据。

（6）现行的水利工程预算定额、材料预算价格及有关文件规定等。

3. 预算定额的编制步骤

预算定额的编制，大致可以分为准备工作、收集资料、编制定额、报批和修改稿整理五个阶段。各阶段工作相互有交叉，有些工作还有多次反复。

（1）准备工作阶段：

1）拟定编制方案。

2）抽调人员，根据专业需要划分编制小组和综合组。

（2）收集资料阶段：

1）普遍收集资料。在已确定的范围内，采用表格化收集定额编制基础资料，以统计资料为主，注明所需资料内容、填表要求和时间范围，便于资料整理，并具有广泛性。

2）专题座谈会。邀请建设单位、设计单位、施工单位及其他有关单位的有经验的专业人士开座谈会，就以往定额存在的问题提出意见和建议，以便在编制定额时改进。

3）收集现行规定、规范和政策法规资料。

4）收集定额管理部门积累的资料。主要包括：日常定额解释资料，补充定额资料，新结构、新工艺、新材料、新机械、新技术用于工程实践的资料。

5）专项查定及实验。主要指混凝土配合比和砌筑砂浆实验等资料；除收集实验试配资料外，还应收集一定数量的现场实际配合比资料。

（3）定额编制阶段：

1）确定编制细则。主要包括：统一编制表格及编制方法；统一计算口径、计量单位和小数点位数的要求；有关统一性规定，名称统一，用字统一，专业用语统一，符号代码统一；简化字要规范，文字要简练明确。

2）确定定额的项目划分。

3）定额人工、材料、机械台班（时）耗用量的计算、复核和测算。

（4）定额报批阶段：

1）审核定稿。

2）预算定额水平测算。新定额编制成稿，必须与原定额进行对比测算，分析水平升降原因。一般新编定额的水平应该不低于历史上已经达到过的水平，并略有提高。定额水平的测算方法一般有以下两种：

a. 按工程类别比重测算。在定额执行范围内，选择有代表性的各类工程，分别以新旧定额对比测算，并按测算的年限以工程所占比例加权以考察宏观影响。

b. 单项工程比较测算法。以典型工程分别用新旧定额对比测算，以考查定额水平升降及其原因，计算公式为

$$定额测算水平 = \frac{原定额测算值 - 新定额测算值}{原定额测算值} \times 100\%$$

计算值为正号表示新定额造价比原定额造价的水平降低，也即新定额消耗量比原定额消耗量的水平降低，因此新定额比原定额水平提高了；负号表示与之相反。

（5）修改定稿、整理资料阶段：

1）印发征求意见。定额编制初稿完成后，需要征求各有关方面的意见，组织讨论，在统一意见的基础上整理分类，制定修改方案。

2）修改整理报批。按修改方案的决定，将初稿按照定额的顺序进行修改，并经审核无误后形成报批稿，经批准后交付印刷。

3）撰写编制说明。为顺利地贯彻执行定额，需要撰写新定额编制说明。其内容包括：项目、子目数量，人工、材料、机械的内容范围，资料的依据和综合取定情况，定额中允许换算和不允许换算规定的计算资料，人工、材料、机械单价的计算和资料，施工方法、工艺的选择及材料运距的考虑，各种材料损耗率的取定资料，调整系数的使用，其他应该说明的事项与计算数据、资料。

4）立档、成卷。定额编制资料是贯彻执行定额中需查对资料的唯一依据，也为修编定额提供历史资料数据，应作为技术档案永久保存。

4．预算定额的编制方法

（1）确定定额项目名称及工作内容。预算定额项目的划分以施工定额为基础，进一步综合确定预算定额项目名称、工作内容和施工方法，同时还要使施工定额和预算定额两者之间协调一致，并可以比较，以减轻预算定额的编制工作量。在划分定额项目的同时，应

将各个工程项目的工作内容范围予以确定。主要按以下两个方面考虑：

1) 项目划分是否合理。应做到项目齐全、粗细适度、步距大小适当、简明适用。

2) 工作内容是否全面。根据施工定额确定的施工方法和综合后的施工方法确定工作内容。

(2) 确定施工方法。不同的施工方法，会直接影响预算定额中的人工、材料、机械台班（时）的消耗指标，在编制预算定额时，必须以本地区的施工（生产）技术组织条件、施工验收规范、安全操作规程，以及已经成熟和推广的新工艺、新结构、新材料和新的操作方法等为依据，合理确定施工方法，使其正确反映当前社会生产力的水平。

(3) 确定定额项目计量单位。预算定额和施工定额计量单位往往不同。施工定额的计量单位一般按工序或工作过程确定；而预算定额的计量单位，主要是根据分部分项工程的形体和结构构件特征及其变化规律来确定。预算定额的计量单位具有综合的性质，所选择的计量单位要根据工程量计算规则规定，并确切反映定额项目所包含的工作内容，要能确切反映各个分项工程产品的形态特征与实物数量，并便于使用和计算。

预算定额的计量单位按公制或自然计量单位确定。

(4) 计算工程量。计算工程量的目的，是为了分别计算典型水利工程设计图纸所包括的施工过程的工程量，以便在编制预算定额时，有可能利用施工定额或人工、机械和材料消耗指标确定预算定额所含工序的消耗量。

(5) 编制预算定额项目表。预算定额的组成内容主要包括：总说明、章说明、目录、定额项目表和附录等。

定额项目表的核心部分和主要内容包括项目名称、适用范围、工作内容、定额单位、定额编号、计量单位、工料机消耗量及说明等。定额项目表是指将计算确定出的各项目的消耗量指标填入已设计好的预算定额项目空白表中。

(6) 编写定额说明。包括总说明、章说明和分节说明。

1) 总说明。在总说明中，主要阐述预算定额的用途、编制原则、依据、适用范围、定额中已考虑的因素和未考虑的因素、使用中应注意的事项和有关问题的说明。

2) 章说明。章说明是定额册的重要组成部分，主要阐述本章定额所包括的主要项目，编制中有关问题的说明，定额应用时的具体规定和处理方法等。

上述文字说明是预算定额正确使用的重要依据和原则，应用前必须仔细阅读，不然就会造成错套、漏套及重套定额。

任务 2.4 概 算 定 额

2.4.1 概算定额的概念

概算定额是在预算定额基础上，确定完成合格的单位扩大分项工程或单位扩大结构构件所需消耗的人工、材料和机械台班（时）的数量标准，所以概算定额又称作扩大结构定额。例如模板工程中的直墙圆拱形隧洞衬砌钢模板概算定额，是由预算定额中的顶拱圆弧面、边墙墙面、底板等的模板制作和安装拆除等定额项目综合在一起并适当扩大编制而成的，以适应概算编制的需要。

2.4.2　概算定额的作用

概算定额主要作用如下：

（1）初步设计阶段编制设计概算、扩大初步设计阶段编制修正概算的主要依据。

（2）对设计方案进行技术经济分析比较的基础资料之一。

（3）概算定额是编制施工进度计划及材料和机械需用计划的依据。

（4）编制概算指标的依据。

2.4.3　概算定额的编制原则和编制依据

1. 概算定额的编制原则

概算定额应该贯彻社会平均水平和简明适用的原则。由于概算定额和预算定额都是工程计价的依据，所以应符合价值规律和反映现阶段大多数企业的设计、生产及施工管理水平。

概算定额的内容和深度是以预算定额为基础的综合和扩大。概算定额与预算定额之间允许有 5% 以内的幅度差。在水利工程中，从预算定额过渡到概算定额，一般采用 1.03～1.05 的扩大系数。在合并中不得遗漏或增减项目，以保证其严密性和正确性。概算定额务必简化、准确和适用。

2. 概算定额的编制依据

由于概算定额与预算定额的使用范围不同，编制依据也略有不同。其编制依据一般有以下几种：

（1）现行的设计规范和建筑工程预算定额。

（2）具有代表性的标准设计图纸和其他设计资料。

（3）现行的人工工资标准、材料预算价格、机械台班（时）预算价格及其他的价格资料。

2.4.4　概算定额的编制步骤

1. 准备阶段

准备阶段的主要任务是确定编制机构和人员组成、了解现行概算定额执行情况、明确编制的目的并制定概算定额的编制方案和确定概算定额的项目。

2. 编制初稿阶段

编制初稿阶段是根据已经确定的编制方案和概算定额项目，收集和整理各种编制依据，对各种资料进行深入细致的测算和分析，确定人工、材料和机械台班（时）的消耗量指标，最后编制概算定额初稿。

3. 审查定稿阶段

审查定稿阶段的主要工作是测算概算定额水平，即测算新编制概算定额与原概算定额及现行预算定额之间的水平。

2.4.5　概算定额与预算定额的区别与联系

1. 概算定额与预算定额的相同之处

两者都是以建筑物各个结构部分和分部分项工程为单位表示的，内容都包括人工、材料、机械台班（时）使用量定额三个基本部分，是一种计价性定额。概算定额表达的主要内容、主要方式及基本使用方法都与预算定额相似。

2. 概算定额与预算定额的不同之处

（1）项目划分和综合扩大程度上的差异。由于概算定额综合了若干分项工程的预算定额，因此概算工程项目划分和设计概算书的编制都比编制施工图预算简化了许多。

（2）概算定额来源于预算定额。概算定额主要用于编制设计概算，同时可以编制概算指标。而预算定额主要用于编制施工图预算。

任务 2.5　企　业　定　额

2.5.1　企业定额的概念

所谓企业定额，是指建筑安装企业根据本企业的技术水平和管理水平，编制完成单位合格产品所必需的人工、材料和施工机械台班（时）的消耗量，以及其他生产经营要素消耗的数量标准。企业定额反映企业的施工生产与生产消费之间的数量关系，是施工企业生产力水平的体现，每个企业均应拥有反映自己企业能力的企业定额。企业的技术和管理水平不同，企业定额的定额水平也就不同。因此，企业定额是施工企业进行施工管理和投标报价的基础和依据，从一定意义上讲，企业定额是企业的商业秘密，是企业参与市场竞争的核心竞争能力的具体表现。

目前大部分施工企业是以国家或行业制定的预算定额作为进行施工管理、工料分析和计算施工成本的依据。随着市场化改革的不断深入和发展，施工企业可以参照预算定额和基础定额，逐步建立起反映企业自身施工管理水平和技术装备程度的企业定额。

作为企业定额，必须具备以下特点：

（1）各项平均消耗要比社会平均水平低，体现其先进性。

（2）可以表现本企业在某些方面的技术优势。

（3）可以表现本企业局部或全面管理方面的优势。

（4）所有匹配的单价都是动态的，具有市场性。

（5）与施工方案能全面接轨。

2.5.2　企业定额的作用

企业定额是建筑安装企业管理工作的基础，也是工程建设定额体系中的基础，施工定额是建筑安装企业内部管理的定额，属于企业定额的性质，所以企业定额的作用与施工定额的作用是相同的。其作用主要表现在以下几个方面。

1. 企业定额是企业计划管理的依据

企业定额在企业计划管理方面的作用，表现在它既是企业编制施工组织设计的依据，也是企业编制施工作业计划的依据。

施工组织设计是指导拟建工程进行施工准备和施工生产的技术经济文件，其基本任务是根据招标文件及合同协议的规定，确定出经济合理的施工方案，在人力和物力、时间和空间、技术和组织上对拟建工程做出最佳的安排。施工作业计划则是根据企业的施工计划、拟建工程的施工组织设计和现场实际情况编制的。这些计划的编制必须依据企业定额，因为施工组织设计包括三部分内容，即资源需用量、使用这些资源的最佳时间安排和平面规划。施工中实物工程量和资源需要量的计算均要以企业定额的分项和计量单位为依据。施工作业计划是施工单位计划管理的中心环节，编制时也要用企业定额进行劳动力、施工机械和运输力量的平衡，计算材料、构件等分期需用量和供应时间，计算实物工程量和安排施工形象进度等。

2. 企业定额是组织和指挥施工生产的有效工具

企业组织和指挥施工班组进行施工，是按照作业计划通过下达施工任务单和限额领料单来实现的。

施工任务单，既是下达施工任务的技术文件，也是班、组经济核算的原始凭证。它列出了应完成的施工任务，也记录着班组实际完成任务的情况，并且进行班组工人的工资结算。施工任务单上的工程计量单位、产量定额和计件单位，均需取自施工的劳动定额，工资结算也要根据劳动定额的完成情况计算。

限额领料单是施工队随任务单同时签发的领取材料的凭证，这一凭证是根据施工任务和施工的材料定额填写的。其中领料的数量，是班组为完成规定的工程任务消耗材料的最高限额，这一限额也是评价班组完成任务情况的一项重要指标。

3. 企业定额是计算工人劳动报酬的根据

企业定额是衡量工人劳动数量和质量，提供出成果和效益的标准，所以，企业定额应是计算工人工资的基础依据。这样才能做到完成定额好，工资报酬就多，达不到定额，工资报酬就会减少，真正实现多劳多得、少劳少得的社会主义分配原则。这对于打破企业内部分配方面的大锅饭是很有现实意义的。

4. 企业定额是企业激励工人的条件

激励在实现企业管理目标中占有重要位置。所谓激励，就是采取某些措施激发和鼓励员工在工作中的积极性和创造性。但激励只有在满足人们某种需要的情形下才能起到作用，完成和超额完成定额，不仅能获取更多的工资报酬，而且也能满足自尊，得到他人（社会）的认可，并且能进一步发挥个人潜力来体现自我价值。

5. 企业定额有利于推广先进技术

企业定额水平中包含着某些已成熟的先进的施工技术和经验，工人要达到和超过定额，就必须掌握和运用这些先进技术，如果工人要想大幅度超过定额，他就必须有创造性的劳动和超常规的发挥：第一，在工作中，改进工具、技术和操作方法，注意节约原材料，避免浪费；第二，企业定额中往往明确要求采用某些较先进的施工工具和施工方法，所以贯彻企业定额也就意味着推广先进技术；第三，企业为了推行企业定额，往往要组织技术培训，以帮助工人能达到和超过定额，技术培训和技术表演等方式也都可以大大普及先进技术和先进操作方法。

6. 企业定额是编制施工预算和加强企业成本管理的基础

施工预算是施工单位用以确定单位工程上人工、机械、材料需要量的计划文件。施工预算以企业定额（或施工定额）为编制基础，既要反映设计图纸的要求，也要考虑在现有条件下可能采取的节约人工、材料和降低成本的各项具体措施。这就能够有效地控制施工财力、物力消耗，节约成本开支。

施工中人工、机械和材料的费用，是构成工程成本中直接费用的主要内容，对间接费用的开支也有着很大的影响。严格执行施工定额不仅可以起到控制成本、降低费用开支的作用，同时为企业加强班组核算和增加盈利创造了良好的条件。

7. 企业定额是施工企业进行工程投标、编制工程投标报价的基础和主要依据

作为企业定额，它反映本企业施工生产的技术水平和管理水平，在确定工程投标报价时，首先是依据企业定额计算出施工企业拟完成投标工程需要发生的计划成本。在掌握工程成本的基础上，再根据所处的环境和条件，确定在该工程上拟获得的利润、预计的工程风险费用和其他应考虑的因素，从而确定投标报价。因此，企业定额是施工企业计算投标报价的根基。

特别是实行工程量清单计价，施工企业根据本企业的企业定额进行的投标报价最能反映企业实际施工生产的技术水平和管理水平，体现出本企业在某些方面的技术优势，使本企业在竞争激烈的市场中占据有利的位置，立于不败之地。

由此可见，企业定额在建筑安装企业管理的各个环节中都是不可缺少的，企业定额管理是企业的基础性工作，具有重要作用。

2.5.3 企业定额编制的原则

1. 平均先进性原则

企业定额应以企业平均先进水平为基准制定企业定额。使多数单位和员工经过努力，能够达到或超过企业平均先进水平，其各项平均消耗要比社会平均水平低，以保持企业定额的先进性和可行性。

2. 简明适用性原则

定额的简明性和适用性，是既有联系、又有区别的两个方面，编制企业定额时应全面贯彻，当二者发生矛盾时，定额的简明性应服从适用性的要求。

贯彻定额的简明适用性原则，关键是要做到定额项目设置完全，项目划分粗细适当，还应正确选择产品和材料的计量单位及适当的利用系数，并辅以必要的说明和附注。总之，贯彻简明适用性原则，要努力使施工定额达到项目齐全、粗细恰当、步距合理的效果。

3. 以专家为主编制定额的原则

编制企业定额，要以专家为主，这是实践经验的总结。企业定额的编制要求有一支经验丰富、技术与管理知识全面、有一定政策水平的稳定的专家队伍，同时也要注意必须走群众路线，尤其是在现场测试和组织新定额试点时，这一点非常重要。

4. 独立自主的原则

企业独立自主地制定定额，主要是自主地确定定额水平，自主地划分定额项目，自主地根据需要增加新的定额项目。但是，企业定额毕竟是一定时期企业生产力水平的反映，它不可能也不应该与历史割裂。因此，企业定额应是对原有国家、部门和地区性施工定额的继承和发展。

5. 时效性原则

企业定额是一定时期内技术发展和管理水平的反映，所以在一段时期内表现出稳定的状态，这种稳定性又是相对的，它还有显著的时效性，如果企业定额不再适应市场竞争和成本监控的需要，就要重新编制和修订，否则就会挫伤群众的积极性，甚至产生负效应。

6. 保密原则

企业定额的指标体系及标准要严格保密。建筑市场强手林立，竞争激烈。就企业现行的定额水平，工程项目在投标中如被竞争对手获取，会使本企业陷入十分被动的境地，给企业带来不可估量的损失。所以，企业要有自我保护意识和相应的加密措施。

2.5.4 企业定额的编制方法

编制企业定额最关键的工作是确定人工、材料和机械台班（时）的消耗量，计算分项工程单价或综合单价。

人工消耗量的确定，首先是根据企业环境，拟定正常的施工作业条件，分别计算测定基本用工和其他用工的工日数，进而拟定施工作业的定额时间。

材料消耗量的确定是通过企业历史数据的统计分析、理论计算、实验室试验、实地考察等方法计算确定包括周转材料在内的净用量和损耗量，从而拟定材料消耗的定额指标。

机械台班（时）消耗量的确定，同样需要按照企业的环境，拟定机械工作的正常施工条件，确定机械工作效率和利用系数，据此拟定施工机械作业的定额台班（时）与机械作业相关的工人小组的定额时间。

任务 2.6 定额的使用

2.6.1 定额的组成

现行水利水电工程定额一般由总说明、分册分章说明、目录、定额表和附录组成，其中，定额表是定额的主要部分。

水利部颁布的现行《水利建筑工程概算定额》《水利建筑工程预算定额》是以完成不同子目单位工程量所消耗的人工、材料和机械台时数表示，《水利水电设备安装工程预算定额》是以实物量形式表示。表 2.2 为《水利建筑工程预算定额》第一章第 27 节定额形式。

表 2.2 **2m³挖掘机挖装土自卸汽车运输**

适用范围：Ⅲ类土、露天作业。

工作内容：挖装、运输、卸车、空回等。　　　　　　　　　　　　　　　定额单位：100m³

| 项　目 | 单位 | 运　　距/km | | | | | 增运 |
		1	2	3	4	5	1km
工长	工时						
高级工	工时						
中级工	工时						
初级工	工时	4.3	4.3	4.3	4.3	4.3	
合计	工时	4.3	4.3	4.3	4.3	4.3	
零星材料费	％	4	4	4	4	4	
挖掘机 2m³	台时	0.64	0.64	0.64	0.64	0.64	
推土机 59kW	台时	0.32	0.32	0.32	0.32	0.32	
自卸汽车 8t	台时	6.11	8.02	9.77	11.42	13.00	1.46
10t	台时	5.57	7.19	8.67	10.07	11.40	1.23
12t	台时	5.05	6.46	7.75	8.98	10.15	1.08
15t	台时	4.17	5.30	6.34	7.31	8.25	0.86
18t	台时	3.82	4.76	5.63	6.44	7.22	0.72
20t	台时	3.53	4.39	5.19	5.94	6.67	0.66
编　号		10371	10372	10373	10374	10375	10376

现行的《水利工程施工机械台时费定额》是一种综合式定额，其一类费用是价目表式，二类费用是实物量式。综合式表示形式见表 2.3。

表 2.3 **土 石 方 机 械**

项　目		单位	单斗挖掘机				
			油动		电动		
			斗容/m³				
			0.5	1.0	2.0	3.0	4.0
（一）	折旧费	元	21.97	28.77	41.56	68.28	175.15
	修理及替换设备费	元	20.47	29.63	43.57	55.67	84.67
	安装拆卸费	元	1.48	2.42	3.08		
	小计	元	43.92	60.82	88.21	123.95	259.82
（二）	人工	工时	2.7	2.7	2.7	2.7	2.7
	汽油	kg					
	柴油	kg	10.7	14.2			
	电	kW·h			100.6	128.1	166.8
	风	m³					
	水	m³					
	煤	kg					
备　注							
编　号			1001	1002	1003	1004	1005

2.6.2 定额的使用原则

定额在水利水电工程建设经济管理中有着重要的作用,造价管理人员必须熟练、准确地使用定额。

1. 专业对口的原则

水利水电工程除水工建筑物和水利水电设备外,还有房屋建筑、公路、铁路、输电线路、通信线路等永久性设施。水工建筑物和水利水电设备安装应采用水利部、国家电力公司颁发的定额;其他永久性工程应分别采用所属主管部门颁发的定额,如铁路、公路工程分别采用铁道部和交通部颁发的工程定额。

2. 设计阶段对口的原则

设计阶段可分为初步设计阶段、扩大设计阶段和施工图设计阶段。科研阶段编制投资估算应采用估算指标;初设阶段编制概算应采用概算定额;施工图设计阶段编制施工图预算应采用预算定额。若因本阶段定额缺项,须采用下一阶段定额时,应按规定乘以过渡系数。

3. 工程定额与费用定额配套的原则

在计算各类永久性设施工程时,采用的工程定额除应执行专业对口的原则外,其费用定额也应遵照专业对口的原则与之相适应。如采用公路工程定额计算永久性公路投资时,应相应采用交通部颁发的费用定额。对于实行招标承包制工程,在编制标底时应按照主管部门批准颁发的综合定额和扩大指标以及相应的间接费定额的规定来执行。施工企业投标报价可适当浮动。

2.6.3 使用定额的注意事项

定额是编制水利工程造价的重要依据,因此工程造价人员都必须熟练准确地使用定额。在使用过程中应注意以下事项:

(1)要认真阅读定额的总说明和分册分章说明。对说明中指出的定额适用范围、包含的工作内容和费用、有关的调整系数及使用方法等均应熟悉。

(2)要了解定额项目的工作内容、工序。能根据工程部位、施工方法、施工机械和其他施工条件正确地选用定额项目,做到不错项、不漏项、不重项。

(3)要学会利用定额的各种附录。例如,对建筑工程要掌握土壤和岩石分级、混凝土配合比的确定;对于安装工程要掌握安装费调整和各种装置性材料用量的确定等。

(4)要把握住定额修正的各种换算关系。当施工条件与定额项目规定条件不符时,应按定额说明和定额表下的"注"中有关规定换算修正。各系数换算,除特殊注明者外,一般均按连乘计算。使用时还要区分修正系数是全面修正,还是只在人工、材料和机械台班消耗的某一项或几项上。

(5)要注意定额中数字表示的范围和单位。概预算项目的计量单位要和定额项目的计量单位一致;区分土石方工程的自然方和压实方;砂石备料中的成品方、自然方与堆方;砌石工程中的砌体方与码方;混凝土的拌和方与实体方等。定额中凡只用一个数字表示的,仅适用于该数字本身;数字后面用"以上""以外""超过"等表示的,都不包括数字本身；数字后面用"以下""以内""小于或等于""不大于"等表示的，都包括数字本身；当需要选用的定额介于两子目之间时，可用插入法计算；数字用上下限表示的，如 2000～2500，适用于大于 2000、小于或等于 2500 的数字范围。

【例 2.5】 某河道浆砌块石挡土墙工程，工程量为 468 m³，水泥砂浆标号为 M10，试计算该挡土墙工程人工、材料和机械的预算消耗量。

解：（1）分析。该工程为浆砌块石挡土墙，查《水利建筑工程预算定额》，定额编号为 30021，每 100m³ 砌体需要：中级工 329.5 工时，初级工 464.6 工时，块石 108m³，水泥砂浆 34.4m³，砂浆搅拌机（0.4 m³）6.19 台时，胶轮车 156.49 台时。

查定额附录 7，每 1m³ 的 M10 水泥砂浆需 32.5 级水泥 305kg、砂 1.10m³、水 0.183m³。

（2）计算该挡土墙工程人工、材料和机械的预算用量：

1）人工用量。

中级工：329.5÷100×468＝1541.12（工时）

初级工：464.6÷100×468＝2174.33（工时）

2）材料用量。

块石：108÷100×468＝505.44（m³）

32.5 级水泥：34.4÷100×468×305＝49102.56（kg）＝49.10（t）

砂子：34.4÷100×468×1.10＝177.09（m³）

水：34.4÷100×468×0.183＝29.46（m³）

3）机械用量。

0.4m³ 砂浆搅拌机：6.19÷100×468＝28.97（台时）

胶轮车：156.49÷100×468＝732.37（台时）

【例 2.6】 某河道堤防工程施工采用 1m³ 挖掘机挖装（Ⅲ类土），10t 自卸汽车运输，平均运距 3km，74kW 拖拉机碾压，土料压实设计干重度 16.66kN/m³，天然干重度 15.19kN/m³，堤防工程量 30 万 m³，每天三班作业，试求：

（1）用 3 台拖拉机碾压，需用多少天完工？

（2）按以上施工天数，分别需用多少台挖掘机和自卸汽车？

解：（1）计算施工工期：

查《水利建筑工程预算定额》拖拉机压实，定额编号 10473，压实 100 m³ 土方需要拖拉机 1.89 台时，则拖拉机生产率为

$$\frac{100}{1.89} = 52.91（m³/台时）（压实方）$$

则 3 台拖拉机的压实施工强度为

$$52.91×24×3＝3809.52（m³/天）（压实方）$$

需要施工时间为

$$\frac{30×10^4}{3809.52} ≈ 79（天）$$

（2）计算挖掘机和自卸汽车数量：

查《水利建筑工程预算定额》定额编号 10367，1m³ 挖掘机挖装土 10 t 自卸汽车运输定额，装运 100m³ 土（自然方）需挖掘机和自卸汽车的台时数量分别为 1.00 台时和 9.14 台时。

1 m³ 挖掘机生产率为

$$\frac{100}{1.00} = 100.00(\text{m}^3 / \text{台时})（自然方）$$

10t 自卸汽车生产率为

$$\frac{100}{9.14} \approx 10.94(\text{m}^3 / \text{台时})（自然方）$$

挖运施工强度为

$$\frac{30 \times 10^4}{79 \times 3 \times 8} \times \frac{16.66}{15.19} \times (1 + 4.93\%) \approx 182.10(\text{m}^3/\text{h})（自然方）$$

则 1m³ 挖掘机数量为

$$\frac{182.10}{100.00} \approx 2(\text{台})$$

10t 自卸汽车数量为

$$\frac{182.10}{10.94} \approx 17(\text{台})$$

思 考 与 练 习 题

1. 什么是定额？什么是建设工程定额？

2. 定额按编制程序和用途分类有哪些？它们之间有何相互关系？

3. 工程建设定额的特点有哪些？

4. 什么是施工定额？简述其组成和作用。

5. 什么是劳动消耗定额？其表现形式有哪些？

6. 什么是工序？什么是施工过程？

7. 什么是预算定额？其作用有哪些？它的编制原则是什么？

8. 编制预算定额的依据有哪些？简述其编制步骤。

9. 什么是概算定额？简述概算定额的作用。

10. 什么是企业定额？简述企业定额的作用。

11. 已知某现浇筑混凝土工程，共浇筑混凝土 2.5m³，其基本工作时间为 300min，准备与结束时间 17.5min，休息时间 11.2min，不可避免的中断时间 8.8min，损失时间 85min。求浇筑混凝土的时间定额和产量定额。

12. 已知用塔吊式起重机吊运混凝土，测定塔吊需 50s，运行需 80s，卸料需 40s，返回需 30s，中断 40s；每次装运混凝土 0.5m³，机械利用系数 0.85。求塔式起重机的产量定额和时间定额。

13. 某渠道浆砌块石平面护坡工程，设计水泥砂浆强度等级为 M10，求每立方米浆砌块石所需人工、材料的预算消耗量。

14. 某黏土心墙土石坝，心墙设计工程量为 20 万 m³，Ⅲ类土，设计干密度 17.68kN/m³，土料天然干密度为 15.69kN/m³。采用 2m³ 挖掘机挖装 20t 自卸汽车运输，平均运距 4.3km。要求心墙日填筑强度为 3000m³，每天三班作业。求需用多少台挖掘机和自卸汽车（不包括备用量）才能完成任务？

项目 3 基 础 单 价

学习目标与学习要点

本项目主要学习人工预算单价、材料预算价格、施工机械台时费、施工用电风水价格、砂石料单价、混凝土及砂浆材料单价等基础单价的概念、组成、计算标准和计算方法。通过本项目学习，掌握人工预算单价、材料预算价格、施工机械台时费、施工用电风水价格、砂石料单价、混凝土及砂浆材料单价的编制方法。

在编制水利水电工程概预算时，需要根据国家以及工程项目所在地区的有关规定、工程所在地的具体条件、工程规模、施工技术、材料来源等，编制人工预算单价，材料预算价格，施工机械台时费，施工用电、风、水预算价格，砂石料单价，混凝土及砂浆材料单价等，作为编制建筑与安装工程单价的基础性资料。这些预算价格统称为基础单价。

任务 3.1　人 工 预 算 单 价

人工预算单价是指在编制概预算时，用来计算直接从事建筑安装工程施工的生产工人的人工费时所采用的人工工时价格，是生产工人在单位时间（工时）所开支的各项费用。它是计算建筑安装工程单价和施工机械台时费中机上人工费的重要基础单价。

3.1.1　人工预算单价的组成

人工预算单价由基本工资和辅助工资两部分组成。

生产工人按技术等级不同可划分为工长、高级工、中级工、初级工四个等级。

1. 基本工资

基本工资由岗位工资和年应工作天数内非作业天数的工资组成。

（1）岗位工资。指按照职工所在岗位各项劳动要素测评结果确定的工资。

（2）生产工人年应工作天数以内非作业天数的工资，包括生产工人开会学习、培训期间的工资，调动工作、探亲、休假期间的工资，因气候影响的停工工资，女工哺乳期间的工资，病假在六个月以内的工资及产、婚、丧假期的工资。

2. 辅助工资

辅助工资是指在基本工资之外，以其他形式支付给生产工人的工资性收入，包括根据国家有关规定属于工资性质的各种津贴，主要包括艰苦边远地区津贴、施工津贴、夜餐津贴、节假日加班津贴等。

3.1.2　人工预算单价计算标准

按照我国国家和行业的有关规定，结合水利工程的特点，人工预算单价按工程类别

（枢纽工程、引水工程及河道工程）和工程所在地的地区类别（国家根据各地区的地理位置、交通条件、经济发展状况，目前把全国分为一般地区、一至七类地区共 8 个人工预算单价地区类别）确定。根据水总〔2014〕429 号《水利工程设计概（估）算编制规定》规定，人工预算单价计算标准按表 3.1 确定。

表 3.1　　　　　　　　　　　人工预算单价计算标准　　　　　　　　　单位：元/工时

类别与级		一般地区	一类区	二类区	三类区	四类区	五类区 西藏二类区	六类区 西藏三类区	西藏四类区
枢纽工程	工长	11.55	11.80	11.98	12.26	12.76	13.61	14.63	15.40
	高级工	10.67	10.92	11.09	11.38	11.88	12.73	13.74	14.51
	中级工	8.90	9.15	9.33	9.62	10.12	10.96	11.98	12.75
	初级工	6.13	6.38	6.55	6.84	7.34	8.19	9.21	9.98
引水工程	工长	9.27	9.47	9.61	9.84	10.24	10.92	11.73	12.11
	高级工	8.57	8.77	8.91	9.14	9.54	10.21	11.03	11.40
	中级工	6.62	6.82	6.96	7.19	7.59	8.26	9.08	9.45
	初级工	4.64	4.84	4.98	5.21	5.61	6.29	7.10	7.47
河道工程	工长	8.02	8.19	8.31	8.52	8.86	9.46	10.17	10.49
	高级工	7.40	7.57	7.70	7.90	8.25	8.84	9.55	9.88
	中级工	6.16	6.33	6.46	6.66	7.01	7.60	8.31	8.63
	初级工	4.26	4.43	4.55	4.76	5.10	5.70	6.41	6.73

注　1. 艰苦边远地区划分执行人事部、财政部《关于印发〈完善艰苦边远地区津贴制度实施方案〉的通知》（国人部发〔2006〕61 号）及各省（自治区、直辖市）关于艰苦边远地区津贴制度实施意见。一至六类地区的类别划分参见附录 D，执行时应根据最新文件进行调整。一般地区指附录 D 之外的地区。
　　2. 西藏地区的类别执行西藏特殊津贴制度相关文件规定，其二至四类区划分的具体内容见附录 E。
　　3. 跨地区建设项目的人工预算单价可按主要建筑物所在地确定，也可按工程规模或投资比例进行综合确定。

任务 3.2　材 料 预 算 价 格

材料是指用于建筑安装工程中直接消耗在工程上的消耗性材料（如钢材、木材、水泥、粉煤灰、油料、火工产品等）、构成工程实体的装置性材料（如电缆、导轨等）和施工中重复使用的周转性材料（如模板、脚手架等）。

材料预算价格是指材料从购买地运到工地分仓库或相当于工地分仓库的材料堆放场地的出库价格。材料从工地分仓库至施工现场用料点的场内运杂费已计入定额内。材料预算价格是计算建筑安装工程单价中材料费的基础单价。

材料费是工程投资的主要组成部分，一般可达到建筑安装工程投资的 30%～65%，因此正确地计算材料预算价格，对于提高工程预算质量、正确合理地控制工程造价具有重要意义。

3.2.1　材料的分类

水利水电工程建设中所用到的材料品种繁多，规格各异，按其对投资影响的程度不同可分为主要材料和其他材料。

1. 主要材料

主要材料是指在水利水电工程建设中用量大或用量虽小但价格高、对工程投资影响较大的材料。一般水利水电工程可选用水泥、钢材、木材、火工产品、油料、电缆及母线等为主要材料，但要根据工程具体条件增删。

（1）水泥。水泥包括硅酸盐水泥、普通硅酸盐水泥、矿渣硅酸盐水泥、火山灰硅酸盐水泥、粉煤灰硅酸盐水泥及一些特殊性能的水泥。

（2）钢材。钢材包括各种钢筋、钢绞线、钢板、工字钢、角钢、槽钢、扁钢、钢轨、钢管等。

（3）木材。木材包括原木、板枋材等。

（4）火工产品。火工产品包括炸药（起爆炸药、单质猛炸药、混合猛炸药）、雷管（火雷管、电雷管、延期雷管、毫秒雷管）、导电线或导火线（导火索、纱包线、导爆索等）。

（5）油料。油料包括汽油、柴油。

（6）电缆及母线。

2. 其他材料

其他材料是指在水利水电工程建设中用量小或用量虽大但价格低、对工程投资影响较小的材料，如电焊条、铁件、铁钉等。

主要材料与其他材料是相对而言的，两者之间并没有严格的界限，主要根据工程对某种材料用量的多少及其在工程投资中的比重来确定。如大体积混凝土工程，特别是碾压混凝土坝，需要掺用大量的粉煤灰，则可增加粉煤灰作为主要材料；大量采用沥青混凝土防渗的工程，可把沥青列为主要材料；石方开挖量小的工程，则不需要把火工产品列为主要材料；对于土石坝工程，木材用量很少，也不需要作为主要材料。

3.2.2 主要材料预算价格

3.2.2.1 主要材料预算价格的组成

材料预算价格一般包括材料原价、运杂费、运输保险费和采购及保管费四项内容。如果材料原价中未计入材料包装费，则需要把材料包装费计入材料预算价格中。

主要材料预算价格的计算公式为

材料预算价格＝（材料原价＋包装费＋运杂费）×（1＋采购及保管费率）＋运输保险费

3.2.2.2 主要材料预算价格的计算

1. 材料原价

材料原价也称材料市场价或交货价格，是计算材料预算价格的基值，其价格（火工产品除外）一般均按市场调查价格计算。一般水利水电工程的主要材料原价可按下述方法确定：

（1）水泥。水泥按当地主流水泥厂出厂价格计算。当同一个工程中所用水泥来自多个厂家或者品种不同时，可以按所用水泥用量比例及出厂价格加权平均计算。在可行性研究阶段编制投资估算时，水泥市场价可统一按袋装水泥价格计算。

（2）钢材。钢材按钢厂批发价格计算。钢材包括钢筋、钢板和型钢。如果设计提供品种规格有困难时，钢筋可采用普通 A_3 光面钢筋 $\phi16\sim18$ 比例占 70％、低合金钢 $20MnSi\phi20\sim25$ 比例占 30％进行计算。各种型钢、钢板的代表规格、型号和比例，根据设计要求确定。

（3）木材。凡工程所需的各种木材，由林区贮木场直接提供的，原则上均执行设计选定的贮木场的大宗市场批发价；由工程所在地木材公司供给的，执行地区木材公司提供的大宗市场批发价。

确定木材市场价的代表规格是按二、三类树木各 50％，Ⅰ、Ⅱ 等材各占 50％。长度按 2.0～3.8m，原松木径级 18～28cm；锯材按中板中枋，杉木径级根据设计由贮木场供应情况确定。

（4）汽油、柴油。汽油、柴油全部按工程所在地区市场价计算其预算价格。汽油代表规格为 70 号；柴油代表规格按工程所在地区气温条件确定。其中Ⅰ类气温区 0 号柴油比例占 75％～100％，－10 号～－20 号柴油比例占 0～25％；Ⅱ类气温区 0 号柴油比例占55％～65％，－10 号～－20 号柴油比例占 35％～45％；Ⅲ类气温区 0 号柴油比例占 40％～55％，－10 号～－20 号柴油比例占 45％～60％。

Ⅰ类气温区包括广东、广西、云南、贵州、四川、江苏、湖南、浙江、湖北、安徽；Ⅱ类气温区包括河南、河北、山西、山东、陕西、甘肃、宁夏、内蒙古；Ⅲ类气温区包括青海、新疆、西藏、辽宁、吉林、黑龙江。

（5）火工产品。火工产品由工程所在地区就近的化工厂供应，统一按国家定价或化工厂的出厂价计算。其中，2 号岩石铵锑炸药和 4 号抗水岩石铵锑炸药一律按 1～9kg/包包装的炸药计算。

2. 材料包装费

材料包装费是指为便于材料的运输或为保护材料而进行的包装所发生的费用，包括厂家所进行的包装以及在运输过程中所进行的捆扎、支撑等费用。材料包装费计取原则如下：

（1）凡是由厂家负责包装并已将包装费计入材料市场价的，在计算材料预算价格时，不现计算包装费。

（2）包装费和包装品的价值，因材料品种和厂家处理包装品的方式不同而异，应根据具体情况分别进行计算。

1）一般情况下，袋装水泥的包装费按规定计入出厂价，不计回收，不计押金；散装水泥由专用罐车运输，一般不计包装费。

2）钢材一般不进行包装，特殊钢材存在少量包装费，但与钢材价格相比，所占比重小，编制其预算价格时可忽略不计。

3）木材应按实际发生的情况进行计算。

4）炸药及其火工产品包装费已包括在出厂价中。

5）油料用油罐车运输，一般不存在包装费。

3. 材料运杂费

材料运杂费是指材料由产地或交货地点运至工地分仓库或相当于工地分仓库的材料堆放场院所需要的费用，包括各种运输工具的运费、调车费、装卸费、出入库费和其他费用。由工地分仓库或相当于工地分仓库的材料堆放场地至现场各施工点的运输费用，已包括在定额内，在材料预算价格中不再计算。

在编制材料预算价格时，应按施工组织设计中所选定的材料来源和运输方式、运输工具以及厂家和交通部门规定的取费标准计算材料运杂费用。

（1）铁路运杂费的计算。

在国有线路上行驶时，其运杂费一律按《铁路货物运价规则》规定计算；属于地方营运的铁路，执行地方的规定；施工单位自备机车车辆在自营专用线上行驶的运杂费按摊销费计算。

1）在国有铁路线路上运输材料时，其运杂费按发改价格〔2014〕210 号《国家发展改革委关于调整铁路货物运价有关问题的通知》和铁运〔2005〕46 号《铁路货物运价规则》规定计算。国有铁路部门运输费计算三要素是货物运价里程、运价号、运价率。

a. 确定运价里程。根据货物运价里程表按到发站最短路径查得。

b. 确定计费重量。整车货物以 t 为单位。火车整车运输货物时，除特殊情况外，一律按车辆标记载重量计费。零担货物按实际重量计费，单位为 10kg，不足 10kg 按 10kg 计。对每立方米不足 500kg 的轻浮货物（如油桶），整车运输时，装车高度、宽度和长度不得超过规定限度，以车辆标重计费；零担运输时，以货物包装最高、最宽、最长部分计算体积，按每立方米折重 500kg 计价。

c. 确定运价号。按照铁运〔2005〕46 号《铁路货物运价规则》规定，按所运材料的品名，对照查出采用整车或零担运输的运价号。常用材料的运价号见表 3.2。

d. 确定运价率。按照发改价格〔2014〕210 号文件《国家发展改革委关于调整铁路货物运价有关问题的通知》规定，根据货物的运价号，对照查出货物的运价率。现行铁路货物的运价率见表 3.3。

表 3.2　　　　　　　　　　　　　　常用材料铁路运输运价号

材料名称	水泥	钢材	木材	汽油、柴油	炸药	砂石料
整车	5	5	5	7	5	2
零担	21	21	21	22	22	21

表 3.3　　　　　　　　　　　　　　铁路货物运价率表

办理类别	运价号	基价 1		基价 2	
		单位	标准	单位	标准
整车	1	元/t	8.50	元/（t·km）	0.071
	2	元/t	9.10	元/（t·km）	0.080
	3	元/t	11.80	元/（t·km）	0.084
	4	元/t	15.50	元/（t·km）	0.089
	5	元/t	17.30	元/（t·km）	0.096
	6	元/t	24.20	元/（t·km）	0.129
	7			元/（t·km）	0.483
	机械冷藏车	元/t	18.70	元/（t·km）	0.131

续表

办理类别	运价号	基价1		基价2	
		单位	标准	单位	标准
零担	21	元/10kg	0.188	元/(10kg·km)	0.0010
	22	元/10kg	0.263	元/(10kg·km)	0.0014
集装箱	20英尺箱	元/箱	499.00	元/(箱·km)	1.98
	40英尺箱	元/箱	610.00	元/(箱·km)	2.70

注 炸药运价率按表中规定的运价率加50%计算。

e. 电气化附加费。如果该批货物经由电气化铁路区段运输，根据规定收取铁路电气化附加费。计算公式为

$$电气化附加费＝费率×计费重量（箱数或轴数）×电化里程$$

电气化附加费费率表见表3.4。

表3.4 电气化附加费费率表

项目 \ 种类		计费单位	费率
整车		元/(t·km)	0.01200
零担		元/(10kg·km)	0.00012
集装箱	20英尺箱	元/(箱·km)	0.19200
	40英尺箱	元/(箱·km)	0.40800

f. 铁路运价组成。现行铁路运价由发到基价、运行基价和电气化附加费组成，计算公式为

$$整车货物每吨运价＝基价1＋基价2×运价里程＋电气化附加费$$

$$零担货物每10千克运价＝基价1＋基价2×运价里程＋电气化附加费$$

2）施工单位自备机车车辆在自营专用线上行驶的运杂费计算。计算施工单位自备机车车辆在自营专用线上行驶的运杂费时，按机车台时费和台时货运量以及运行维护人员开支摊销费计算。其运杂费计算公式为

$$每吨运费＝\frac{机车台时费＋车辆台时费之和}{每列火车设计载重量×装载系数×列车每小时行驶次数}＋每吨装卸费$$
$$＋现场管理人员开支的摊销费 （元/t）$$

如果自备机车还需要通过国有铁路，还应付给铁路部门过轨费，其运杂费计算公式为

$$每吨运费＝\frac{机车台时费＋车辆台时费之和＋列车过轨费}{每列火车设计载重量×装载系数×列车每小时行驶次数}＋每吨装卸费$$
$$＋现场管理人员开支的摊销费 （元/t）$$

列车过轨费按铁道部门的规定计算。

3）计算材料运输费时应注意以下几点：

a. 整车与零担比例。整车与零担比例指火车运输中整车和零担货物的比例，又称"整零比"。汽车运输不考虑整零比。在铁路运输方式中，要根据工程具体所消耗的材料

量，来确定每一种材料运输中的整车与零担比例，据以计算其运输费。

整车运价较零担便宜，材料运费的计算中，应以整车运输为主。根据已建大、中型水利水电工程实际情况，水泥、木材、炸药、汽油和柴油等可以全部按整车运输计算；钢材可考虑一部分零担，其比例应按实际资料选取。若无实际资料，则可据已建工程经验值选取，大型水利水电工程可按 10%～20%、中型工程按 20%～30%选取。

整零比在实际计算时多以整车或零担所占百分率表示。计算时，按整车和零担所占的百分率加权平均计算运价。计算公式为

$$运价 = 整车运价 \times 整车量(\%) + 零担运价 \times 零担量(\%)$$

b. 装载系数。装载系数是指货物实际运输重量与车辆标记载重量的比值。火车整车运输货物时，除特殊情况外，一律按车辆标记载重量计费。但在实际运输过程中，经常出现不能满载的情况（如：由于材料批量原因，可能装不满一整车而不能满载；或虽已满载，但因材料容重小其运输重量达不到车皮的标记载重量；或为保证行车安全，对炸药类危险品也不允许满载），因此就存在实际运输重量与运输车辆标记载重量不同的问题，在计算运输费用时，常用装载系数来表示，火车整车装载系数见表 3.5，供计算时参考。计算公式为

$$装载系数 = 实际运输重量 \div 运输车辆标记载重量$$

考虑装载系数后实际运价计算公式为

$$运价 = 规定运价 \div 装载系数$$

表 3.5 火车整车运输装载系数

序 号	材 料 名 称		单 位	装 载 系 数
1	水泥、油料		t/车皮 t	1.00
2	木 材		m³/车皮 t	0.90
3	钢材	大型工程	t/车皮 t	0.90
4		中型工程	t/车皮 t	0.80～0.85
5	炸 药		t/车皮 t	0.65～0.70

c. 毛重系数。材料毛重指包括包装品重量的材料运输重量。运输部门不是以物资的实际重量计算运费，而是按毛重计算运费的，所以材料运输费中要考虑材料的毛重系数。计算公式为

$$毛重系数 = \frac{毛重}{净重} = \frac{材料实际重量 + 包装品重量}{材料实际重量}$$

$$材料毛重 = 材料重量 \times 毛重系数$$

毛重系数大于或等于 1。一般情况下，建筑材料中，水泥、钢材、木材和油罐车运输的油料毛重系数为 1，炸药的毛重系数为 1.17，油料采用自备油桶运输时，其毛重系数汽油为 1.15，柴油为 1.14。

考虑毛重系数后的实际运价为

$$实际运价 = 规定运价 \times 毛重系数$$

4）铁路运价计算。综合考虑以上因素，铁路运价可按下式计算：

$$铁路运价 = \frac{整车规定运价}{装载系数} \times 毛重系数 \times 整车比例 + 零担规定运价$$
$$\times 毛重系数 \times 零担比例$$

5）铁路杂费。主要包括调车费、装卸费、捆扎费、出入库费和其他杂费等。调车费、装卸费、捆扎费、出入库费和其他杂费等按铁路部门现行规定执行。

（2）公路运杂费的计算。按工程所在地市场价计算。汽车运输轻浮物时，按实际载重量计算。轻浮物是指每立方米重量不足 250kg 的货物。整车运输时，其长、宽、高不得超过交通部门有关规定，以车辆标记吨位计重。零担运输时，以货物包装的长、宽、高各自最大值计算体积，按每立方米折算 250kg 计价。

（3）水路运杂费的计算。水路运输包括内河运输和海洋运输，其运输费按航运部门现行规定计算。

（4）特殊材料或部件运杂费的计算。特殊材料或部件运输，要考虑特殊措施费、改造路面和桥梁费等。

4. 材料运输保险费

材料运输保险费是指向保险公司缴纳的货物保险费用。

材料运输保险费可按工程所在省、自治区、直辖市或中国人民保险公司的有关规定计算。一般情况下，材料运输保险的计算公式是

$$材料运输保险费 = 材料原价 \times 材料保险费率（\%）$$

5. 材料采购及保管费

材料采购及保管费是指建设单位和施工单位的材料供应部门在组织材料采购、供应和保管过程中所发生的各项费用。主要包括以下内容：

（1）采购保管部门工作人员的基本工资、辅助工资、职工福利费、劳动保护费、养老保险费、失业保险费、医疗保险费、工伤保险费、生育保险费、住房公积金、教育经费、办公费、差旅交通费、工具用具使用费等。

（2）仓库、转运站等设施的运行费、维修费、固定资产折旧费、技术安全措施费和设备的检验、试验费等。

（3）材料在运输、保管过程中发生的损耗等。

材料采购及保管费一般按部颁规定进行计算，其计算公式为

$$材料采购及保管费 = （材料原价 + 包装费 + 运杂费） \times 采购及保管费率$$

材料采购及保管费率见表 3.6。

表 3.6 采购及保管费率表

序号	材料名称	费率/%
1	水泥、碎（砾）石、砂、块石	3
2	钢材	2
3	油料	2
4	其他材料	2.5

3.2.3 其他材料预算价格

其他材料一般品种比较多，其费用在投资中占比例很小，一般不必逐一详细计算其预算价格。其他材料预算价格可参考工程所在地区的工业与民用建筑安装工程材料预算价格或信息价格。

3.2.4 材料补差

主要材料预算价格超过表 3.7 规定的材料基价时，应按基价计入工程单价参与取费，预算价与基价的差值以材料补差形式计算，材料补差列入单价表中并计取税金。

主要材料预算价格低于基价时，按预算价计入工程单价。

计算施工电、风、水价格时，按其预算价格参与计算。

表 3.7 主要材料基价表

序号	材料名称	单位	基价/元
1	柴油	t	3500
2	汽油	t	3600
3	钢筋	t	3000
4	水泥	t	300
5	炸药	t	6000

【例 3.1】 某大坝所需水泥 20000t 分别由 A、B 两家水泥厂供应，水泥强度等级为 42.5。A 厂供应 8000t，其中袋装水泥占 20%，散装水泥占 80%，袋装水泥市场价为 320 元/t，散装水泥市场价为 280 元/t，袋装水泥和散装水泥均通过公路运往工地仓库，其运杂费分别为 24.0 元/t 和 16.0 元/t。B 厂供应 12000t，其中袋装水泥占 40%，散装水泥占 60%，袋装水泥市场价为 300 元/t，散装水泥市场价为 260 元/t，袋装水泥和散装水泥均通过公路运往工地仓库，其运杂费分别为 28.0 元/t 和 18.0 元/t。水泥从工地仓库至拌和楼由汽车运送，运费 1.8 元/t，进罐费 1.2 元/t；运输保险费率为 1%，采购及保管费率为 3%。试计算该工程所用水泥的预算价格。

解：（1）计算 A、B 两厂供应水泥的比例：

A 厂供应的水泥比例是 8000/20000＝40%，B 厂供应的水泥比例是 12000/20000＝60%。

（2）水泥原价：［（320×20%＋280×80%）×40%］＋［（300×40%＋260×60%）×60%］＝280.8（元/t）

（3）水泥运杂费：［（24×20%＋16×80%）×40%］＋［（28×40%＋18×60%）×60%］＋1.8＋1.2＝23.24（元/t）

（4）水泥运输保险费：水泥原价×保险费率＝280.8×1%＝2.81（元/t）

（5）水泥预算价格：（水泥原价＋运杂费）×（1＋采购及保管费率）＋运输保险费＝（280.8＋23.24）×（1＋3%）＋2.81＝315.97（元/t）

【例 3.2】 某水利枢纽工程所用钢筋，30% 由甲厂供应，70% 由乙厂供应。两供应点供应的钢筋，HRB335 钢筋占 60%，HPB235 钢筋占 40%（与设计要求一致），按下列资料计算钢筋的综合预算价格。

（1）出厂价：HRB335 钢筋：2800 元/t；HPB235 钢筋：2600 元/t。

（2）运输流程：

1）甲厂供应的钢筋：用火车运至物资转运站，运距 240km（无电气化铁路区段运输），再用汽车运至工地分仓库，运距 12km。

2）乙厂供应的钢筋：直接由汽车运至工地分仓库，运距 70km。

（3）计算依据：

1）铁路：火车运输整车零担比 80：20，整车装载系数 0.90；火车出库装车综合费 5.60 元/t，卸车费 2.6 元/t；转运站费用 6.40 元/t。

2）公路：汽车运价 0.80 元/(t·km)；汽车装车费 4.8 元/t、卸车费 3.2 元/t。

3）运输保险费率为 0.8‰。

4）毛重系数为 1。

解：（1）计算火车运价：

1）整车运价：$17.30+0.096×240=40.34$（元/t）

2）零担运价：$0.188+0.0010×240=0.428$（元/10kg）

（2）综合材料原价：$2800×60\%+2600×40\%=2720$（元/t）

（3）综合运杂费：$76.62×0.3+64.0×0.7=67.79$（元/t）

1）甲厂供应钢筋的运杂费：

a. 火车出库装车费 5.60（元/t）。

b. 运至物资转运站的铁路运费：$40.34÷0.9×0.8+0.428×100×0.2=44.42$（元/t）。

c. 转运站的火车卸车费：2.60 元/t。

d. 转运站费用：6.40 元/t。

e. 汽车装、卸费为 $4.8+3.2=8.0$（元/t）。

f. 转运站至工地分仓库的汽车运费：$0.80×12=9.6$（元/t）。

小计运杂费：$5.60+44.42+2.60+6.40+8.0+9.6=76.62$（元/t）。

2）乙厂供应钢筋的运杂费：

a. 汽车装、卸费：$4.8+3.2=8.0$（元/t）。

b. 汽车运费：$0.8×70=56.0$（元/t）。

小计运杂费：$8.0+56.0=64.0$（元/t）。

（4）运输保险费：$2720×0.8‰=2.18$（元/t）。

（5）采购及保管费：$(2720+67.79)×2\%=55.76$（元/t）。

（6）钢筋综合预算价格：

钢筋综合预算价格＝综合材料原价＋综合运杂费＋运输保险费＋采购及保管费
$$=2720+67.79+2.18+55.76=2845.73（元/t）$$

本例题也可采用主要材料运输费用计算表和主要材料预算价格计算表进行计算。先分别计算 HRB335 钢筋和 HPB235 钢筋的预算价格，再按其所占比例求得钢筋的综合预算价格。计算过程见表 3.8、表 3.9，计算结果与上述解法相同。

表 3.8   主要材料运输费用计算表

编号	1	2	材料名称		钢筋		材料编号	
交货条件	甲厂	乙厂	运输方式	火车	汽车	轮船		火车
交货地点			货物等级				整车	零担
交货比例	30%	70%	装载系数	0.90			80%	20%

编号	运输费用项目	运输起讫地点	运输距离/km	计算公式	合计/元
1	铁路运杂费	甲厂—转运站	240	$5.60+40.34\div0.9\times0.8+0.428$ $\times100\times0.2+2.60+6.40$	59.02
	公路运杂费	转运站—工地分仓库	12	$4.8+0.80\times12+3.2$	17.60
	综合运杂费				76.62
2	公路运杂费	乙厂—工地分仓库	70	$4.8+0.80\times70+3.2$	64.00
	每吨运杂费/(元/t)			$76.62\times0.3+64.00\times0.7=67.79$	

表 3.9   主要材料预算价格计算表

编号	名称及规格	单位	原价依据	单位毛重/t	价 格/(元/t)				
					原价	运杂费	采购及保管费	运输保险费	预算价格
1	HRB335 钢筋	t		1.0	2800	67.79	57.36	2.24	2927.39
2	HPB235 钢筋	t		1.0	2600	67.79	53.36	2.08	2723.23
	钢筋综合预算价格				$2927.39\times60\%+2723.23\times40\%=2845.73$				2845.73

任务 3.3 施工机械台时费

施工机械台时费是指一台机械在一个小时内正常运行所支出和分摊的各项费用之和。施工机械台时费根据施工机械台时费定额进行编制，它是计算建筑安装工程单价中机械使用费的基础单价。随着水利工程施工机械化程度的日益提高，施工机械使用费在工程投资中所占比例越来越高大。因此，正确计算施工机械台时费对合理确定工程造价十分重要。

3.3.1 施工机械台时费的组成

现行水利部颁发的《水利工程施工机械台时费定额》中规定：施工机械台时费一般由第一类费用和第二类费用两部分组成。若施工机械须通过公用车道时，按工程所在地政府现行规定的收费标准计算第三类费用，即车船使用税。

1. 第一类费用

第一类费用是由折旧费、修理及替换设备费（包括大修理费、经常性修理费）和安装拆卸费组成。施工机械台时费定额中，一类费用是按定额编制年的物价水平以金额形式表示，编制台时费单价时应按主管部门发布的一类费用调整系数进行调整。

（1）折旧费。折旧费是指施工机械在规定使用年限内回收原值的台时折旧摊销费用。

（2）修理费及替换设备费。修理费及替换设备费是指使用过程中，为了使机械保持正常功能而进行修理所需费用、日常保养所需润滑油料费、擦试用品费、机械保管费，以及替换设备、随机使用的工具等所需的台时摊销费用。

（3）安装拆卸费。安装拆卸费指机械进出入工地的安装、拆卸、试用转和场内转移及辅助设施的摊销费用。

部分大型机械（如塔式起重机、高架门机等）的安装拆卸费不在台时费中计列，按现行规定已包括在其他临时工程项内。有些机械（如自卸汽车、船舶、拖轮等）不需安装拆卸时，台时费中不计列此项费用。

2. 第二类费用

第二类费用是指施工机械正常运转时机上人工及动力、燃料费。在施工机械台时费定额中，以台时实物消耗量指标表示。编制机械台时费时，其数量指标一般不允许调整。本项费用取决于每台机械的使用情况，只有在机械运输时才发生。

（1）机上人工费。机上人工费是指支付给直接操纵施工机械的机上人员预算工资所需的费用；按中级工计算。

（2）动力、燃料费。动力、燃料费是指保持机械正常运转时所需的风、水、电、油、煤及木柴等费用。

3.3.2 施工机械台时费的计算

$$第一类费用＝定额金额×编制年调整系数$$
$$第二类费用＝定额机上人工工时数量×人工预算单价$$
$$＋\sum（动力、燃料消耗量×相应单价）$$

【例 3.3】 计算某水利枢纽工程 2m³ 挖掘机台时费。已知，本工程中级工人工预算单价为 9.15 元/工时，柴油预算价格为 6500 元/t。

解：查《水利工程施工机械台时费定额》，定额编号为 1011。

（1）按柴油预算价格计算。

2m³ 挖掘机台时费：147.30＋2.7×9.15＋20.2×6.5＝303.31（元/台时）

（2）按柴油基价计算。

2m³ 挖掘机台时费：147.30＋2.7×9.15＋20.2×3.5＝242.71（元/台时）

燃料费价差：20.2×（6.5－3.5）＝60.6（元/台时）

3.3.3 施工机械组合台时费的计算

组合台时（简称组时）是指多台施工机械设备相互衔接或配备形成的机械联合作业系统的台时。

组合台时费等于系统中各施工机械台时费之和。

3.3.4 补充施工机械台时费的编制

当施工组织设计选取的施工机械在台时费定额中缺项，或规格、型号不符时，必须编制补充施工机械台时费，其水平要与同类机械相当。编制时一般依据该机械的预算价格、年折旧率、年工作台时、额定功率，以及额定动力或燃料消耗量等参数，采用按施工机械台时费定额编制方法、直线内插法、占基本折旧费比例法等进行编制。

1. 第一类费用

（1）折旧费。折旧费指机械在寿命期内回收原值的台时折旧摊销费用。基本折旧费是通常按平均年限法确定的，其计算公式为

$$台时折旧费 = \frac{机械预算价格 \times (1 - 残值率)}{机械经济寿命总台时数}$$

或

$$台时折旧费 = \frac{机械预算价格 \times 年折旧率}{机械年工作台时数}$$

$$机械预算价格 = 机械市场价 + 运杂费$$

$$残值率 = \frac{机械残值 - 清理费}{机械预算价格} \times 100\%$$

$$机械经济寿命总台时数 = 经济使用年限 \times 年工作台时数$$

式中　　运杂费——一般按原价的 5%～7% 计算，若有实际资料按实际资料计算；

残值率——机械达到使用寿命需要报废时的残值扣除清理费后占机械预算价格的百分率，残值率一般可取 4%～5%；

机械经济寿命总台时数——机械在经济使用期内所运转的总台时数；

经济使用年限——该种机械在经济使用期内平均每年运行的台时数。

（2）修理费及替换设备费：

1）大修理费指机械按照规定的大修理间隔期，为使机械保持正常功能而进行大修理所需的摊销费用，计算公式为

$$台时大修理费 = \frac{一次大修理费用 \times 大修理次数}{机械年工作台时数}$$

大修理次数是指机械在经济使用期限内需进行大修理的次数，计算公式为

$$大修理次数 = \frac{机械工作总时数}{大修间隔台时数} - 1$$

一次大修理费用可按一次大修理所需人工、材料、机械等进行计算，也可参考实际资料按占机械预算价格的百分率计算。

2）经常修理费。经常修理费指机械中修、各级定期保养和润滑材料、擦拭材料费的费用，包括修理费、润滑及擦拭材料费。

a. 修理费。修理费包括中修和各级保养，一般按大修间隔内的平均修理费计算，计算公式为

$$修理费 = \frac{大修间隔期内修理费之和}{大修间隔台时数} = \frac{中修费用 + 各级保养费用}{大修理间隔台时数}$$

b. 润滑材料及擦拭材料费计算公式为

$$台时润滑及擦拭材料费 = \frac{机械年润滑及擦拭材料费}{机械年工作台时数}$$

其中，润滑油脂的耗用量一般按机械台时消耗用燃料油量的百分比计算，柴油机械按 6%，汽油机械按 5%，棉纱头及其他油等耗用量可按实际情况计算。

上述两项费用虽然都可以用公式计算，但式中有一些数据往往又难以得到。因此一些

单位在实际计算经常性修理费时，通常用经常性修理费占大修理费的百分比来计算，百分比一般通过对典型的测算确定，然后求得同类其他机械的修理费，计算公式为

台时经常性修理费＝台时大修理费×经常性修理费率

$$经常性修理费率＝\frac{典型机械台时经常性修理费}{典型机械台时大修理费}×100\%$$

3）替换设备及工具、附具费。替换设备及工具、附具费是指机械正常运行所需更换的设备工具、附具摊销到台时费中，计算公式为

$$台时替换设备及工具、附具费＝\frac{年替换设备及工具、附具费}{机械年工作台时数}$$

4）保管费指机械保管部门保管机械所需的费用。其包括机械在规定年工作台时以外的保养、维护所需的人工、材料和用品费用，计算公式为

$$台时保管费＝\frac{机械预算价格}{机械年工作台时数}×保管费率$$

保管费率的高低与机械预算价格有直接的关系。机械预算价格低，保管费率高；反之，机械预算价格高，保管费率低。保管费率一般取 0.15%～1.5%。

（3）安装拆卸费。安装拆卸费的计算公式为

台式安装拆卸费＝台时大修理费×安拆费率

$$安拆费率＝\frac{典型机械安装拆卸费}{典型机械台时大修理费}×100\%$$

2. 第二类费用

（1）机上人工费。计算公式为

台时机上人工费＝机上人工工时数×人工预算单价

（2）动力、燃料费。计算补充机械台时费时，动力、燃料台时消耗量按以下公式计算。

1）对于电动机械，计算式为

$$Q＝Ntk$$

式中　Q——台时电力耗用量；

　　N——电动机械额定功率；

　　t——设备工作小时数量；

　　k——电动机综合利用系数。

2）对于内燃机械，蒸汽机械，计算式为

$$Q＝NtGk$$

式中　Q——内燃机械台时油料或蒸汽机械台时水（煤）消耗量；

　　N——发动机额定功率；

　　t——设备工作小时数量；

　　G——额定单位耗油量或额定单位耗水（煤）量；

　　k——发动机或蒸汽机综合利用系数。

3）对于风动机械，计算式为

$$Q＝Vtk$$

式中　Q——台时压缩空气消耗量；

　　　V——额定压缩空气消耗量；

　　　t——设备工作小时数量，取 1h；

　　　k——风动机械综合利用系数。

任务 3.4　施工用电、风、水预算单价

电、风、水在水利水电工程施工中消耗量很大，其预算价格的准确程度直接影响预算质量。在编制电、风、水预算价格时，要根据施工组织设计所确定的电、风、水供应方式、布置形式、设备情况和施工企业已有的实际资料分别计算其单价。

3.4.1　施工用电价格

1. 施工用电供电方式

水利水电工程施工用电的电源，一般有外购电（由国家或地方电网和其他企业电厂供电的电网供电）和自发电（由项目法人或承包人自建发电厂供电）两种供电方式。国家电网供电电源可靠，电价低廉，是水利水电工程施工的主要电源。

2. 施工用电的分类

施工用电的分类，按用途可分为生产用电和生活用电两部分。生产用电系指直接计入工程成本的生产用电，包括施工机械用电、施工照明用电和其他生产用电。生活用电系指生活文化福利建筑的室内、外照明和其他生活用电。水利水电工程概算中电价计算范围仅指生产用电。生活用电因不直接用于生产，应在间接费内开支或由职工负担，不在本电价计算范围内。

3. 电价的组成

电价由基本电价、供电设施维修摊销费和电能损耗摊销费组成。

（1）基本电价。电网供电的基本电价，是指施工企业向外（供电单位）购电按规定所需支付的供电价格，凡是国家电网供电，执行国家规定的基本电价中的非工业标准电价；由地方电网或其他企业中、小型电网供电的，执行地方电价主管部门规定的电价。自发电的基本电价，是指施工企业自建发电厂（或自备发电机）的单位成本，自建发电厂的形式一般有柴油发电厂、燃煤发电厂、水力发电厂等。

（2）供电设施维修摊销费。供电设施维修摊销费是指摊入电价的变配电设备的大修理折旧费、安装拆除费、设备及输配电线路的移设和运行维护费。按现行编制规定，施工场外变配电设备可计入临时工程，故供电设施维修摊销费中不包括基本折旧费。

（3）电能损耗摊销费。对外购电的电能损耗摊销费，是指施工企业向外购电，应承担从施工企业与供电部门的产权分界处起到现场最后一级降压变压器低压侧止，在变配电设施和输配电线路上所发生的电能损耗摊销费，包括由高压电网到施工主变压器高压侧之间的高压输电线路损耗，和由主变压器高压侧到现场各施工点最后一级降压变压器低压侧之间的变配电设备及配电线路损耗部分。

自发电的电能损耗摊销费，指施工企业自建发电厂的出线侧起，至现场各施工点最后一级降压变压器低压侧止，在所有变配电设备和输配电线路上发生的电能损耗摊销费用；

当出线侧为高压供电时，则应计入变配电设备及线路损耗摊销费。

从最后一级降压变压器低压侧至施工用电点的线路损耗，已经包括在各用电施工设备、工器具的台班耗电定额内，电价中不再考虑。

4. 电价的计算

（1）电网供电价格计算公式：

$$电网供电价格＝基本电价÷（1－高压输电线路损耗率）$$
$$÷（1－35kV 以下变配电设备及配电线路损耗率）$$
$$＋供电设施维修摊销费$$

（2）柴油发电机供电价格计算公式：

1）柴油发电机供电价格（自设水泵冷却水）：

$$柴油发电机供电价格 ＝ \frac{柴油发电机组（台）时总费用＋水泵组（台）时总费用}{柴油发电机额定容量之和 × K ×（1－厂用电率）}$$
$$÷（1－变配电设备及配电线路损耗率）$$
$$＋供电设施维修摊销费$$

2）柴油发电机供电价格（采用循环冷却水，不用水泵）：

$$柴油发电机供电价格 ＝ \frac{柴油发电机组（台）时总费用}{柴油发电机额定容量之和 × K ×（1－厂用电率）}$$
$$÷（1－变配电设备及配电线路损耗率）$$
$$＋单位循环冷却水费＋供电设施维修摊销费$$

式中，K 为发电机出力系数，一般取 0.80～0.85；厂用电率取 3%～5%；高压输电线路损耗率取 3%～5%；变配电设备及配电线路损耗率取 4%～7%；供电设施维修摊销费取 0.04～0.05 元/kW·h；单位循环冷却水费取 0.05～0.07 元/kW·h。

5. 综合电价的计算

若工程同时采用两种或两种以上供电电源，各用电量比例按施工组织设计确定，采用加权平均法求得综合电价。

【例 3.4】 某水利工程施工用电 95% 由电网供电，5% 由自备柴油发电机发电。已知电网供电基本电价为 0.45 元/kW·h；高压线路损耗率为 5%；变配电设备及配电线路损耗率为 7%，供电设施摊销费为 0.05 元/kW·h。柴油发电机总容量为 1000kW，其中 200kW 柴油发电机 1 台，400kW 柴油发电机 2 台，并配备 3.7kW 水泵 3 台以供给冷却水；以上三种机械台时费分别为 140 元/台时、258 元/台时和 16 元/台时。厂用电率取 5%，变配电设备及配电线路损耗率为 6%。试计算电网供电、自发电电价和综合电价。

解：（1）计算电网供电价格：

$$电网供电价格＝基本电价÷（1－高压输电线路损耗率）÷（1－35kV 以下变配电设备$$
$$及配电线路损耗率）＋供电设施维修摊销费$$
$$＝0.45÷（1－5\%）÷（1－7\%）＋0.05$$
$$＝0.51＋0.05$$
$$＝0.56（元/kW·h）$$

（2）计算自发电价格：

取 $K = 0.83$，则

$$柴油发电机供电价格 = \frac{柴油发电机组（台）时总费用 + 水泵组（台）时总费用}{柴油发电机额定容量之和 \times K \times （1 - 厂用电率）}$$
$$\div （1 - 变配电设备及配电线路损耗率） + 供电设施维修摊销费$$
$$= \frac{140 + 2 \times 258 + 3 \times 16}{1000 \times 0.83 \times （1 - 5\%）} \div （1 - 6\%） + 0.05$$
$$= 0.95 + 0.05$$
$$= 1.00（元/kW \cdot h）$$

（3）计算综合电价：

$$综合电价 = 电网供电电价 \times 95\% + 自发电电价 \times 5\%$$
$$= 0.56 \times 95\% + 1.00 \times 5\%$$
$$= 0.58（元/kW \cdot h）$$

3.4.2 施工用风价格

施工用风主要是指水利水电工程施工过程中用于开挖石方、振捣混凝土、处理基础、输运水泥、安装设备等工程施工机械（如风钻、潜孔钻、风镐、凿岩台车、爬罐、装岩机、振动器等）所需的压缩空气。这些压缩空气一般由自建压缩系统供给。常用的有移动式空压机和固定式空压机。在大型工程中，一般采用多台固定式空压机集中组成压气系统，并以移动式空压机辅助。对于工程量小、布局分散的工程，常采用移动式空压机供风，此时可将其与不同施工机械配套，以空压机台时费乘以台时使用量直接计入工程单价，不再单独计算风价，相应风动机械台时费中不再计算台时耗风价。

1. 施工用风价格的组成

施工用风价格由基本风价、供风损耗摊销费和供风设施维修摊销费组成。

（1）基本风价。基本风价是指根据施工组织设计所配置的供风系统设备，按台时总费用除以台时总供风量计算的单位风量价格。

（2）供风损耗摊销费。供风损耗摊销费是指由压气站至用风工作面的固定供风管道，在输送压气过程中所发生的漏气损耗、压气在管道中流动时的阻力风量损耗摊销费用，其大小与管路敷设质量、管道长短有关。

（3）供风设施维修摊销费。供风设施维修摊销费是指摊入风价的供风管道的维护、修理费用。

2. 施工用风价格的计算

1）采用水泵供冷却水时，计算公式为

$$施工用风价格 = \frac{空气压缩机组（台）时总费用 + 水泵组（台）时总费用}{空气压缩机额定容量之和 \times 60min \times K}$$
$$\div （1 - 供风损耗率） + 供风设施维修摊销费$$

2）采用循环水冷却时，计算公式为

$$施工用风价格 = \frac{空气压缩机组（台）时总费用}{空气压缩机额定容量之和 \times 60min \times K}$$
$$\div （1 - 供风损耗率） + 单位循环冷却水费 + 供风设施维修摊销费$$

式中，K 为空压机能量利用系数，取 0.70～0.85；供风损耗率取 6%～10%；单位冷却水费 0.007 元/m³，供风设施维修摊销费取 0.004～0.005 元/m³。

3. 综合风价的计算

如果同一工程有两个或两个以上供风系统时，综合风价应该根据供风比例加权平均计算。

【例 3.5】 某水利工程施工用风设置有左坝区和右坝区两个供风系统，左坝区和右坝区两个供风系统供风比例为 60∶40。左坝区配置 40 m³/min 的固定式空气压缩机 1 台（台时费为 138 元/台时），20m³/min 的固定式空气压缩机 2 台（台时费为 76 元/台时），冷却用水泵（7kW）1 台（台时费为 16 元/台时）；右坝区配置 20m³/min 的固定式空气压缩机 4 台，9m³/min 的移动式空气压缩机 3 台（台时费为 42 元/台时），冷却用水泵（7kW）1 台。空气压缩机能量利用系数为 0.80，供风损耗率为 10%；供风设施维修摊销费取 0.005 元/m³。试求施工用风价格。

解：（1）计算左坝区供风系统施工供风价格：

$$施工用风价格 = \frac{空气压缩机组（台）时总费用 + 水泵组（台）时总费用}{空气压缩机额定容量之和 \times 60min \times K}$$
$$\div（1-供风水损耗率）+ 供风设施维修摊销费$$
$$= \frac{138 \times 1 + 76 \times 2 + 16}{(40 + 20 \times 2) \times 60 \times 0.80} \div (1-10\%) + 0.005$$
$$= 0.089 + 0.005$$
$$= 0.094 （元/m³）$$

（2）计算右坝区供风系统施工供风价格：

$$施工用风价格 = \frac{空气压缩机组（台）时总费用 + 水泵组（台）时总费用}{空气压缩机额定容量之和 \times 60min \times K}$$
$$\div（1-供风水损耗率）+ 供风设施维修摊销费$$
$$= \frac{76 \times 4 + 42 \times 3 + 16}{(20 \times 4 + 9 \times 3) \times 60 \times 0.80} \div (1-10\%) + 0.005$$
$$= 0.096 + 0.005$$
$$= 0.101 （元/m³）$$

（3）计算综合风价：
$$综合风价 = 0.094 \times 60\% + 0.101 \times 40\% = 0.097 （元/m³）$$

3.4.3 施工用水价格

水利水电工程施工用水包括生产用水和生活用水。生产用水是指施工工艺过程中用水和施工机械用水，主要包括施工机械用水、砂石料筛洗用水、混凝土拌制养护用水、土石坝砂石料压实用水、钻孔灌浆用水等。对生产用水计算水价是计算各种施工机械台班（时）费用和工程单价的依据。生活用水在间接费用内开支，不计入施工用水水价之内。

1. 施工用水价格的组成

施工用水价格由基本水价、供水损耗摊销费和供水设施维修摊销费组成。

（1）基本水价。基本水价是根据施工组织设计所确定的施工期间高峰用水量所配备的供水系统设备（不含备用设备），按台时产量分析计算的单位水量的价格。

（2）供水损耗摊销费。供水损耗摊销费指施工用水在储存、输送、处理过程中，造成水量损失的摊销费。损耗常以损失水量占水泵总流量的损耗率计算。

（3）水设施维修摊销费。供水设施维修摊销费是指摊入水价的蓄水池、供水管路等供水设施的单位维护修理费用。

2. 施工用水价格的计算

施工用水价格按下式计算：

$$施工用水价格 = \frac{水泵组（台）时总费用}{水泵额定容量之和 \times K} \div (1 - 供水损耗率) + 供水设施维修摊销费$$

式中：K 为水泵能量利用系数，取 0.75～0.85；供水损耗率取 6%～10%；供水设施维修摊销费取 0.04～0.05 元/m^3。

3. 水价计算时应注意的几个问题

（1）供水系统为一级供水时，台时总出水量按全部工作水泵的总出水量计算。

（2）供水系统为多级供水时，若全部水量通过最后一级水泵出水，则台时总出水量按最后一级工作水泵的出水量计算，但台时总费用应包括所有各级工作水泵的台时费；若有部分水量不通过最后一级，而由其他各级分别供水时，其组（台）时总出水量为各级出水量之和。

（3）生产用水若为多个供水系统，则可按个系统供水量的比例加权平均计算综合水价。

（4）生产、生活用水采用同一多级水泵供水系统时，若最后一级系供生活用水时，则台时总出水量包括最后一级，但该级台时费不应计算在台时总费用内。凡因生活用水而增加的费用（如净化药品费等）均不应摊入生产用水的单价内。

（5）在计算台时总出水量和台时总费用时，均不包括备用水泵的台时费和容量。

（6）施工用水有循环用水时，水价要根据施工组织设计的供水工艺流程计算。

【例 3.6】 某水利工程施工用水设有两个供水系统，均为一级供水，其中一个系统设 150D30×4 水泵 2 台，包括管路损失总扬程 116m，相应出水流量 150m^3/台时；另一个系统设 100D45×3 水泵 2 台，包括管路损失总扬程 120m，相应出水流量 90m^3/台时。已知水泵台时费分别为 108 元/台时和 88 元/台时，供水损耗率取 10%，供水设施维修摊销费取 0.05 元/m^3。求施工用水价格。

解：取 $K = 0.83$，则

$$施工用水价格 = \frac{水泵组（台）时总费用}{水泵额定容量之和 \times K} \div (1 - 供水损耗率) + 供水设施维修摊销费$$

$$= \frac{108 \times 2 + 88 \times 2}{(108 \times 2 + 88 \times 2) \times 0.8} \div (1 - 10\%) + 0.05$$

$$= 1.02 + 0.05 = 1.07 （元/m^3）$$

任务 3.5 砂石料单价

在水利水电工程建设过程中，由于砂石料的使用量很大，大中型工程一般由施工单位自行采备，自行采备的砂石料必须单独编制单价；小型工程一般可在市场上就近采购。外

购砂石料的单价按编制材料预算价格的方法编制。本节主要介绍自行采备砂石料的单价编制方法。

3.5.1 自行采备砂石料的单价编制

1. 收集基本资料

（1）料场的位置、分布、地形条件、工程地质和水文地质特性、料场砂石料松石状况、杂质或泥土含量、岩石类别及物理力学特性等。

（2）料场的储量、可开采数量、设计需用量。

（3）料场的天然级配组成与设计级配，级配平衡计算成果。

（4）料场覆盖层的清除厚度、数量及其占毛料开采量的比例，覆盖层清除方式等。

（5）砂石料的开采、运输、堆存、加工、筛洗方式。

（6）成品料的运输、堆存方式，弃料处理、运输方式等。

（7）砂石料生产系统的加工工艺流程及设备配置，各生产环节的设计生产能力及相互间的衔接方式。

2. 砂石料生产的工艺流程

（1）覆盖层清除。天然砂石料场表面层的杂草、树木、腐殖土或风化及半风化岩石等覆盖物，在毛料开采前必须清理干净。该工序的单价应根据施工组织设计确定的开挖方式，套用相应概预算定额进行计算，然后摊入砂石料成品单价中。

（2）毛料开采运输。毛料开采运输是指毛料从料场开采、运输到毛料筛分厂堆存处的整个过程。该工序费用应根据施工组织设计确定的施工方法，选用概预算定额相应子目进行计算。

（3）毛料的破碎、筛分、冲洗加工。天然砂石料的破碎、筛分、冲洗加工一般包括预筛分、超径石破碎、筛洗、中间破碎、二次筛分、堆存及废料清除等工序。人工砂石料的加工包括破碎（一般分为粗碎、中碎、细碎）、筛分（一般分为预筛、初筛、复筛）、清洗等过程。编制破碎筛洗加工单价时，应根据施工组织设计确定的施工机械、施工方法，套用相应概预算定额相应子目进行计算。

（4）成品运输。成品运输是指经过筛洗加工后的成品料，运至混凝土搅拌楼前调节料仓或与搅拌楼上料胶带输送机相接为止。运输方式根据施工组织设计确定，运输单价采用概算定额相应的子目进行计算。

（5）弃料处理。弃料处理是指因天然砂砾料中的自然级配组合与设计采用级配组合不同而产生的弃料处理的过程。该部分费用应摊入成品骨料单价内。

具体采用以上哪些工序，要根据料场天然级配和混凝土生产时所需骨料确定其组合。水利部现行定额（2002年）按不同的生产规模，列出了通用工艺设备，砂石料的生产工艺可根据需要进行组合。

3. 确定砂石料单价计算参数

计算参数是指砂石料生产流程中各工序的工序单价系数。主要有以下几种：

（1）覆盖层清除单价系数。覆盖层清除单价系数即为覆盖层清除摊销率，是指覆盖层的清除量占设计成品骨料总用量的比例，计算公式为

覆盖层清除摊销率＝覆盖层清除量(t)÷设计成品骨料总用量(t)×100％

如果各料场清除覆盖层性质与施工方法不同，应分别计算各料场覆盖层清除摊销率。

（2）毛料采运单价系数。毛料采运单价系数按水利部现行定额（2002 年）确定，其中天然砂砾料采运单价系数按砂砾料筛洗定额表中砂砾料采运量除以定额数量确定；砾石原料采运单价系数按人工砂石料加工定额表中碎石原料量（包含含泥量）除以定额数量确定。

（3）超径石破碎单价系数。超径石破碎（进行一次或两次）单价系数即为超径石破碎摊销率。超径石如果破碎利用，则需将其破碎单价按超径石破碎摊销率摊入到成品骨料单价中。计算公式为

超径石破碎工序单价系数＝超径石破碎量(t)÷设计成品骨料总用量(t)×100％

（4）中间破碎单价系数。中间破碎单价系数即为中间破碎摊销率。计算公式为

中间破碎工序单价系数＝中间破碎量(t)÷设计成品骨料总用量(t)×100％

（5）二次筛分单价系数。如果骨料需要进行二次筛分，则需将二次筛分工序单价按二次筛分单价系数摊入到成品骨料单价中去。

二次筛分工序单价系数＝二次筛分量(t)÷设计成品骨料总用量(t)×100％

（6）含泥碎石预洗单价系数。含泥碎石预洗单价系数按照水利部现行定额（2002 年）分章说明规定确定。

（7）弃料处理单价系数。砂石料加工过程中，有部分废弃的砂石料，在砂石骨料单价计算中，施工损耗已在定额中考虑，不再计入弃料处理摊销费，只对级配弃料和超径弃料、剩余骨料弃料分别计算摊销费。如施工组织设计规定某种弃料需挖装运出至指定弃料地点时，则还应计算这一部分运出弃料摊销费。

弃料处理单价系数即为弃料处理摊销率，计算公式为

弃料处理摊销率＝弃料处理量÷设计成品骨料总用量×100％

级配弃料摊销率＝级配弃料量÷设计成品骨料总用量×100％

超径石弃料摊销率＝超径石弃料量÷设计成品骨料总用量×100％

剩余骨料弃料摊销率＝剩余骨料弃料量÷设计成品骨料总用量×100％

弃料处理单价应按弃料处理摊销率摊入到成品骨料单价中。

此外，砂砾料筛洗、人工制碎石、人工制砂、人工制碎石和砂、成品（半成品）运输等工序的工序单价系数均为 1.0。

4. 计算砂石料各工序单价

（1）覆盖层清除单价。覆盖层清除单价以自然方计，根据施工组织设计确定的施工方法，采用土石方工程相应定额编制工序单价，该工序单价可按比例摊入骨料成品单价中。

（2）毛料开采运输单价。毛料（砂砾料或碎石原料）开采运输单价应根据施工组织设计确定的施工方法，结合砂石料加工厂生产规模，采用水利部现行概预算定额（2002 年）第六章"砂石备料工程"中相应定额子目编制概预算单价。

（3）预筛分及超径石破碎单价。根据施工组织设计确定的施工方法，采用水利部现行概预算定额（2002 年）第六章"砂石备料工程"中相应定额子目编制概预算单价。

（4）筛分冲洗及中间破碎工序单价。直接套用筛洗定额计算。

（5）成品骨料运输单价。根据施工组织设计确定的施工方法，采用水利部现行概预算定额（2002 年）第六章"砂石备料工程"中相应定额子目编制成品骨料运输概预算单价。

（6）弃料处理单价：

超径石弃料摊销单价＝（砂砾料开采运输单价＋预筛分单价＋超径石弃料运输单价）
×超径石弃料摊销率

剩余骨料弃料摊销单价＝成品骨料单价×剩余骨料弃料摊销率

级配弃料摊销单价＝（砂砾料开采运输单价＋预筛分单价＋筛洗单价
＋级配弃料运输单价）×级配弃料摊销率

5. 根据拟定砂石料生产工艺流程计算砂石料综合单价

砂石料综合单价等于各工序单价分别乘以其单价系数后累加。在砂石料综合单价计算中，如弃料用于其他工程项目，应按可利用量的比例从砂石料单价中扣除。

水利部颁发的（水总〔2014〕429 号文）《水利工程设计概（估）算编制规定》中规定，水利工程所用砂石料由承包商自行采备时，其单价应计入直接费、间接费、企业利润和税金。

6. 计算砂石料单价时应注意以下几个问题

（1）本节定额计量单位，除注明者外，毛料开采、运输一般为成品方（堆方、码方），砂石料加工等内容为成品重量（t）。计量单位之间的换算如无实际资料时，可参考表3.10 中数据。

（2）计算人工碎石加工单价时，如生产碎石的同时，附带生产人工砂，其数量不超过总量的 10％，则可采用单独制碎石定额计算其单价；如果生产碎石的同时，生产的人工砂的数量通常超过总量的 11％，则适用于同时制碎石和砂的加工工艺，并套用同时制碎石和砂定额分别计算其单价。

（3）在计算砂砾料（或碎石原料）采运单价时，如果有几个料场，或有几种开采运输方式时，应分别编制单价后用加权平均方法计算毛料采运综合单价。

（4）弃料单价应为选定处理工序处的砂石料单价。在预筛时产生的超径石弃料单价，其筛洗工序单价可按砂砾料筛洗定额中的人工和机械台时数量各乘以 0.2 的系数计价，并扣除用水。若余弃料需转运到指定地点时，其运输单价应按砂石备料工程有关定额子目计算。

表 3.10   砂 石 料 密 度 参 考 表

砂石料类别	天然砂石料			人工砂石料		
	松散砂砾混合料	分级砾石	砂	碎石原料	成品碎石	成品砂
密度/(t/m³)	1.74	1.65	1.55	1.76	1.45	1.50

（5）根据施工组织设计，砂石加工厂的预筛粗碎车间与成品筛洗车间距离超过 200m时，应按半成品料运输方式及相关定额计算其单价。

【例 3.7】 某施工企业自行采备砂石料，试计算砂石料单价，已知：

（1）施工组织设计确定的砂石料加工工艺流程为：覆盖层清除 → 毛料开采运输 →

预筛分、超径石破碎运输 → 筛洗、运输 → 成品骨料运输。其中预筛分、超径石破碎、筛洗、运输工序中需将其弃料运至指定地点。

（2）工序单价：

覆盖层清除：11.61 元/m³。

弃料运输：12.38 元/m³。

粗骨料：毛料开采运输 10.98 元/m³；预筛分、超径石破碎运输 7.06 元/m³；筛洗、运输 9.26 元/m³；成品骨料运输 7.98 元/m³。

砂：毛料开采运输 14.33 元/m³；预筛分、超径石破碎运输 7.16 元/m³；筛洗、运输 8.35 元/m³；成品骨料运输 16.01 元/m³。

（3）设计砂石料用量 137.5 万 m³，其中粗骨料 97.9 万 m³，砂 39.6 万 m³；料场覆盖层 15.8 万 m³，成品储备量 145.2 万 m³。超径石弃料 3.72 万 m³，粗骨料级配弃料 23.43 万 m³，砂级配弃料 5.17 万 m³。

解：（1）砂石料基本单价计算：

基本单价＝毛料开采运输＋预筛分、超径石破碎运输＋筛洗、运输＋成品运输

粗骨料基本单价＝ 10.98＋7.06＋9.26＋7.98＝35.28（元/m³）

砂基本单价＝14.33＋7.16＋8.35＋16.01＝45.85（元/m³）

（2）砂石料摊销单价计算：

覆盖层清除摊销单价＝覆盖层清除单价×覆盖层清除摊销率

＝11.61×15.8÷145.2＝1.26（元/m³）

超径石弃料摊销单价＝超径石弃料单价×超径石弃料摊销率

＝(10.98＋7.06＋12.38)×3.72÷97.9

＝1.16（元/m³）

粗骨料级配弃料摊销单价＝粗骨料级配弃料单价×级配弃料摊销率

＝(10.98＋7.06＋9.26＋12.38)×23.43÷97.9

＝9.50（元/m³）

砂级配弃料摊销单价＝砂级配弃料单价×砂级配弃料摊销率

＝（14.33＋7.16＋8.35＋12.38）×5.17÷39.6

＝5.51（元/m³）

（3）砂石料综合单价计算：

砂石料综合单价＝基本单价＋摊销单价

粗骨料综合单价＝35.28＋1.26＋1.16＋9.50＝47.20（元/m³）

砂综合单价＝45.85＋1.26＋5.51＝52.62（元/m³）

3.5.2 自行采备块石料石单价的编制

砂石料中除了砂砾料、砂、卵（砾）石、碎石外，还包括块石、片石、条石、料石。

自行采备块石、片石、条石、料石单价是指开采满足工程要求的石料并运至工地施工现场指定堆料点所需的单位费用。一般包括料场覆盖层（杂草、树木、腐殖土、风化与弱风化岩石及夹泥层等覆盖层）清除、石料开采、加工（修凿）、运输、堆存，以及以上施

工过程中的损耗等。在块石、片石、条石、料石加工及运输各节概预算定额中，均已考虑了开采、加工、运输、堆存损耗因素在内，计算概预算单价时不另计系数和损耗。

$$J_石 = fF + D_1 + D_2$$

式中　$J_石$——自采块石、片石、条石、料石单价，片石、块石单价以元/m³成品码方计，料石、条石以元/m³清料方计；

　　　　f——覆盖层清除摊销率，指覆盖层清除量占需用石料方量的比例，%；

　　　　F——覆盖层清除单价，元/m³；

　　　　D_1——石料开采加工单价，根据岩石级别、石料种类和施工方法按定额相应子目计算，元/m³；

　　　　D_2——石料运输堆存单价，根据施工方法和运距按定额相应子目计算，元/m³。

3.5.3　外购砂石料单价的编制

外购砂石料按材料预算价格计算方法，根据市场实际情况和有关规定计算其原价、运杂费和采购及保管费。

水总〔2014〕429号文《水利工程设计概（估）算编制规定》规定：外购砂、碎石（砾石）、块石、料石等材料预算价格超过 70 元/m³时，应按基价 70 元/m³计入工程单价参加取费，预算价格与基价的差额以材料补差形式进行计算，材料补差列入单价表中并计取税金。

任务 3.6　混凝土、砂浆材料单价

3.6.1　混凝土、砂浆材料单价的组成

混凝土、砂浆材料单价是指配制 1m³ 混凝土、砂浆所需原材料（如水泥、砂、石、水、外加剂、掺合料等）的费用之和。它不包含混凝土、砂浆搅拌及混凝土拌和物运输、振捣、养护等所需费用在内，所需费用应分别在相应的定额子目计取。

根据设计确定的不同工程部位的混凝土及砂浆强度等级、级配和龄期，确定混凝土、砂浆各组成材料的用量，再分别计算出每立方米混凝土、砂浆材料单价，计入相应的混凝土工程概预算单价内。其混凝土配合比的各项材料用量，应根据工程试验提供的资料计算，若没有相应试验资料，也可参照现行部颁定额附录"混凝土、砂浆配合比及材料用量表"计算。

当采用商品混凝土时，其材料单价应按基价 200 元/m³计入工程单价参加取费，预算价格与基价的差额以材料补差形式进行计算，材料补差列入单价表中并计取税金。

3.6.2　混凝土、砂浆材料单价的计算

混凝土、砂浆材料单价的计算公式为

混凝土、砂浆材料单价＝∑（某材料用量×某材料预算单价）

式中某材料是指构成混凝土、砂浆的水泥、砂、石、水、外加剂、掺合料等。

【例 3.8】 某水利工程中某部位采用掺粉煤灰混凝土材料（掺粉煤灰量 25%，取代系数 1.3），采用的混凝土为 C20 三级配，混凝土用 P.O 32.5 普通硅酸盐水泥。已知混凝土各组成材料的预算价格为：P.O 32.5 普通硅酸盐水泥 410 元/t，中砂 80 元/m³，碎石 60 元/m³，水 0.80 元/m³，粉煤灰 250 元/t，外加剂 5.0 元/kg。试计算该混凝土材料的预算单价。

解： (1) 查《水利水电工程预算定额》附录 7 "掺粉煤灰混凝土材料配合比及材料用量"，查得 C20（三级配），水泥 32.5 的混凝土配合比材料预算量如下：水泥 178kg，粉煤灰 79kg，粗砂 0.40m³，卵石 0.95m³，外加剂 0.36kg，水 0.125m³。

根据水总〔2014〕429 号文《水利工程设计概（估）算编制规定》规定，水泥基价 300 元/t，砂子基价 70 元/m³。

(2) 计算混凝土材料的预算单价（表 3.11）。

表 3.11　　　　　　　　　　　混凝土材料单价计算表

编号	名称及规格	单位	预算量	调整系数	预算单价/元	基价/元	合价/元	价差/元
一	C20（三级配）	m³					177.41	27.36
1	水泥（32.5 级）	kg	178	1.07×1.10	0.41	0.3	62.85	23.05
2	粉煤灰	kg	79	1.07×1.10	0.25		23.25	
3	中砂	m³	0.40	0.98×1.10	80	70	30.18	4.31
4	碎石	m³	0.95	0.98×1.06	60	70	59.21	
5	外加剂	kg	0.36		5		1.8	
6	水	m³	0.125	1.07×1.10	0.8		0.12	

3.6.3　混凝土及砂浆材料单价计算注意事项

使用现行部颁定额附录"混凝土、砂浆配合比及材料用量表"，应注意以下几个方面：

(1) 除碾压混凝土材料配合比参考表外，混凝土强度等级均是按 28 天龄期用标准试验方法测得的具有 95% 保证率的抗压强度标准值来确定的；如设计龄期超过 28 天，应按设计龄期的强度等级乘以折算系数，折算成 28 天龄期的强度等级方可使用混凝土材料配合比表。换算系数见表 3.12。

表 3.12　　　　　　　　　　不同龄期混凝土强度等级换算系数

设计龄期/d	28	60	90	180
强度等级折算系数	1.00	0.83	0.77	0.71

折算后结果如介于定额附录混凝土配合比材料用量表中两个强度等级之间时，应选用高一级的混凝土等级。如，某大坝混凝土采用 90 天龄期设计强度等级为 C25，则折算成 28 天龄期设计强度等级为：C25×0.77≈C19，其结果介于 C15～C20，则混凝土的强度等级取 C20，即按配合比表中强度等级为 C20 的混凝土配合比确定其各材料用量。

(2) 混凝土材料配合比表各材料用量是按卵石、粗砂拟定的，如实际采用碎石或中砂时，应对配合比表中的各材料用量按表 3.13 进行换算（注：粉煤灰的换算系数同水泥的换算系数）。

表 3.13 混凝土配合比各材料用量换算系数

项目	水泥	砂	石子	水
卵石换为碎石	1.10	1.10	1.06	1.10
粗砂换为中砂	1.07	0.98	0.98	1.07
粗砂换为细砂	1.10	0.96	0.97	1.10
粗砂换为特细砂	1.16	0.90	0.95	1.16

注 1. 水泥按重量计，砂、石、水按体积计。

2. 若实际采用碎石和中砂时，则总的换算系数应为各单项换算系数的乘积。

（3）埋块石混凝土材料用量的调整。埋块石混凝土，应按配合比表的材料用量，扣除埋块石实体的数量计算。

$$埋块石混凝土材料量＝配合表列材料用量×[1－埋块石率(\%)]$$
$$1 块石实体方＝1.67 码方$$

因埋块石增加的人工工时见表 3.14。

表 3.14 埋块石混凝土人工工时增加量

埋块石率/%	5	10	15	20
每 100m³ 埋块石混凝土增加人工工时	24.0	32.0	42.4	56.8

（4）当采用的水泥与混凝土材料配合比表中的不同时，应对配合表中的水泥用量进行调整，见表 3.15。

表 3.15 水泥强度等级换算系数表

原强度等级	代换强度等级		
	32.5	42.5	52.5
32.5	1.00	0.86	0.76
42.5	1.16	1.00	0.88
52.5	1.31	1.13	1.00

（5）除碾压混凝土材料配合比参考表外，混凝土配合表中各材料的预算量包括场内运输及操作损耗，不包括搅拌后（熟料）的运输和浇筑损耗，搅拌后的运输和浇筑损耗已根据不同浇筑部位计入定额内。

（6）水泥用量按机械搅拌拟定，若人工搅拌，则水泥用量增加 5%。

思 考 与 练 习 题

1. 某水利枢纽工程所用钢筋从一大型钢厂供应，火车整车运输。普通 A3 光面钢筋占35%，低合金 20MnSi 螺纹钢占 65%。按下列已知条件，计算钢筋预算价格。

（1）出厂价（表 3.16）：

表 3.16 各种钢筋预算价格表

名称及规格	单位	出厂价/元	名称及规格	单位	出厂价/元
A3，ϕ10 以下	t	4250	20MnSiϕ20～25	t	4400
A3，ϕ16～18	t	4150	20MnSiϕ25 以外	t	4350

（2）运输方式及距离（图 3.1）：

图 3.1 运输方式及距离图

（3）运价：

1）铁路：火车运输整车零担比 70：30，整车装载系数 0.90；火车出库装车综合费 5.40 元/t，卸车费 1.15 元/t；转运站费用 4.0 元/t。

2）公路：汽车运价 0.55 元/(t·km)；汽车装车费 2.0 元/t、卸车费 1.6 元/t。

3）运输保险费率为 8‰。

4）毛重系数为 1。

2．已知某水利枢纽工程人工预算单价为：工长 11.80 元/工时，高级工 10.92 元/工时，中级工 9.15 元/工时，初级工 6.38 元/工时；汽油预算单价为 7.5 元/kg，柴油预算单价为 6.8 元/kg。计算该工程 20t 自卸汽车台时费。

3．某水利工程中某部位采用掺粉煤灰混凝土材料（掺粉煤灰量 25%，取代系数 1.3），采用的混凝土为 C20 三级配，混凝土用 P.O 32.5 普通硅酸盐水泥。已知混凝土各组成材料的预算价格为：P.O 32.5 普通硅酸盐水泥 420 元/t，中砂 80 元/m³，碎石 75 元/m³，水 1.05 元/m³，粉煤灰 250 元/t，外加剂 5.0 元/kg。试计算该混凝土材料单价。

项目4　建筑与安装工程单价

学习目标与学习要点

本项目主要学习土方工程单价、石方工程单价、堆砌石工程单价、混凝土工程单价、模板工程单价、基础处理工程单价、设备安装工程单价的编制方法。通过本项目的学习，掌握水利水电建筑与安装工程单价的编制方法，以及具有正确编制水利水电建筑与安装工程单价的能力。

任务4.1　建筑与安装工程单价编制

4.1.1　概述

建筑与安装工程单价，简称工程单价，指完成单位工程量（如1m³、1t、1台等）所耗用的直接费、间接费、利润、材料补差和税金的全部费用。各费用的含义及组成详见项目1中的水利水电工程费用构成。

建筑与安装工程单价，是编制水利水电工程建筑与安装工程费用的基础。工程单价编制工作量大，且细微复杂，必须认真细致，高度重视。

工程单价由"量、价、费"三要素组成。

量，指完成单位工程量所需的人工、材料和施工机械台时的数量。需根据设计图纸及施工组织设计方案等资料，正确选用定额相应子目确定。

价，指人工预算单价、材料预算价格和施工机械台时费等基础单价。

费，指按规定计入工程单价的其他直接费、间接费、利润和税金的取费标准。需按《水利工程设计概（估）算编制规定》的取费标准确定。

4.1.2　建筑工程单价的编制

4.1.2.1　编制方法

1. 直接费

（1）基本直接费：

$$人工费＝\sum[定额劳动量（工时）\times 人工预算单价（元/工时）]$$

$$材料费＝\sum（定额材料用量\times 材料预算单价）$$

$$机械使用费＝\sum[定额机械使用量（台时）\times 施工机械台时费（元/台时）]$$

（2）其他直接费：

$$其他直接费＝基本直接费\times 其他直接费费率之和$$

2．间接费

$$间接费＝直接费×间接费费率$$

3．利润

$$利润＝（直接费＋间接费）×利润率$$

4．材料补差

$$材料补差＝\sum[（材料预算价格－材料基价）×材料消耗量]$$

5．税金

$$税金＝（直接费＋间接费＋利润＋材料补差）×税率$$

6．建筑工程单价

$$建筑工程单价＝直接费＋间接费＋利润＋材料补差＋税金$$

说明：建筑工程单价含有未计价材料（如输水管道）时，其格式参照安装工程单价。

4.1.2.2　取费标准

1．其他直接费

（1）冬雨季施工增加费。根据不同地区，按基本直接费的百分率计算：西南区、中南区、华东区取 0.5%～1.0%，华北区取 1.0%～2.0%，西北区、东北区取 2.0%～4.0%，西藏自治区取 2.0%～4.0%。

西南区、中南区、华东区中，按规定不计冬季施工增加费的地区取小值，计算冬季施工增加费的地区可取大值；华北区中，内蒙古等较严寒地区可取大值，其他地区取中值或小值；西北区、东北区中，陕西、甘肃等省取小值，其他地区可取中值或大值。各地区包括的省（自治区、直辖市）如下：

1）华北地区：北京、天津、河北、山西、内蒙古等 5 个省（自治区、直辖市）。

2）东北地区：辽宁、吉林、黑龙江等 3 个省。

3）华东地区：上海、江苏、浙江、安徽、福建、江西、山东等 7 个省（直辖市）。

4）中南地区：河南、湖北、湖南、广东、广西、海南等 6 个省（自治区）。

5）西南地区：重庆、四川、贵州、云南等 4 个省（直辖市）。

6）西北地区：陕西、甘肃、青海、宁夏、新疆等 5 个省（自治区）。

（2）夜间施工增加费。按基本直接费的百分率计算。

1）枢纽工程：建筑工程 0.5%，安装工程 0.7%。

2）引水工程：建筑工程 0.3%，安装工程 0.6%。

3）河道工程：建筑工程 0.3%，安装工程 0.5%。

（3）特殊地区施工增加费。特殊地区施工增加费指在高海拔、原始森林、沙漠等特殊地区施工而增加的费用，其中高海拔地区施工增加费已计入定额，其他特殊增加费应按工程所在地区规定标准计算，地方没有规定的不得计算此项费用。

（4）临时设施费。按基本直接费的百分率计算。

1）枢纽工程：建筑及安装工程 3.0%。

2）引水工程：建筑及安装工程 1.8%～2.8%。若工程自采加工人工砂石料，费率取上限；若工程自采加工天然砂石料，费率取中值；若工程采用外购砂石料，费率取下限。

3）河道工程：建筑及安装工程 1.5%～1.7%。灌溉田间工程取下限，其他工程取中上限。

（5）安全生产措施费。按基本直接费的百分率计算。

1）枢纽工程：建筑及安装工程2.0%。

2）引水工程：建筑及安装工程1.4%～1.8%。一般取下限标准，隧洞、渡槽等大型建筑物较多的引水工程、施工条件复杂的引水工程取上限标准。

3）河道工程：建筑及安装工程1.2%。

（6）其他。按基本直接费的百分率计算。

1）枢纽工程：建筑工程1.0%，安装工程1.5%。

2）引水工程：建筑工程0.6%，安装工程1.1%。

3）河道工程：建筑工程0.5%，安装工程1.0%。

特别说明：

（1）砂石备料工程其他直接费费率取0.5%。

（2）掘进机施工隧洞工程其他直接费取费费率执行以下规定：土石方类工程、钻孔灌浆及锚固类工程其他直接费费率为2%～3%；掘进机由建设单位采购、设备费单独列项时，台时费中不计折旧费，土石方类工程、钻孔灌浆及锚固类工程其他直接费费率为4%～5%。敞开式掘进机费率取低值，其他掘进机取高值。

2．间接费

根据工程性质不同，间接费标准划分为枢纽工程、引水工程、河道工程三部分标准，间接费费率见表4.1。

表4.1 间 接 费 费 率 表

序号	工程类别	计算基础	间接费费率/%		
			枢纽工程	引水工程	河道工程
一	建筑工程				
1	土方工程	直接费	7	4～5	3～4
2	石方工程	直接费	11	9～10	7～8
3	砂石备料工程（自采）	直接费	4	4	4
4	模板工程	直接费	8	6～7	5～6
5	混凝土浇筑工程	直接费	8	7～8	6～7
6	钢筋制安工程	直接费	5	4	4
7	钻孔灌浆工程	直接费	9	8～9	8
8	锚固工程	直接费	9	8～9	8
9	疏浚工程	直接费	6	6	5～6
10	掘进机施工隧洞工程（1）	直接费	3	3	3
11	掘进机施工隧洞工程（2）	直接费	5	5	5
12	其他工程	直接费	9	7～8	6
二	机电、金属结构设备安装工程	人工费	75	70	70

引水工程：一般取下限标准，隧洞、渡槽等大型建筑物较多的引水工程、施工条件复杂的引水工程取上限标准。

河道工程：灌溉田间工程取下限，其他工程取上限。

工程类别划分说明：

（1）土方工程。包括土方开挖与填筑等。

（2）石方工程。包括石方开挖与填筑、砌石、抛石工程等。

（3）砂石备料工程。包括天然砂砾料和人工砂石料的开采加工。

（4）模板工程。包括现浇各种混凝土时制作及安装的各类模板工程。

（5）混凝土浇筑工程。包括现浇和预制各种混凝土、伸缩缝、止水、防水层、温控措施等。

（6）钢筋制安工程。包括钢筋制作与安装工程等。

（7）钻孔灌浆工程。包括各种类型的钻孔灌浆、防渗墙、灌注桩工程等。

（8）锚固工程。包括喷混凝土（浆）、锚杆、预应力锚索（筋）工程等。

（9）疏浚工程。指用挖泥船、水力冲挖机组等机械疏浚江河、湖泊的工程。

（10）掘进机施工隧洞工程（1）。包括掘进机施工土石方类工程、钻孔灌浆及锚固类工程等。

（11）掘进机施工隧洞工程（2）。指掘进机设备单独列项采购并且在台时费中不计折旧费的土石方类工程、钻孔灌浆及锚固类工程等。

（12）其他工程。指除表中所列 11 类工程以外的其他工程。

3．利润

利润按直接费和间接费之和的 7% 计算。

4．税金

为了计算简便，在编制概算时，可按下列公式和税率计算：

$$税金＝（直接费＋间接费＋利润＋材料补差）×计算税率$$

（注：若建筑、安装工程中含未计价装置性材料费，则计算税金时应计入未计价装置性材料费。）

$$计算税率＝\frac{1}{1－营业税税率×（1＋城乡维护建设税率＋教育费附加税率）}－1$$

现行计算税率标准为：建设项目在市区的取 3.48%，建设项目在县城镇的取 3.41%，建设项目在市区或县城镇以外的取 3.28%，国家对税率标准调整时，可以相应调整计算标准。

4.1.3　建筑工程单价的编制

1．建筑工程单价编制步骤

建筑工程单价编制步骤如下：

（1）了解工程概况，熟悉设计文件与设计图纸，收集编制依据（如工程定额、基础单价、费用标准等）。

（2）根据施工组织设计确定的施工方法，结合工程特征、施工条件、施工工艺和设备配备情况，正确选用定额子目。

（3）将本工程人工、材料、机械等的基础单价分别乘以定额的人工、材料、机械设备的消耗量，将计算所得的人工费、材料费、机械使用费相加，可得基本直接费。

（4）根据基本直接费和各项费用标准计算其他直接费、间接费和利润，当存在材料价差时计算材料补差，再计算税金，并汇总求得工程单价。

2. 建筑工程单价表的编制

建筑工程单价在实际工程中一般采用列表法，工程单价表按如下步骤编制：

（1）按定额编号、项目名称、单位、数量等分别填入表中相应栏内。其中"项目名称"一栏，应填写得详细、具体，如混凝土要分强度等级和级配等。

（2）将定额中的人工、材料、机械等消耗量，以及相应的人工预算单价、材料预算价格和机械台时费分别填入表中相应各栏。

（3）按"消耗量×单价"的方法，得出相应的人工费、材料费和机械使用费，相加得出基本直接费。

（4）根据规定的费率标准，计算其他直接费、间接费、利润、材料补差和税金，汇总即得出该工程单价。

建筑工程单价计算程序见表4.2。

表4.2　　　　　　　　　　　　　建筑工程单价计算程序表

序　号	项　　目	计　算　方　法
（一）	直接费	（1）＋（2）
（1）	基本直接费	①＋②＋③
①	人工费	∑（定额人工工时数×人工预算单价）
②	材料费	∑（定额材料用量×材料预算单价）
③	机械使用费	∑（定额机械台时用量×机械台时费）
（2）	其他直接费	（1）×其他直接费费率
（二）	间接费	（一）×间接费费率
（三）	利润	［（一）＋（二）］×利润率
（四）	材料补差	∑［定额材料用量×（材料预算价格－材料基价）］
（五）	税金	［（一）＋（二）＋（三）＋（四）］×税率
（六）	工程单价	（一）＋（二）＋（三）＋（四）＋（五）

4.1.4　安装工程单价的编制

安装工程单价的编制见任务4.8。

任务4.2　土方工程单价编制

土方工程包括土方挖运、土方填筑两大类。影响土方工程单价的主要因素有：土的级别、取（运）土距离、施工方法、施工条件、质量要求等，土方工程定额也是按上述影响因素划分节和子目的，所以根据工程情况正确选用定额是编好土方工程单价的关键。

4.2.1　土方开挖、运输

1. 挖土

挖土分为一般土方开挖，挖沟槽、渠、柱坑、洞井等。

（1）一般土方开挖定额，适用于一般明挖土方工程和上口宽超过 16m 的渠道及上口面积大于 80m² 的柱坑土方工程。

（2）渠道土方开挖定额，适用于上口宽不大于 16m 的梯形断面、长条形、底边需要修整的渠道土方工程。

（3）沟槽土方开挖定额，适用于上口宽不大于 4m 的矩形断面或边坡陡于 1∶0.5 的梯形断面，长度大于宽度 3 倍的长条形，只修底不修边坡的土方工程，如截水墙、齿墙等各类墙基和电缆沟等。

（4）柱坑土方开挖定额，适用于上口面积不大于 80m²、长度小于宽度 3 倍、深度小于上口短边长度或直径、四侧垂直或边坡陡于 1∶0.5、不修边坡只修底的柱坑工程，如集水井、柱坑、机座等工程。

（5）平洞土方开挖定额，适用于水平夹角不大于 6°、断面面积大于 2.5m² 的各型隧洞洞挖工程。

（6）斜井土方开挖定额，适用于水平夹角为 6°～75°、断面面积大于 2.5m² 的各型隧洞洞挖工程。

（7）竖井土方开挖定额，适用于水平夹角大于 75°、断面面积大于 2.5m²、深度大于上口短边长度或直径的洞挖工程，如抽水井、闸门井、交通井、通风井等。

（8）砂砾（卵）石开挖和运输，按Ⅳ类土定额计算。

编制土方开挖单价时，应根据设计开挖方案，考虑影响开挖的因素，选择相应定额子目计算。

2. 运土

将开挖的土方运输至指定地点。土方的运输包括集料、装土、运土、卸土、卸土场整理等工序。

土方开挖的土料一般都有运输要求，通常需要编制挖运综合单价。土方工程定额中编入了大量的挖运综合子目，可直接套用编制挖运综合单价。如果设计挖运方案与定额中的挖运子目不同时，须分别套用开挖与装运定额计算基本直接费，然后将其合并计算综合单价。

【例 4.1】　辽宁省某水利枢纽工程坝基开挖，采用 2m³ 挖掘机挖装（河床覆盖层为砂砾石），18t 自卸汽车运输，运距为 2km，计算坝基土方开挖工程预算单价。

已知：工程地点位于辽宁省义县某农村，柴油预算价格为 6500 元/t。

解：（1）确定基础单价：

1）该工程位于辽宁省义县某农村，查《水利工程设计概（估）算编制规定》，人工预算单价为：工长 11.80 元/工时，高级工 10.92 元/工时，中级工 9.15 元/工时，初级工 6.38 元/工时。

2）柴油预算价格为 6500 元/t，基价为 3500 元/t。

3）计算施工机械台时费。查《水利工程施工机械台时费定额》可知：

a. 2m³ 挖掘机，定额编号 1011。

$$台时费：147.30＋2.7×9.15＋20.2×3.5＝242.71（元/台时）$$

$$燃料费价差：20.2×（6.5－3.5）＝60.6（元/台时）$$

b. 18t 自卸汽车，定额编号 3018

$$台时费＝79.20＋1.3×9.15＋14.9×3.5＝143.25（元/台时）$$

$$燃料费价差＝14.9×（6.5－3.5）＝44.7（元/台时）$$

c. 59kW 推土机，定额编号 1042

$$台时费：24.31＋2.4×9.15＋8.4×3.5＝75.67（元/台时）$$

$$燃料费价差：8.4×（6.5－3.5）＝25.2（元/台时）$$

（2）确定各种取费费率：

查《水利工程设计概（估）算编制规定》，其他直接费：冬雨季施工增加费 2.5%，夜间施工增加费 0.5%，临时设施费 3.0%，安全生产措施费 2.0%，其他 1.0%，其他直接费费率之和为 9%；间接费费率 7%；利润率 7%；税率 3.28%。

（3）计算坝基土方开挖工程预算单价：

查《水利建筑工程预算定额》，定额编号为 10372，计算过程见表 4.3。

表 4.3　　　　　　　　　　　建 筑 工 程 单 价 表

单价编号		项目名称		坝基土方开挖	
定额编号	10372		定额单位	100m³	
施工方法	2m³ 挖掘机挖装，18t 自卸汽车运输，运距为 2km，Ⅳ类土				
编号	名称及规格	单位	数量	单价/元	合价/元
一	直接费				1098.27
（一）	基本直接费				1007.59
1	人工费				29.90
	初级工	工时	4.3×1.09	6.38	29.90
2	材料费				38.75
	零星材料费	%	4	968.84	38.75
3	机械使用费				938.94
	反铲挖掘机，2m³	台时	0.64×1.09	242.71	169.31
	推土机，59kW	台时	0.32×1.09	75.67	26.39
	自卸汽车，18t	台时	4.76×1.09	143.25	743.24
（二）	其他直接费	%	9	1007.59	90.68
二	间接费	%	7	1098.27	76.88
三	利润	%	7	1175.15	82.26

续表

编号	名称及规格	单位	数量	单价/元	合价/元
四	材料补差				282.98
	反铲挖掘机，2m³	台时	0.64×1.09	60.6	42.27
	推土机，59kW	台时	0.32×1.09	25.2	8.79
	自卸汽车，18t	台时	4.76×1.09	44.7	231.92
五	税金	%	3.28	1540.39	50.52
	合　　计				1590.91
	工程单价	元/m³			15.91

注　计算材料补差时，也可以计算出柴油的总消耗量，按柴油的总消耗量进行材料补差计算。

坝基土方开挖工程预算单价为 15.91 元/m³。

4.2.2　土方填筑

水利工程中的土坝、堤防、道路等都有大量的土方填筑。土方填筑工程一般分为土坝（堤）填筑和一般土方填筑两种。土方填筑主要由土料开采运输、压实两大工序组成，此外一般还有覆盖层清除、土料处理等辅助工序。在编制土方填筑工程概预算单价时，一般不单独编制覆盖层清除、土料处理、土料开采运输、压实等工序单价，而是编制综合单价。

1. 料场覆盖层清除

料场覆盖层土料一般不合格，需要进行清除，清除的费用应按相应比例摊入填筑单价内。

2. 土料处理

当土料的含水量不符合规定要求时，应采取料场排水、分层取土等措施，如仍不符合要求，应加以翻晒、分区集中堆放或加水处理等措施，其费用按比例摊入土方填筑工程单价。

3. 土料开采运输

土方挖运定额的计量单位为自然方，而土方填筑综合单价为成品压实方（坝上方）。采用《水利建筑工程预算定额》计算土料挖运工序单价时，应考虑土料的体积变化和施工损耗等影响，即根据预算定额计算的挖运工序单价应再乘以成品实方折算系数，折算系数按下式计算：

$$成品实方折算系数 = (1+A) \times \frac{设计干密度}{自然干密度}$$

式中，A 为综合系数，包括开挖、上坝运输、雨后清理、边坡削坡、接缝削坡、施工沉陷、取土坑、试验坑和不可避免的压坏等损耗因素。

根据不同的施工方法和坝料，按表 4.4 选取 A 值，使用时不再调整。

表 4.4　　　　　　　　　　　　　综合系数 A

项　目	A/%	项　目	A/%
机械填筑混合坝体土料	5.86	人工填筑心（斜）墙土料	3.43
机械填筑均质坝坝体土料	4.93	坝体砂砾料、反滤料	2.20
机械填筑心（斜）墙土料	5.70	坝体堆石料	1.40
人工填筑坝体土料	3.43		

在《水利建筑工程概算定额》中，土料压实定额已将压实所需土料运输方量（自然方）列出，无需折算。

4. 压实

水利水电工程土方填筑一般要求标准较高。由于筑坝材料、压实标准、碾压机具等不相同，其工效也不同。所以，土方压实定额按压实机械的类型及压实干重度划分节和子目。

（1）土料填筑预算单价。在《水利建筑工程预算定额》中，无填筑综合定额，可先按分项定额计算出各工序单价，再按下式计算填筑综合单价：

$$J_填 = J_覆\, f_覆 + J_{处理}\, f_{处理} + J_{挖运}(1+A)\frac{\gamma_设}{\gamma_天} + J_压$$

$$f_覆 = \frac{覆盖层清除量（自然方）}{填筑总量（压实方）} \times 100\%$$

$$f_{处理} = \frac{土料处理量（自然方）}{填筑总量（压实方）} \times 100\%$$

式中　　$J_填$——填筑综合单价，元/m³（压实方）；

　　　　$J_覆$——覆盖层清除单价，元/m³（自然方）；

　　　　$f_覆$——覆盖层清除摊销率；

　　　$J_{处理}$——土料处理单价，元/m³（自然方）；

　　　　$f_{处理}$——土料处理摊销率；

　　　$J_{挖运}$——土料挖运单价，元/m³（自然方）；

　　　　$\gamma_设$——填筑设计干重度，kN/m³；

　　　　$\gamma_天$——土料料场天然干重度，kN/m³；

　　　　$J_压$——土料压实单价，元/m³（压实方）。

（2）土料填筑概算单价。现行《水利建筑工程概算定额》土方挖运工序已包含在压实定额中。编制土料压实概算单价时，可将压实定额中所列"土料运输"量乘以土方挖运基本直接费单价，再乘以坝面施工干扰系数 1.02 计算压实单价。将覆盖层清除及土料处理等单价按比例摊入压实单价，即可求得土方填筑综合概算单价。

5. 使用定额应注意的问题

（1）土方定额的计量单位，除注明外，均按自然方计算（如定额中挖土、推土、运土）。自然方指未经扰动的自然状态的土方；松方指自然方经人工或机械开挖而松动过的土方；实方指填筑（回填）并经过压实后的成品方（如土方压实和土石坝填筑综合定额）。在编制单价时应注意统一计量单位。

（2）概、预算定额中，土质级别及岩石级别按土石十六级分类法划分，其中前四级为土类级别。砂砾（卵）石开挖和运输定额，按Ⅳ类土定额计算。

（3）挖掘机或装载机挖装土料自卸汽车运输定额系按挖装自然方拟定，如挖松土时，其中人工及挖装机械乘以 0.85 的系数。

（4）汽车运输定额，适用于水利工程施工路况 10km 以内的场内运输，运距超过 10km 时，超过部分按增运 1km 台时数乘以 0.75 系数计算。使用时不另计高差折平和路面等级系数（包括人工挑抬、胶轮车、人力推车等运输）。

（5）《水利建筑工程预算定额》中挖掘机、轮斗挖掘机或装载机挖装土（含渠道土方）自卸汽车运输各节，适用于Ⅲ类土，Ⅰ、Ⅱ类土人工、机械乘以 0.91 的系数；Ⅳ类土乘以 1.09 的系数。《水利建筑工程概算定额》则是按土的级别划分子目，无需调整。

（6）推土机的推土距离和铲运机的铲运距离是指取土中心至卸土中心的平均距离。推土机推运松土时，定额乘以 0.8 的系数。

（7）土方洞挖定额中轴流通风机台时数量，按一个工作面长 200m 拟定，如超过 200m，定额乘表 4.5 的系数。

表 4.5　　　　　　　　　　　　轴流通风机台时调整系数

工作面长度/m	200	300	400	500	600	700	800	900	1000
调整系数	1.00	1.33	1.50	1.80	2.00	2.28	2.50	2.78	3.00

【例 4.2】　辽宁省某黏土心墙砂壳坝，坝长 2000m，心墙设计工程量为 50 万 m^3，设计干密度 16.67kN/m^3，土料天然干密度为 15.19kN/m^3，土料含水量大，土料上坝前在料场用三铧犁进行翻晒处理，土壤级别为Ⅲ类土。求黏土心墙的填筑综合预算单价。

已知：（1）覆盖层为Ⅱ类土，清除量 2 万 m^3，由 74kW 推土机推运 100m 弃土。

（2）料场翻晒中心距坝址左岸坝头 4km，翻晒后由 3m^3 装载机配 20t 自卸汽车装运上坝，16t 轮胎碾压实。

（3）人工预算单价：工长 11.80 元/工时，高级工 10.92 元/工时，中级工 9.15 元/工时，初级工 6.38 元/工时。

（4）材料预算价格：柴油 6500 元/t，电 1.0 元/kW·h。

（5）费率：其他直接费费率 9%；间接费费率 7%；利润率 7%；税率 3.28%。

其他条件见单价分析表。

解：（1）计算施工机械台时费：

查《水利工程施工机械台时费定额》，计算结果见表 4.6。

表 4.6　　　　　　　　　　　　施工机械台时费计算表

定额编号	机械名称及规格	台时费/元	其中					燃料费价差
			折旧费	修理及替换设备费	安拆费	人工费	动力燃料费	
1041	推土机，55kW	69.69	7.14	12.50	0.44	21.96	27.65	23.70
1042	推土机，59kW	75.67	10.80	13.02	0.49	21.96	29.40	25.20

续表

定额编号	机械名称及规格	台时费/元	其中					燃料费价差
			折旧费	修理及替换设备费	安拆费	人工费	动力燃料费	
1043	推土机，74kW	101.73	19.00	22.81	0.86	21.96	37.10	31.80
1044	推土机，88kW	122.91	26.72	29.07	1.06	21.96	44.10	37.80
1060	拖拉机，55kW	56.44	3.80	4.56	0.22	21.96	25.90	22.20
1061	拖拉机，59kW	62.52	5.70	6.84	0.37	21.96	27.65	23.70
1062	拖拉机，74kW	78.18	9.65	11.38	0.54	21.96	34.65	29.70
1135	三铧犁	1.87	0.51	1.36				
1133	缺口耙	2.29	0.58	1.71				
1031	装载机，3m³	184.37	51.15	38.37		11.90	82.95	71.10
3019	自卸汽车，20t	151.97	50.53	32.84		11.90	56.70	48.60
1094	刨毛机	67.48	8.36	10.87	0.39	21.96	25.90	22.20
1095	蛙式打夯机，2.8kW	21.98	0.17	1.01		18.30	2.50	0.00
1077	轮胎碾，16t	29.27	13.51	15.76				

（2）计算各工序单价：

查《水利建筑工程预算定额》，计算结果见表 4.7～表 4.10。

表 4.7　　建筑工程单价表

单价编号				项目名称		覆盖层清除
定额编号		10273		定额单位		100m³
施工方法		74kW 推土机推土，Ⅱ类土，推运 100m 弃土				
编号	名称及规格	单位	数量	单价/元		合计/元
一	直接费					580.15
（一）	基本直接费					532.25
1	人工费					38.28
	初级工	工时	6.0	6.38		38.28
2	材料费					48.39
	零星材料费	%	10	483.86		48.39
3	机械使用费					445.58
	推土机，74kW	台时	4.38	101.73		445.58
（二）	其他直接费	%	9	532.25		47.90
二	间接费	%	7	580.15		40.61
三	利润	%	7	620.76		43.45
四	材料补差					139.28
	推土机，74kW	台时	4.38	31.80		139.28
五	税金	%	3.28	803.49		26.35
	合　计					829.84
	工程单价	元/m³				8.30

表 4.8　　　　　　　　　　　　　　　　建 筑 工 程 单 价 表

单价编号		项目名称		土料翻晒
定额编号	10463	定额单位		100m³
施工方法		三铧犁翻晒土料		

编号	名 称 及 规 格	单 位	数 量	单价/元	合计/元
一	直接费				604.70
（一）	基本直接费				554.77
1	人工费				211.82
	初级工	工时	33.2	6.38	211.82
2	材料费				26.42
	零星材料费	%	5	528.35	26.42
3	机械使用费				316.53
	三铧犁	台时	0.95	1.87	1.78
	拖拉机，59kW	台时	0.95	62.52	59.39
	缺口吧	台时	1.90	2.29	4.35
	拖拉机，55kW	台时	1.90	56.44	107.24
	推土机，59kW	台时	1.90	75.67	143.77
（二）	其他直接费	%	9	554.77	49.93
二	间接费	%	7	604.70	42.33
三	利润	%	7	647.03	45.29
四	材料补差				112.58
	拖拉机，59kW	台时	0.95	23.70	22.52
	拖拉机，55kW	台时	1.90	22.20	42.18
	推土机，59kW	台时	1.90	25.20	47.88
五	税金	%	3.28	804.90	26.40
	合 计				831.30
	工程单价	元/m³			8.31

表 4.9　　　　　　　　　　　　　　　　建 筑 工 程 单 价 表

单价编号		项目名称		土料装运
定额编号	10417	定额单位		100m³
施工方法		3m³装载机装 20t 自卸汽车运输，运距 5km（松土）		

编号	名 称 及 规 格	单 位	数 量	单价/元	合计/元
一	直接费				1318.74
（一）	基本直接费				1209.85
1	人工费				19.01

续表

编号	名 称 及 规 格	单 位	数 量	单价/元	合计/元
	初级工	工时	3.5×0.85	6.38	19.01
2	材料费				35.24
	零星材料费	%	3	1174.61	35.24
3	机械使用费				1155.60
	装载机，3m³	台时	0.65×0.85	184.37	101.40
	推土机，88kW	台时	0.33	122.91	40.56
	自卸汽车，20t	台时	6.67	151.97	1013.64
（二）	其他直接费	%	9	1209.85	108.89
二	间接费	%	7	1318.74	92.31
三	利润	%	7	1411.05	98.77
四	材料补差				375.74
	装载机，3m³	台时	0.65×0.85	71.10	39.11
	推土机，88kW	台时	0.33	37.80	12.47
	自卸汽车，20t	台时	6.67	48.60	324.16
五	税金	%	3.28	1885.56	61.85
	合 计				1947.41
	工程单价	元/m³			19.47

表 4.10 建 筑 工 程 单 价 表

单价编号			项目名称	土 料 压 实	
定额编号		10471	定额单位	100m³	
施工方法		16t轮胎碾压实土料，设计干密度为16.67kN/m³			
编号	名 称 及 规 格	单 位	数 量	单价/元	合计/元
一	直接费				420.09
（一）	基本直接费				385.40
1	人工费				135.26
	初级工	工时	21.2	6.38	135.26
2	材料费				35.04
	零星材料费	%	10	350.36	35.04
3	机械使用费				215.10
	轮胎碾，16t	台时	0.99	29.27	28.98
	拖拉机，74kW	台时	0.99	78.18	77.40
	推土机，74kW	台时	0.50	101.73	50.87
	蛙式打夯机，2.8kW	台时	1.00	21.98	21.98
	刨毛机	台时	0.50	67.48	33.74
	其他机械费	%	1	212.97	2.13

续表

编号	名称及规格	单位	数量	单价/元	合计/元
（二）	其他直接费	％	9	385.4	34.69
二	间接费	％	7	420.09	29.41
三	利润	％	7	449.5	31.47
四	材料补差				56.40
	拖拉机，74kW	台时	0.99	29.70	29.40
	推土机，74kW	台时	0.50	31.80	15.90
	刨毛机	台时	0.50	22.20	11.10
五	税金	％	3.28	537.37	17.63
	合　计				555.00
	工程单价	元/m³			5.55

（3）计算黏土心墙填筑综合预算单价：

$$8.30 \times \frac{2 \times 10^4}{50 \times 10^4} + (8.31 + 19.47) \times (1 + 0.057) \times \frac{16.67}{15.19} + 5.55 = 37.28 （元/m^3）$$

任务 4.3　石方工程单价编制

石方工程包括石方开挖、运输和支撑等内容。

4.3.1　石方开挖

1. 石方开挖分类

石方开挖按施工条件（开挖方式）分为明挖和暗挖两大类；按施工方法分为人工打孔爆破法、机械钻孔爆破法和掘进机开挖等几种。

现行部颁石方定额是按工程部位、开挖断面尺寸、开挖方式、岩石级别等划分子目，编制单价时应注意正确选用定额相应子目。

石方开挖类型有明挖和暗挖两类。明挖包括一般石方、一般坡面石方、沟槽石方、坡面沟槽石方、坑石方、保护层石方、基础石方；暗挖包括平洞石方、斜井石方、竖井石方、地下厂房石方。

《水利建筑工程概算定额》和《水利建筑工程预算定额》石方开挖分类及其特征见表4.11。

表 4.11　　　　　　　　　　　石方开挖类型划分表

开挖类型		特　征	
		概算定额	预算定额
明挖	一般石方	底宽>7m的沟槽；上口面积>160m²的坑；倾角≤20°、开挖厚度大于5m（垂直于设计面的平均厚度）的坡面；一般明挖石方工程	
	一般坡面石方	倾角>20°、开挖厚度≤5m的坡面	
	沟、槽石方	底宽≤7m、两侧垂直或有边坡的长条形石方开挖	

开挖类型		特　征	
		概算定额	预算定额
明挖	坡面沟槽石方	槽底轴线与水平夹角＞20°的沟槽石方	
	坑石方	上口面积≤160m²、深度≤上口短边长度或直径的工程	
	保护层石方	无此项目（其他分项定额中已综合了保护层开挖等措施）	设计规定不允许破坏岩层结构的石方开挖
	基础石方	不同深度的基础石方开挖	无此项目（已包含在其他分项定额中）
暗挖	平洞石方	洞轴线与水平夹角≤6°的洞挖工程	
	斜井石方	井轴线与水平夹角成45°～75°的洞挖；井轴线与水平夹角成6°～45°的洞挖，按斜井石方开挖定额乘0.90系数计算	
	竖井石方	井轴线与水平夹角＞75°、上口面积＞5m²、深度大于上口短边长度或直径的石方开挖工程	
	地下厂房石方	地下厂房或窑洞式厂房开挖	

2．定额内容

石方开挖以自然方计。定额包括钻孔、爆破、撬移、解小、翻渣、清面、修整断面、安全处理、洞挖施工排烟、排水、挖排水沟等工作，但不包括隧洞支撑和锚杆支护，其费用应根据工程设计资料单独列项计算。

《水利建筑工程概算定额》石方开挖已按各部位的不同要求，根据规范规定分别考虑了预裂爆破、光面爆破、保护层开挖等措施。例如，厂坝基础开挖定额中已考虑了预裂和保护层开挖措施，所以无需再单独编制预裂爆破和保护层开挖单价。

《水利建筑工程预算定额》对保护层和预裂、防震等措施均单独列项，不包括在各项石方开挖定额中。

4.3.2　石渣运输

石渣运输定额计量单位为自然方。

石渣运输可分为人力运输（即人力挑抬、双胶轮车、轻轨斗车等）和机械运输（汽车、电瓶机车运输等）。石渣运输又可分为露天运输和洞内运输。挖掘机或装载机装石渣、汽车运输各节定额，露天与洞内的区分，按挖掘机或装载机装车地点确定；洞内运距按工作面长度的一半计算，当一个工程有几个弃渣场时，可按弃渣量比例计算加权平均运距。

4.3.3　石方工程单价的计算

1．石方开挖单价

《水利建筑工程概算定额》石方开挖各节子目中，均已计入了允许的超挖量和合理的施工附加量所消耗的人工、材料和机械的数量及费用，编制概算单价时不得另计超挖和施工附加工程量所需的费用。

《水利建筑工程预算定额》石方开挖各节子目中，未计入允许的超挖量和施工附加量所消耗的人工、材料和机械的数量及费用。编制石方开挖预算单价时，需将允许的超挖量及合理的施工附加量，按占设计工程量的比例计算摊销率，然后将超挖量和施工附加量所需的费用乘以各自的摊销率后计入石方开挖单价。施工规范允许的超挖石方，可按超挖石方定额（如平洞、斜、竖井超挖石方）计算其费用。合理的施工附加量的费用按相应的石方开挖定额计算。

2. 石渣运输单价

石渣运输定额与土方运输定额类似，也按装运方法和运输距离划分节和子目。

编制石渣运输单价，当有洞内外连续运输时，应分别套用不同的定额子目。洞内运输部分，套用"洞内"运输定额的"基本运距"及"增运"子目；洞外运输部分，套用"露天"定额的"增运"子目。洞内和洞外为非连续运输（如洞内为斗车，洞外为自卸汽车）时，洞外运输部分应套用"露天"定额的"基本运距"及"增运"子目。

3. 石方工程综合单价

石方开挖综合单价是指包含石渣运输费用的开挖单价。

《水利建筑工程预算定额》石方开挖定额中没有列出石渣运输量，应分别计算石方开挖与石渣运输单价，并考虑允许的超挖量及合理的施工附加量的费用分摊，再合并计算开挖综合预算单价。

《水利建筑工程概算定额》石方开挖定额各节子目中均列有"石渣运输"项目，该项目的数量，已包括完成定额单位所需增加的超挖量和施工附加量。编制概算单价时，将石渣运输基本直接费单价代入开挖定额中，便可计算石方开挖工程综合单价。

4. 使用定额编制石方工程单价应注意的问题

（1）概预算定额中，岩石共分为十二个等级，即十六级划分法的五至十六级。石方开挖定额子目中，岩石最高级别为 XIV 级，当岩石级别大于 XIV 级时，可按相应各节 XIII ～XIV 级岩石开挖定额乘以表 4.12 调整系数计算。

表 4.12　　　　　　　　　　　　　岩石级别影响系数表

项　目	人　工	材　料	机　械
风钻为主各节定额	1.30	1.10	1.40
潜孔钻为主各节定额	1.20	1.10	1.30
液压钻、多臂钻为主各节定额	1.15	1.10	1.15

（2）洞挖定额中的通风机台时数量系按一个工作面长 400m 拟定，如超过 400m 时，应按表 4.13 系数对定额通风机台时数量进行修正，当工作面长度介于表中两个长度之间时可用插入法计算调整系数。

表 4.13　　　　　　　　　　　　　通风机台时调整系数表

隧洞工作面长度/m	400	500	600	700	800	900	1000	1100	1200
系　　数	1.00	1.20	1.33	1.43	1.50	1.67	1.80	1.91	2.00
隧洞工作面长度/m	1300	1400	1500	1600	1700	1800	1900	2000	
系　　数	2.15	2.29	2.40	2.50	2.65	2.78	2.90	3.00	

（3）《水利建筑工程预算定额》中，预裂爆破、防震孔、插筋孔均适用于露天施工，若为地下工程，定额中人工、机械应乘以1.15系数。

（4）石方开挖定额中的炸药，应根据不同施工条件和开挖部位采用不同的品种，其价格一律按1～9kg包装的炸药计算。炸药的品种、型号按表4.14确定。

表4.14　　　　　　　　　　　　炸药代表型号规格表

项　　　　目	代　表　型　号
一般石方开挖	2号岩石铵梯炸药
边坡、槽、坑、基础、保护层石方开挖	2号岩石铵梯炸药和4号抗水岩石铵梯炸药各半
平洞、斜井、竖井、地下厂房石方开挖	4号抗水岩石铵梯炸药

（5）定额材料中所列"合金钻头"，指风钻（手提式、气腿式）所用的钻头；"钻头"指液压履带钻或液压凿岩台车所用的钻头。定额中的其他材料费，包括了石方开挖所需的脚手架、操作平台、棚架、漏斗等的搭拆摊销费，以及炮泥、燃香、火柴等零星材料费。

【例4.3】　某水利枢纽工程有一条圆形引水隧洞，总长3km，纵坡2‰，开挖直径7m，设一条长100m的施工支洞，岩石级别为Ⅻ级，高程380m。试计算引水隧洞综合预算开挖单价。已知：

（1）施工布置如图4.1所示。

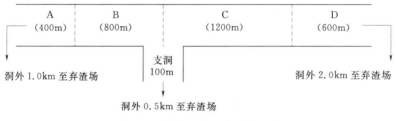

图4.1　某隧洞施工平面布置图

（2）施工方法：石方开挖采用三臂液压凿岩台车钻孔；洞内采用1m³挖掘机装石渣8t自卸汽车运输至弃渣场。

（3）工程超挖量为设计断面开挖量的6%，工程附加量为设计开挖量的7%。

（4）材料预算价格：柴油6500元/t，炸药8500元/t，其他材料价格见单价表。

（5）其他条件见单价表。

人工、材料、台时费等单价见单价表。

解：（1）计算各工作面承担主洞工程权重：

设进口控制段400m为A段，支洞控制段800m为B段，支洞控制段1200m为C段，出口控制段600m为D段。则各段所占主洞工程权重，A段为400/3000＝13.33%，B段为800/3000＝26.67%，C段为1200/3000＝40.00%，D段为600/3000＝20.00%。

（2）计算通风机综合系数。通风机综合系数采用加权计算为1.704。计算过程见表4.15。

表 4.15 通风机综合系数计算表

编号	通风长度/m	通风机调整系数	权重/%	通风机权重系数
A	400	1.00	13.33	0.133
B	800＋100＝900	1.67	26.67	0.445
C	1200＋100＝1300	2.15	40.00	0.860
D	600	1.33	20.00	0.266
通风机综合调整系数			100	1.704

（3）计算石渣运输综合运距：

1）洞内运输综合运距。洞内运输综合运距计算过程见表 4.16。计算结果为 500.01m，取 500m。

表 4.16 洞内运输综合运距计算表

编号	洞内运渣计算长度/m	权重/%	洞内综合运距/m
A	400÷2＝200	13.33	26.66
B	800÷2＋100＝500	26.67	133.35
C	1200÷2＋100＝700	40.00	280.00
D	600÷2＝300	20.00	60.00
合　计		100	500.01

2）洞外运输综合运距。洞外运输综合运距：

$1000 \times 13.33\% + 500 \times 26.67\% + 500 \times 40.00\% + 2000 \times 20.00\% = 867$ （m）。

（4）计算各工序预算单价。查《水利建筑工程预算定额》，计算结果见表 4.17～表 4.19。

表 4.17 建 筑 工 程 单 价 表

单价编号			项目名称	平洞石方开挖	
定额编号	20191，20195		定额单位	100m³	
施工方法	三臂液压凿岩台车，岩石级别级Ⅻ，开挖断面积 38.47m²，底坡 0.11°（2‰）				
编号	名 称 及 规 格	单 位	数 量	单 价/元	合 计/元
一	直接费				9057.87
（一）	基本直接费				8309.97
1	人工费				2421.51
	工长	工时	9.1	11.8	107.38
	中级工	工时	107.6	9.15	984.54
	初级工	工时	208.40	6.38	1329.59
2	材料费				2227.20
	钻头，$\phi45$	个	0.63	260.00	163.80
	钻头，$\phi102$	个	0.01	480.00	4.80
	钻杆	m	0.87	70.00	60.90
	炸药	kg	151.12	6.00	906.72

续表

编号	名 称 及 规 格	单 位	数 量	单价/元	合 计/元
	毫秒雷管	个	116.61	2.50	291.53
	导爆管	m	786.68	0.45	354.01
	其他材料费	%	25.00	1781.76	445.44
3	机械使用费				3661.26
	凿岩台车，三臂	台时	2.10	735.23	1543.98
	平台车	台时	1.40	124.51	174.31
	轴流通风机，55kW	台时	15.89×1.704	67.82	1836.33
	其他机械费	%	3.00	3554.62	106.64
（二）	其他直接费	%	9.00	8309.97	747.90
二	间接费	%	11.00	9057.87	996.37
三	利润	%	7.00	10054.24	703.80
四	材料补差				490.36
	凿岩台车，三臂	台时	2.10	21.60	45.36
	平台车	台时	1.40	48.00	67.20
	炸药	kg	151.12	2.50	377.80
五	税金	%	3.28	11248.40	368.95
	合　计				11617.35
	工程单价	元/m³			116.17

表 4.18　　　　　　　　　建 筑 工 程 单 价 表

单价编号		项目名称	石渣运输
定额编号	20423，20422	定额单位	100m³
施工方法	1m³ 挖掘机装 8t 自卸汽车，洞内运 500m，洞外运 867m		

编号	名 称 及 规 格	单 位	数 量	单价/元	合 计/元
一	直接费				2114.56
（一）	基本直接费				1939.96
1	人工费				143.55
	初级工	工时	22.50	6.38	143.55
2	材料费				38.04
	零星材料费	%	2.00	1901.92	38.04
3	机械使用费				1758.37
	挖掘机，1m³	台时	3.39	140.13	475.04
	推土机，88kW	台时	1.70	122.91	208.95
	自卸汽车，8t	台时	10.92+2.2×0.867	83.74	1074.38
（二）	其他直接费	%	9.00	1939.96	174.60
二	间接费	%	11.00	2114.56	232.60

续表

编号	名 称 及 规 格	单 位	数 量	单价/元	合 计/元
三	利润	%	7.00	2347.16	164.30
四	材料补差				608.39
	挖掘机，1m³	台时	3.39	44.70	151.53
	推土机，88kW	台时	1.70	37.80	64.26
	自卸汽车，8t	台时	10.92+2.2×0.867	30.60	392.60
五	税金	%	3.28	3119.85	102.33
	合　计				3222.18
	工程单价	元/m³			32.22

表 4.19 　　　　　　　　　建 筑 工 程 单 价 表

单价编号			项目名称		平洞石方超挖	
定额编号		20379，20383		定额单位	100m³	
施工方法		三臂液压凿岩台车，岩石级别Ⅻ，开挖断面积38.47m²，底坡0.11°（2‰）				
编号	名 称 及 规 格	单 位	数 量	单价/元	合 计/元	
一	直接费				1158.48	
（一）	基本直接费				1062.83	
1	人工费				1062.83	
	工长	工时	3.13	11.8	36.93	
	中级工	工时	15.52	9.15	142.01	
	初级工	工时	138.54	6.38	883.89	
2	材料费				0.00	
3	机械使用费				0.00	
（二）	其他直接费	%	9.00	1062.83	95.65	
二	间接费	%	11.00	1158.48	127.43	
三	利润	%	7.00	1285.91	90.01	
四	材料补差				0.00	
五	税金	%	3.28	1375.92	45.13	
	合计				1421.05	
	工程单价	元/m³			14.21	

（5）计算引水隧洞综合预算开挖单价：

1）平洞石方开挖单价。平洞石方开挖单价为 116.17 元/m³。

2）平洞石方超挖摊销单价。平洞石方超挖单价为 14.21 元/m³；其摊销单价为 14.21 ×6%＝0.85（元/m³）。

3）施工附加量摊销单价。施工附加量单价计算可套用平洞石方开挖定额，故施工附加量单价与平洞石方开挖单价相同。其摊销单价为 116.17×7%＝8.13（元/m³）。

4）石渣运输单价。石渣运输定额中不包括超挖和施工附加量部分，应将超挖和施工附加量所需费用分摊到石渣运输单价中。其摊销后的石渣运输单价为 $32.22 \times (1+7\%+6\%) = 36.41$（元/m³）。

5）引水隧洞综合预算开挖单价。引水隧洞综合预算开挖单价为 $116.17+0.85+8.13+36.41 = 161.56$（元/m³）。

任务 4.4　堆砌石工程单价编制

堆砌石工程包括堆石、砌石、抛石等，因其能就地取材、施工技术简单、造价低而在我国应用较广泛。

4.4.1　堆石坝填筑单价

堆石坝填筑可分为堆石料备料、堆石料运输、压实等工序，编制工程单价时，采用单项定额计算各工序单价，然后再编制填筑综合单价。

1. 填筑料单价

堆石坝填筑料按其填筑部位的不同，分为反滤料区、过渡料区和堆石区等，需分别列项计算。编制填筑料单价时，可将料场覆盖层（包括无效层）清除等辅助项目费用摊入开采单价中，形成填筑料单价。其计算公式为

$$填筑料单价 = \frac{覆盖层清除费用}{填筑料总方量（自然方或成品堆方）} + 填筑料开采单价（自然方或成品堆方）$$

式中，覆盖层清除费用可根据施工方法套用土方和石方工程相应定额计算。填筑料开采单价计算可分为以下两种情况：

（1）填筑料不需加工处理。对于堆石料，其单价可按砂石备料工程碎石原料开采定额计算，计量单位为堆方；对于天然砂石料，可按土方开挖工程砂砾（卵）石采运定额（按Ⅳ类土计）计算填筑料挖运单价，计量单位为自然方。

（2）填筑料需加工处理。这类堆石料一般对粒径有一定的要求，其开采单价是指在石料场堆存点加工为成品堆方的单价，可参照项目三中自采砂石料单价计算方法计算，计量单位为成品堆方。对有级配要求的反滤料和过渡料，应按砂及碎（卵）石的数量和组成比例，采用综合单价。

（3）利用基坑等开挖弃渣作为堆石料时，不需计算备料单价，只需计算上坝运输费用。

2. 填筑料运输单价

填筑料运输单价指从砂石料开采场或成品堆料场装车并运输上坝至填筑工作面的工序单价，包括装车、运输上坝、卸车、空回等费用。

（1）从石料场开采堆石料（碎石原料）直接上坝，运输单价套用砂石备料工程"碎石原料"运输定额计算运输单价，计量单位为"成品堆方"。

（2）自成品供料场上坝的物料运输，采用砂石备料工程定额相应子目计算运输单价，计量单位为"成品堆方"，其中反滤料运输采用骨料运输定额。

（3）利用基坑等的开挖石渣作为堆石料时，运输单价采用石方开挖工程的"石渣运输"定额计算运输单价，计量单位为"自然方"。

3. 堆石坝填筑单价

堆石坝填筑以建筑成品实方计。填筑料压实定额是按碾压机械和分区材料划分节和子目。对于过渡料，如果无级配要求时，可采用"砂砾料"定额子目，如有级配要求，需经筛分处理时，则应采用"反滤料"定额子目。

（1）堆石坝填筑概算单价。《水利建筑工程概算定额》堆石坝物料压实定额按自料场直接运输上坝与自成品供料场运输上坝两种情况分别编制，应根据施工组织设计方案正确选用定额子目。

1）从料场直接运输上坝。砂石料压实定额，列有"砂石料运输（自然方）"项，适用于不需加工就可直接装运上坝的天然砂砾料和利用基坑开挖的石渣料等的填筑，编制填筑工程单价时，只需将物料的装运基本直接费单价（对天然砂砾料包括覆盖层清除摊销费用）计入压实定额的"砂石料运输"项，即可根据压实定额编制堆石坝填筑的综合概算单价。

2）从成品供料场运输上坝。砂石料压实定额，列有"砂砾料、堆石料、反滤料"等项和"砂石料运输（堆方）"项，适用于需开采加工为成品料后再运输上坝的物料（如反滤料、砂砾料、堆石料等）填筑。在编制填筑单价时，将"砂砾料、堆石料、反滤料"等填筑料基本直接费单价（或外购填筑料单价），以及自成品供料场运输至填筑部位的"砂石料运输"基本直接费单价，分别计入堆石坝物料压实定额，计算堆石坝填筑的综合概算单价。

（2）堆石坝填筑预算单价。《水利建筑工程预算定额》堆石坝物料压实在砌石工程定额中编列，定额中没有将物料压实所需的填筑料量及其运输方量列出，根据压实定额编制的单价仅仅是压实工序的单价；编制堆石坝填筑综合预算单价时，还应考虑填筑料的单价和填筑料运输的单价。

$$堆石坝填筑预算单价＝（填筑料预算单价＋填筑料运输预算单价）×（1＋A）× K_v$$
$$＋填筑料压实预算单价$$

式中　　A——综合系数；

K_v——体积换算系数，根据填筑料的来源参考表4.20进行折算。

4. 编制堆石坝填筑单价应注意的问题

（1）《水利建筑工程概算定额》土石坝物料压实已计入了从石料开采到上坝运输、压实过程中所有的损耗及超填、施工附加量，编制概（估）算单价时不得加计任何系数。《水利建筑工程概算定额》土石坝物料压实定额是按填筑土石坝拟定的，如为非土石堤、坝的一般土料、砂石料压实，其人工、机械定额乘以0.8的系数。

（2）《水利建筑工程概算定额》堆石坝物料压实定额中的反滤料、垫层料填筑定额，其砂和碎石的数量比例可按设计资料进行调整。

（3）编制土石坝填筑综合概算单价时，根据定额相关章节子目计算的物料运输上坝基本直接费单价应乘以坝面施工干扰系数1.02后代入压实定额。

（4）堆石坝分区使各区石料粒（块）径相差很大，各区石料所耗工料不一定相同，如堆石坝体下游堆石体所需的特大块石需人工挑选，而石料开采定额很难体现这些因素，在编制概（估）算单价时应注意这一问题。

（5）采用现行《水利建筑工程概算定额》三—19节"（1）自料场直接运输上坝"中的［30075］～［30085］等定额子目计算土石坝填筑单价时，零星材料费的计算基数不含土料及砂石料运输费。

4.4.2 砌石工程单价

1. 砌石材料

（1）定额计量单位。砌石工程所用石料定额计量单位，除注明外，均按"成品方"计算；砂、碎石为堆方，块石、卵石为码方，条石、料石为清料方。如无实测资料时，不同计量单位间体积换算关系可参考表4.20。

表 4.20   石方松实系数换算表

项　目	自然方	松方	实方	码方	备　注
土方	1	1.33	0.85		
石方	1	1.53	1.31		
砂方	1	1.07	0.94		
混合料	1	1.19	0.88		
块石	1	1.75	1.43	1.67	包括片石、大卵石

注 1. 松实系数是指土石料体积的比例关系，供一般土石方工程换算时参考。
　　2. 块石实方指堆石坝坝体方，块石松方即块石堆方。

（2）石料的规格与标准。定额中石料规格及标准说明见表4.21。

表 4.21   石 料 规 格 标 准 表

名　称	规 格 标 准
块石	指厚度大于20cm，长、宽各为厚度的2～3倍，上下两面平行且大致平整，无尖角、薄边的石块
碎石	指经破碎、加工分级后，料径大于5mm的石块
卵石	指最小料径大于20cm的天然河卵石
料石	指毛条石经修边打荒加工，外露面方正，各相邻面正交，表面凸凹不超过10mm的石料
毛条石	指一般长度大于60cm的长条形四棱方正的石料
砂砾石	指天然砂卵石混合料
堆石料	指山场岩石经爆破后，无一定规格、无一定大小的任意石料
反滤料、过渡料	指土石坝或一般堆砌石工程的防渗体与坝壳之间的过渡区石料，由粒径、级配均有一定要求的砂、砾石（碎石）组成

（3）石料单价。各种石料作为材料在计算其单价时分三种情况。第一种是外购石料，其单价按材料预算价格编制；第二种是施工企业自采石料，其单价计算按项目3所述方法计算；第三种是从开挖石渣中捡集块石、片石，此时石料单价只计人工捡石费用及从捡集石料地点到施工现场堆放点的运输费用。

（4）浆砌石砂浆单价。砂浆单价，应根据设计砂浆的强度等级，按试验所确定的材料配合比，并考虑施工损耗量确定材料预算量，乘以材料预算价格进行计算。如果无试验资料，可按定额附录中的砌筑砂浆材料配合比表确定材料的预算量。

2. 砌筑工程单价

砌石工程单价按不同的工程项目、施工部位及施工方法套用相应定额。砌石包括干砌石和浆砌石，对于干砌石，只需将砌石材料单价代入砌筑定额，便可编制砌筑工程单价；对于浆砌石，将石料、砂浆半成品的价格代入砌筑定额即可编制浆砌石工程单价。

3. 编制砌石工程单价应注意的问题

（1）石料自料场至施工现场堆放点的运输费用，应计入石料单价内。施工现场堆放点至工作面的场内运输费已包括在砌石工程定额内，不得重复计费。

（2）料石砌筑定额包括了砌体外露的一般修凿，如设计要求作装饰性修凿，应另行增加修凿所需的人工费。

（3）浆砌石定额中已计入了一般要求的勾缝，如设计有防渗要求高的开槽勾缝，应增加相应的人工和材料费。砂浆拌制费用已包含在定额内。

（4）砌石工程定额中的石料数量已经考虑了施工操作损耗和体积变化因素。

【例 4.4】　编制某堆石坝堆石料填筑概算综合单价。

已知：（1）堆石料开采：150 型潜孔钻钻孔，深孔爆破，岩石级别 X 级。

（2）堆石料运输：自堆石料场用 3m³ 装载机装石渣 20t 自卸汽车运 3.0km 上坝；利用坝基和导流洞开挖的弃渣，自弃渣场用 3m³ 装载机装石渣 20t 自卸汽车运 2.0km 上坝。

（3）堆石料压实：采用 14t 振动碾压实。

（4）坝体填筑，弃渣占填筑总量的 12%，开采的堆石料占填筑总量的 88%。

（5）材料预算价格：风 0.15 元/m³，柴油 6.5 元/kg，电 1.0 元/kW·h。

（6）其他条件见单价计算表。

解：（1）计算施工机械台时费。查《水利工程施工机械台时费定额》，计算结果见表 4.22。

表 4.22　　　　　　　　　　　　施工机械台时费计算表

定额编号	机械名称及规格	台时费/元	其中					燃料费价差
			折旧费	修理及替换设备费	安拆费	人工费	动力燃料费	
1043	推土机，74kW	101.73	19.00	22.81	0.86	21.96	37.10	31.80
1045	推土机，103kW	143.61	32.91	35.64	1.30	21.96	51.80	44.40
1062	拖拉机，74kW	78.18	9.65	11.38	0.54	21.96	34.65	29.70
1031	装载机，3m³	184.37	51.15	38.37		11.90	82.95	71.10
3019	自卸汽车，20t	151.97	50.53	32.84		11.90	56.70	48.60
1095	蛙式打夯机，2.8kW	21.98	0.17	1.01		18.30	2.50	
1081	振动碾，13~14t	57.58	17.23	7.10			33.25	28.50
1096	风钻，手持式	29.45	0.54	1.89		0.00	27.02	
1046	潜孔钻，150 型	223.45	31.33	47.00	1.05	11.90	132.17	

（2）计算各工序基本直接费单价：

查《水利建筑工程概算定额》，计算结果见表4.23～表4.27。

表4.23　　　　　　　　　　　　建筑工程单价表

单价编号			项目名称	堆石料开采
定额编号		60099	定额单位	100m³成品堆方
施工方法		150型潜孔钻钻孔，深孔爆破，岩石级别Ⅹ级		
编号	名称及规格	单位	数量	单价/元	合计/元
一	直接费				
（一）	基本直接费				978.57
1	人工费				181.56
	工长	工时	0.7	11.8	8.26
	中级工	工时	5.9	9.15	53.99
	初级工	工时	18.7	6.38	119.31
2	材料费				430.56
	合金钻头	个	0.12	260.00	31.20
	钻头，150型	个	0.05	580.00	29.00
	冲击器	套	0.01	2200.00	22.00
	炸药	kg	40	6.00	240.00
	火雷管	个	11	0.80	8.80
	电雷管	个	4	1.40	5.60
	导火线	m	22	0.90	19.80
	导电线	m	40	0.45	18.00
	其他材料费	%	15	374.40	56.16
3	机械使用费				366.45
	风钻，手持式	台时	1.6	29.45	47.12
	潜孔钻，150型	台时	1.28	223.45	286.02
	其他机械费	%	10.00	333.14	33.31
	基本直接费单价	元/m³			9.79

表4.24　　　　　　　　　　　　建筑工程单价表

单价编号			项目名称	堆石料运输
定额编号		60346	定额单位	100m³成品堆方
施工方法		3m³装载机装石渣20t自卸汽车，运3.0km上坝		
编号	名称及规格	单位	数量	单价/元	合计/元
一	直接费				
（一）	基本直接费				993.46
1	人工费				25.52

续表

编号	名 称 及 规 格	单 位	数 量	单价/元	合 计/元
	初级工	工时	4.00	6.38	25.52
2	材料费				19.48
	零星材料费	%	2.00	973.98	19.48
3	机械使用费				948.46
	装载机，3m³	台时	0.76	184.37	140.12
	推土机，103kW	台时	0.38	143.61	54.57
	自卸汽车，20t	台时	4.96	151.97	753.77
4	材料补差				311.97
	装载机，3m³	台时	0.76	71.10	54.04
	推土机，103kW	台时	0.38	44.40	16.87
	自卸汽车，20t	台时	4.96	48.60	241.06
	基本直接费单价	元/m³			9.93
	基本直接费单价补差	元/m³			3.12

表 4.25　　　　　　　　建 筑 工 程 单 价 表

单价编号			项目名称		石渣运输	
定额编号		20536		定额单位	100m³　自然方	
施工方法		3m³装载机装石渣20t自卸汽车，运2.0km上坝				
编号	名 称 及 规 格	单 位	数 量	单价/元	合 计/元	
一	直接费					
（一）	基本直接费				1441.04	
1	人工费				48.49	
	初级工	工时	7.60	6.38	48.49	
2	材料费				28.26	
	零星材料费	%	2.00	1412.78	28.26	
3	机械使用费				1364.29	
	装载机，3m³	台时	1.44	184.37	265.49	
	推土机，103kW	台时	0.72	143.61	103.40	
	自卸汽车，20t	台时	6.55	151.97	995.40	
四	材料补差				452.68	
	装载机，3m³	台时	1.44	71.10	102.38	
	推土机，103kW	台时	0.72	44.40	31.97	
	自卸汽车，20t	台时	6.55	48.60	318.33	
	基本直接费单价	元/m³			14.41	
	基本直接费单价补差	元/m³			4.53	

表 4.26　　　　　　　　　　　　建 筑 工 程 单 价 表

单价编号			项目名称	堆石料压实
定额编号		30089	定额单位	100m³实方
施工方法		14t振动碾压实（压实开采的堆石料）		

编号	名 称 及 规 格	单 位	数 量	单价/元	合计/元
一	直接费				4272.48
（一）	基本直接费				3919.71
1	人工费				125.69
	初级工	工时	19.7	6.38	125.69
2	材料费				1243.82
	堆石料	m³	121	9.79	1184.59
	其他材料费	%	5	1184.59	59.23
3	机械使用费				116.36
	振动碾，13～14t 拖拉机，74kW	组时	0.26	135.76	35.30
	推土机，74kW	台时	0.55	101.73	55.95
	蛙式打夯机，2.8kW	台时	1.09	21.98	23.96
	其他机械费	%	1.00	115.21	1.15
4	砂石料运输（堆方）	m³	121.00	(9.79＋9.93) ×1.02	2433.84
（二）	其他直接费	%	9.00	3919.71	352.77
二	间接费	%	11.00	4272.48	469.97
三	利润	%	7.00	4742.45	331.97
四	材料补差				417.69
	振动碾，13～14t 拖拉机，74kW	组时	0.26	58.20	15.13
	推土机，74kW	台时	0.55	31.80	17.49
	砂石料运输（堆方）	m³	121	3.12×1.02	385.07
五	税金	%	3.28	5492.11	180.14
	合　计				5672.25
	工程单价	元/m³			56.72

表 4.27　　　　　　　　　　　　建 筑 工 程 单 价 表

单价编号			项目名称	堆石料压实
定额编号		30085	定额单位	100m³实方
施工方法		14t振动碾压实（压实利用的弃渣）		

编号	名 称 及 规 格	单 位	数 量	单价/元	合计/元
一	直接费				1539.86
（一）	基本直接费				1412.72

续表

编号	名称及规格	单位	数量	单价/元	合计/元
1	人工费				125.69
	初级工	工时	19.7	6.38	125.69
2	材料费				24.21
	零星材料费	%	10	242.05	24.21
3	机械使用费				116.36
	振动碾，13～14t 拖拉机，74kW	组时	0.26	135.76	35.30
	推土机，74kW	台时	0.55	101.73	55.95
	蛙式打夯机，2.8kW	台时	1.09	21.98	23.96
	其他机械费	%	1.00	115.21	1.15
4	砂石料运输（自然方）	m³	78.00	14.41×1.02	1146.46
（二）	其他直接费	%	9.00	1412.72	127.14
二	间接费	%	11.00	1539.86	169.38
三	利润	%	7.00	1709.24	119.65
四	材料补差				393.03
	振动碾，13～14t 拖拉机，74kW	组时	0.26	58.20	15.13
	推土机，74kW	台时	0.55	31.80	17.49
	砂石料运输（自然方）	m³	78.00	4.53×1.02	360.41
五	税金	%	3.28	2221.92	72.88
	合　计				2294.80
	工程单价	元/m³			22.95

（3）计算堆石料填筑综合概算单价：

堆石料填筑综合概算单价：56.72×88％＋22.95×12％＝52.67（元/m³）

【例 4.5】　某水利枢纽工程中的浆砌块石挡土墙，所用砂、石材料均为外购，砂浆强度等级为 M10，计算该浆砌石挡土墙工程概算单价。

已知：（1）材料预算价格：32.5 级水泥 380 元/t，砂 55 元/m³，块石为 75 元/m³，施工用水 0.65 元/m³。

（2）其他条件见单价计算表。

解：（1）计算 M10 砂浆单价：

查《水利建筑工程概算定额》附录 7，每立方米 M10 水泥砂浆各项材料用量为：32.5 普通水泥 305kg，砂 1.10 m³，水 0.183 m³。

M10 砂浆单价：　　　305×0.3＋1.10×55＋0.183×0.65＝152.12（元/m³）

M10 砂浆单价价差：　　305×0.08＝24.40（元/m³）

（2）计算浆砌块石挡土墙概算单价：

查《水利建筑工程概算定额》，计算结果见表4.28。

表 4.28　　　　　　　　　　　建 筑 工 程 单 价 表

单价编号			项目名称	浆砌石挡土墙
定额编号		30033	定额单位	100m³砌体方
施工方法		0.4m³搅拌机拌制砂浆，人工砌筑		

编号	名 称 及 规 格	单 位	数 量	单价/元	合 计/元
一	直接费				21309.53
（一）	基本直接费				19550.03
1	人工费				6355.40
	工长	工时	16.7	11.8	197.06
	中级工	工时	339.4	9.15	3105.51
	初级工	工时	478.5	6.38	3052.83
2	材料费				12856.89
	块石	m³	108	70.00	7560.00
	砂浆，M10	m³	34.4	152.12	5232.93
	其他材料费	%	0.5	12792.93	63.96
3	机械使用费				337.74
	砂浆搅拌机，0.4m³	台时	6.38	30.20	192.68
	胶轮车	台时	161.18	0.90	145.06
（二）	其他直接费	%	9.00	19550.03	1759.50
二	间接费	%	11.00	21309.53	2344.05
三	利润	%	7.00	23653.58	1655.75
四	材料补差				1379.36
	块石	m³	108	5.00	540.00
	砂浆，M10	m³	34.4	24.40	839.36
五	税金	%	3.28	26688.69	875.39
	合　　　计				27564.08
	工程单价	元/m³			275.64

该浆砌块石挡土墙工程概算单价为275.64元/m³。

任务4.5　混凝土工程单价编制

混凝土在水利水电工程中应用十分广泛，其费用在工程总投资中常常占有很大比重。混凝土工程包括各种水工建筑物不同结构部位的现浇混凝土、预制混凝土以及碾压混凝土和沥青混凝土等，此外，还有钢筋制作安装、锚筋、锚喷、伸缩缝、止水、防水层、温控措施等项目。

混凝土工程单价计算应根据设计提供的资料，确定建筑物的施工部位，选定正确的施工方法、运输方案，并根据施工组织设计确定的拌和系统的布置形式等，选用相应定额来计算。

4.5.1　现浇混凝土工程单价

现浇混凝土的主要施工工序有混凝土的拌制、运输、浇筑等。在混凝土浇筑定额各节子目中列有"混凝土拌制""混凝土运输"的数量，在编制混凝土工程单价时，应先根据定额计算这些项目的基本直接费单价，再将其分别代入混凝土浇筑定额计算混凝土工程单价。

1. 混凝土材料单价

混凝土浇筑定额中，材料消耗定额的"混凝土"一项，指完成定额单位产品所需的混凝土半成品量。混凝土半成品单价是指按施工配合比配制 1m³ 混凝土所需砂、石、水泥、水、掺合料及外加剂等材料费用之和。其单价计算方法见项目 3。

2. 混凝土拌制单价

混凝土的拌制包括配料、加水、加外加剂、搅拌、出料等工序。编制混凝土拌制单价时，应根据施工组织设计选定的拌和设备选用相应的拌制定额。

（1）混凝土拌制定额按拌制常态混凝土拟定，若拌制加冰、加掺合料等其他混凝土，则按表 4.29 所列系数对拌制定额进行调整。

表 4.29　　　　　　　　　　拌 制 定 额 调 整 系 数

搅拌楼规格	混 凝 土 类 别			
	常态混凝土	加冰混凝土	加掺合料混凝土	碾压混凝土
1×2.0m³强制式	1.00	1.20	1.00	1.00
2×2.5m³强制式	1.00	1.17	1.00	1.00
2×1.0m³自落式	1.00	1.00	1.10	1.30
2×1.5m³自落式	1.00	1.00	1.10	1.30
3×1.5m³自落式	1.00	1.00	1.10	1.30
2×3.0m³自落式	1.00	1.00	1.10	1.30
4×3.0m³自落式	1.00	1.00	1.10	1.30

（2）定额中用搅拌楼拌制现浇混凝土定额子目，以组时表示的"骨料系统"和"水泥系统"是指骨料、水泥进入搅拌楼之前与搅拌楼相衔接而必须配备的有关机械设备，包括自搅拌楼骨料仓下廊道内接料斗开始的胶带输送机及其供料设备；自水泥罐开始的水泥提升机械或空气输送设备，胶带运输机和吸尘设备，以及袋装水泥的拆包机械等。其组时费用根据施工组织设计选定的机械组合计算。

3. 混凝土运输单价

混凝土运输是指混凝土自搅拌机（楼）出料口至浇筑现场工作面的全部水平运输和垂直运输。混凝土运输，应根据施工组织设计选定的运输方式、设备型号规格，套用运输定额相应子目计算。

4. 混凝土浇筑单价

常态混凝土的浇筑定额包括冲毛（或凿毛）、冲洗、清仓、铺水泥砂浆、平仓、振捣、养护、工作面运输和一些辅助工作。浇筑定额中包括浇筑和工作面运输所需全部人工、材料和机械的数量和费用。计算工程单价时，应根据施工部位和混凝土类别，选用相应的定额子目将混凝土材料费单价、混凝土拌制基本直接费单价、混凝土运输基本直接费单价代入混凝土浇筑定额编制混凝土工程单价。

5. 混凝土温控措施单价计算

在水利水电工程中，为防止拦河坝等大体积混凝土由于温度应力而产生裂缝和坝体接缝灌浆后接缝再度拉裂，根据现行设计规程和混凝土设计及施工规范的要求，在高、中拦河坝等大体积混凝土工程的施工中，都必须进行混凝土温控设计，提出温控标准和降温防裂措施。

（1）温控措施单价的计算，包括风或水预冷骨料、制片冰、制冷水、坝体混凝土一、二期通低温水和坝体混凝土表面保护等温控措施的单价，一般可按各系统不同温控要求所配置设备的台时总费用除以相应系统的台时净产量计算，从而可得各种温控措施的费用单价。当计算条件不具备或计算有困难时，也可参照"水利水电工程大体积混凝土温度控制措施费用计算办法"计算。

（2）混凝土温控措施综合费用的计算。混凝土温控措施综合费用，可按每立方米坝体或大体积混凝土应摊销的温控费计算。根据不同温控要求，按工程所需预冷骨料、加冰或加冷水拌制混凝土、坝体混凝土通水冷却以及进行混凝土表面保护等温控措施的混凝土量占坝体等大体积混凝土总量的比例，乘以相应温控措施单价之和即为每立方米坝体或大体积混凝土应摊销的温控措施综合费用。其各种温控措施的混凝土量占坝体等大体积混凝土总量的比例，应根据工程施工进度、混凝土月平均浇筑强度及温控时段的长短等具体条件确定。其具体计算办法与参数的选用，可参照"水利水电工程大体积混凝土温度控制措施费用计算办法"确定。

4.5.2　预制混凝土工程单价

预制混凝土工程包括混凝土构件预制、构件运输、构件安装等工序。

混凝土构件预制包括预制场冲洗、清理、配料、拌制、浇筑、振捣、养护，模板制作、安装、拆除、修整，以及预制场内混凝土运输、材料运输、预制件吊移和堆放等工作。预制构件的运输是指预制场至安装现场之间的运输。预制构件在预制场和安装现场的运输费用已包括在预制及安装定额内。构件安装主要包括安装现场冲洗、拌浆、吊装、砌筑、勾缝等。

《水利建筑工程预算定额》分为混凝土预制、构件运输和构件安装三部分，各有分项子目。编制安装单价时，先分别计算混凝土预制和构件运输的基本直接费单价，将二者之和作为构件安装（或吊装）定额中"混凝土构件"项的单价，然后根据安装定额编制预制混凝土的综合预算单价。

《水利建筑工程概算定额》是预制和安装的综合定额，已考虑了构件预制、安装和构件在预制场、安装现场内的运输所需的全部工、料、机消耗量，但不包括预制构件从预制场至安装现场之间的场外运输费用。编制概算单价时，根据选定的运输方式套用构件运输定额，计算预制构件的场外运输基本直接费单价，然后将其代入预制安装定额，编制预制混凝土综合概算单价。

预制混凝土定额中的模板材料均按预算消耗量计算，包括制作（钢模为组装）、安装、拆除维修的消耗、损耗，并考虑了周转和回收。

混凝土构件的预制、运输及吊（安）装，若预制混凝土构件重量超过定额中起重机械起重量时，可用相应起重量机械替换，定额台时数不作调整。

4.5.3　钢筋制作安装工程单价

1. 钢筋制作安装的内容

钢筋制作安装包括钢筋加工、绑扎、焊接及场内运输等工序。

（1）钢筋加工。加工工序主要为调直、除锈、划线、切断、调制、整理等，采用手工或调直机、除锈机、切断机及弯曲机等进行。

（2）绑扎、焊接。绑扎是将弯曲成型的钢筋，按设计要求组成钢筋骨架，一般用 18 号～22 号铅丝人工绑扎。人工绑扎简单方便，无需机械和动力，是小型水利工程钢筋连接的主要方法。

2. 钢筋制作安装工程单价计算

现行部颁概、预算定额不分工程部位和钢筋规格型号综合成一节"钢筋制作与安装"定额。该定额适用于现浇及预制混凝土的各部位，以"t"为计量单位。《水利建筑工程概算定额》中"钢筋"项的量已包括切断及焊接损耗，截余短头作废料损耗，以及搭接帮条和施工架立筋等附加量。《水利建筑工程预算定额》仅含加工损耗，不包括搭接长度及施工架立钢筋用量。

4.5.4　沥青混凝土工程单价

水利水电工程常用的沥青混凝土为碾压式沥青混凝土，分为开级配（孔隙率大于 5%，含少量或不含矿粉）和密级配（孔隙率小于 5%，含一定量矿粉）。开级配适用于防渗墙的整平胶结层和排水层，密级配适用于防渗墙的防渗层和岸边接头部位。沥青混凝土单价编制方法与常规混凝土单价编制方法基本相同。

【例 4.6】 某水利枢纽工程中的混凝土挡土墙，设计墙厚为 60cm，混凝土强度等级为 C20（二级配），埋石率 5%。采用 0.4m³ 拌和机拌制混凝土，机动翻斗车水平运输，运距 200 m，用泻槽进行混凝土的垂直运输，斜距 7m，人工入仓浇筑。试算该挡土墙工程预算单价。

解：（1）计算 C20（二级配）埋石混凝土材料费单价：

查《水利建筑工程预算定额》附录 7，计算过程见表 4.30。

表4.30　　　　　　　　　　　　　埋石混凝土材料费单价

编号	名称及规格	单位	数　量	材料预算价格/元	材料基价	合计/元	价差/元
1	块石	m³	1×5‰×1.67	75	70	5.85	0.42
2	水泥 32.5	kg	289×1.10×1.07×(1−5%)	0.38	0.30	96.94	25.85
3	中砂	m³	0.49×1.10×0.98×(1−5%)	55	70	27.60	
4	碎石	m³	0.81×1.06×0.98×(1−5%)	85	70	55.95	11.99
5	水	m³	0.15×1.10×1.07×(1−5%)	0.65		0.11	
	合计					186.45	38.26

（2）计算施工机械台时费：

查《水利工程施工机械台时费定额》，计算结果见表4.31。

表4.31　　　　　　　　　　　　施工机械台时费计算表

定额编号	机械名称及规格	台时费/元	其　　　中					燃料费价差
			折旧费	修理及替换设备费	安拆费	人工费	动力燃料费	
2002	混凝土搅拌机，0.4m³	30.20	3.29	5.34	1.07	11.90	8.60	
3074	胶轮车	0.90	0.26	0.64				
3075	机动翻斗车，1t	19.59	1.22	1.22		11.90	5.25	4.50
2047	振动器，1.1kW	2.34	0.32	1.22			0.80	
2080	风水枪	33.70	0.24	0.42			33.04	

（3）计算基本直接费单价：

查《水利建筑工程预算定额》，计算结果见表4.32～表4.34。

表4.32　　　　　　　　　　　　建 筑 工 程 单 价 表

单价编号			项目名称		混凝土拌制	
定额编号		40134		定额单位	100m³	
施工方法		0.4m³搅拌机拌制混凝土				
编号	名称及规格		单位	数量	单价/元	合计/元
一	直接费					
（一）	基本直接费					2830.80
1	人工费					2156.99
	中级工		工时	122.5	9.15	1120.88
	初级工		工时	162.4	6.38	1036.11
2	材料费					55.51
	零星材料费		%	2	2775.29	55.51
3	机械使用费					618.30

续表

编号	名称及规格	单 位	数 量	单价/元	合 计/元
	混凝土搅拌机，0.4m³	台时	18	30.20	543.60
	胶轮车	台时	83	0.90	74.70
	基本直接费单价	元/m³			28.31

表 4.33　　　　　　　　建 筑 工 程 单 价 表

单价编号			项目名称	混凝土水平运输
定额编号		40156	定额单位	100m³
施工方法		1t机动翻斗车，运距200m		

编号	名称及规格	单 位	数 量	单价/元	合 计/元
一	直接费				
（一）	基本直接费				1015.84
1	人工费				524.74
	中级工	工时	36.5	9.15	333.98
	初级工	工时	29.9	6.38	190.76
2	材料费				52.16
	零星材料费	%	5	1043.18	52.16
3	机械使用费				442.73
	机动翻斗车，1t	台时	22.6	19.59	442.73
四	材料补差				101.70
	机动翻斗车，1t	台时	22.6	4.50	101.70
	基本直接费单价	元/m³			10.16
	基本直接费单价补差	元/m³			1.02

表 4.34　　　　　　　　建 筑 工 程 单 价 表

单价编号			项目名称	混凝土垂直运输
定额编号		40172	定额单位	100m³
施工方法		泻槽运送混凝土，斜长7m		

编号	名称及规格	单 位	数 量	单价/元	合 计/元
一	直接费				
（一）	基本直接费				269.50
1	人工费				224.58
	初级工	工时	35.2	6.38	224.58
2	材料费				44.92
	零星材料费	%	20	224.58	44.92
	基本直接费单价	元/m³			2.70

（4）计算混凝土挡土墙工程单价。查《水利建筑工程预算定额》，计算结果见

表 4.35。

表 4.35　　　　　　　　　　建 筑 工 程 单 价 表

单价编号			项目名称	混凝土挡土墙
定额编号	40070		定额单位	100m³
施工方法	0.4m³搅拌机拌制混凝土，机动翻斗车运200m，泄槽长7m，人工入仓			
编号	名称及规格	单 位	数 量	单价/元	合 计/元
一	直接费				30870.63
（一）	基本直接费				28321.68
1	人工费				4124.04
	工长	工时	10.5	11.8	123.90
	高级工	工时	24.6	10.92	268.63
	中级工	工时	197.1	9.15	1803.47
	初级工	工时	119.7+158.5+24	6.38	1928.04
2	材料费				19681.26
	埋石混凝土，C20	m³	103	186.45	19204.35
	水	m³	140	0.65	91.00
	其他材料费	％	2	19295.35	385.91
3	机械使用费				487.90
	振动器，1.1kW	台时	40.5	2.34	94.77
	风水枪	台时	10	33.70	337.00
	其他机械费	％	13	431.77	56.13
4	混凝土拌制	m³	103×（1−5％）	28.31	2770.13
5	混凝土运输	m³	103×（1−5％）	12.86	1258.35
（二）	其他直接费	％	9.00	28321.68	2548.95
二	间接费	％	8.00	30870.63	2469.65
三	利润	％	7.00	33340.28	2333.82
四	材料补差				4040.59
	埋石混凝土，C20	m³	103	38.26	3940.78
	混凝土运输	m³	103×（1−5％）	1.02	99.81
五	税金	％	3.28	39714.69	1302.64
	合　计				41017.33
	工程单价	元/m³			410.17

该混凝土挡土墙工程预算单价为 410.17 元/m³。

任 务 4.6　模 板 工 程 单 价 编 制

模板工程是混凝土施工中的重要工序，它不仅影响混凝土外观质量，制约混凝土施工进度，而且对混凝土工程造价影响也很大。模板按型式可分为平面模板、曲面模板、异形模板、滑模、钢模台车等。模板按材质可分为木模板、钢模板、预制混凝土模板等。按模板自身结构可分为悬臂组合钢模板、普通标准钢模板、普通曲面模板等。模板工程定额适用于各种水工建筑物的现浇混凝土。模板工程包括模板制作、运输、安装及拆除。

现行部颁概预算定额将模板分为"制作"定额和"安装、拆除"定额两项。

4.6.1 模板制作单价

按混凝土结构部位的不同，可选择不同类型的模板制作定额，编制模板制作单价。在编制模板制作单价时，要注意各节定额的适用范围和工作内容，对定额作出正确的调整。

模板属周转性材料，其费用应进行摊销。模板制作定额的人工、材料、机械用量是考虑多次周转和回收后使用一次的摊销量，也就是说，按模板制作定额计算的模板制作单价是模板使用一次的摊销价格。

4.6.2 模板安装、拆除单价

1. 模板安装、拆除概算单价

《水利建筑工程概算定额》模板安装各节子目中将"模板"作为材料列出，定额中"模板"材料的预算价格套用"模板制作"定额计算的基本直接费单价。

如采用外购钢模板，定额中的"模板"预算价格按下式计算：

$$模板预算价格 = (外购模板预算价格 - 残值) \div 周转次数 \times 综合系数$$

式中，残值取 10%，周转次数为 50 次，综合系数取 1.15（含露明系数及维修损耗系数）。

将模板材料的价格代入相应的模板安装、拆除定额，计算模板工程概算单价。

2. 模板安装、拆除预算单价

《水利建筑工程预算定额》模板安装、拆除与制作一般在同一节定额相邻子目中编列，模板安装、拆除预算单价与制作预算单价的编制方法相同。

将模板"制作预算单价"和"安装、拆除预算单价"叠加，即得到模板工程预算单价。

4.6.3 计算模板工程单价注意问题

（1）模板定额计量单位为 100m² 立模面积，模板定额的计量面积为混凝土与模板的接触面积，即建筑物体形及施工分缝要求所需的立模面积。立模面面积的计量，一般应按满足建筑物体形及施工分缝要求所需的立模面计算。当缺乏实测资料时，可参考概预算定额附录"水利工程混凝土建筑物立模面系数参考表"，根据混凝土结构部位的工程量计算立模面面积。

（2）《水利建筑工程概算定额》隧洞衬砌模板及涵洞模板定额中的堵头和键槽模板已按一定比例摊入定额中，不再计算立模面面积。《水利建筑工程预算定额》需计算堵头和键槽模板立模面面积，并单独编制其单价。

（3）模板定额中的材料，除模板本身外，还包括支撑模板的主柱、围令、桁（排）架及铁件等。对于悬空建筑物（如渡槽槽身）的模板，计算到支撑模板结构的承重梁（或枋木）为止，承重梁以下的支撑结构未包括在定额内。

（4）模板定额材料中的铁件包括铁钉、铁丝及预埋铁件，铁件和预制混凝土柱均按成品预算价格计算。

（5）滑模台车、针梁模板台车和钢模台车的行走机构、构架、模板及其支撑型钢，以及为拉滑模板或台车行走及支立模板所配备的电动机、卷扬机、千斤顶等动力设备，均作为整体设备以工作台时计入定额。滑模台车定额中的材料包括滑模台车轨道及安装轨道所用的埋件、支架和铁件。针梁模板台车和钢模台车轨道及安装轨道所用的埋件等应计入其他临时工程。

（6）大体积混凝土中的廊道模板，均采用一次性预制混凝土模板（浇筑后作为建筑物结构的一部分）。混凝土模板预制及安装，可参考混凝土预制及安装定额编制其单价。

（7）《水利建筑工程概算定额》第五章中五－1～五－11节的模板定额中其他材料费的计算基数，不包括"模板"本身的价值。

【例4.7】 某大坝混凝土防浪墙工程采用标准钢模板，试编制其模板工程预算单价。

解：（1）计算施工机械台时费：

查《水利工程施工机械台时费定额》，计算结果见表4.36。

表4.36　　　　施工机械台时费计算表

定额编号	机械名称及规格	台时费/元	其　中					燃料费价差
			折旧费	修理及替换设备费	安拆费	人工费	动力燃料费	
3004	载重汽车，5t	56.45	7.77	10.86		11.90	25.92	23.04
4085	汽车起重机，5t	70.93	12.92	12.42		24.71	20.88	18.56
9146	钢筋切断机，20kW	32.27	1.18	1.71	0.28	11.90	17.20	
9126	电焊机，25kVA	15.22	0.33	0.30	0.09		14.50	

（2）计算各工序预算单价：

查《水利建筑工程预算定额》，计算结果见表4.37、表4.38。

表4.37　　　　建　筑　工　程　单　价　表

单价编号			项目名称	标准钢模板制作
定额编号		50003	定额单位	100m²
施工方法			标准钢模板制作	
编号	名　称　及　规　格	单　位	数　量	单价/元	合　计/元
一	直接费				1039.06
（一）	基本直接费				953.27
1	人工费				99.83
	工长	工时	1.1	11.8	12.98
	高级工	工时	3.7	10.92	40.40

续表

编号	名称及规格	单位	数量	单价/元	合计/元
	中级工	工时	4.1	9.15	37.52
	初级工	工时	1.4	6.38	8.93
2	材料费				818.88
	组合钢板模	kg	79.57	5.60	445.59
	型钢	kg	42.97	4.80	206.26
	卡扣件	kg	25.33	5.50	139.32
	铁件	kg	1.5	5.50	8.25
	电焊条	kg	0.5	6.80	3.40
	其他材料费	%	2	802.82	16.06
3	机械使用费				34.56
	钢筋切断机，20kW	台时	0.06	32.27	1.94
	载重汽车，5t	台时	0.36	56.45	20.32
	电焊机，25kVA	台时	0.7	15.22	10.65
	其他机械费	%	5	32.91	1.65
（二）	其他直接费	%	9.00	953.27	85.79
二	间接费	%	8.00	1039.06	83.12
三	利润	%	7.00	1122.18	78.55
四	材料补差				8.29
	载重汽车，5t	台时	0.36	23.04	8.29
五	税金	%	3.28	1209.02	39.66
	合　计				1248.68
	工程单价	元/m²			12.49

表 4.38　　　　　　　　建 筑 工 程 单 价 表

单价编号			项目名称	标准钢模板安装、拆除
定额编号	50004		定额单位	100m²
施工方法	标准钢模板安装、拆除			

编号	名称及规格	单位	数量	单价/元	合计/元
一	直接费				4470.78
（一）	基本直接费				4101.63
1	人工费				2198.02
	工长	工时	17	11.8	200.60
	高级工	工时	82.7	10.92	903.08
	中级工	工时	119.6	9.15	1094.34

续表

编号	名称及规格	单位	数量	单价/元	合计/元
2	材料费				816.31
	预埋铁件	kg	121.68	5.50	669.24
	混凝土柱	m³	0.28	420.00	117.60
	电焊条	kg	1.98	6.80	13.46
	其他材料费	%	2	800.30	16.01
3	机械使用费				1087.30
	汽车起重机，5t	台时	14.17	70.93	1005.08
	电焊机，25kVA	台时	2	15.22	30.44
	其他机械费	%	5	1035.52	51.78
（二）	其他直接费	%	9.00	4101.63	369.15
二	间接费	%	8.00	4470.78	357.66
三	利润	%	7.00	4828.44	337.99
四	材料补差				263.00
	汽车起重机，5t	台时	14.17	18.56	263.00
五	税金	%	3.28	5429.43	178.09
	合 计				5607.52
	工程单价	元/m²			56.08

该混凝土防浪墙模板工程预算单价：12.49＋56.08＝68.57（元/m²）。

任务 4.7 基础处理工程单价编制

基础处理工程包括钻孔灌浆、混凝土防渗墙、灌注桩、锚杆支护、预应力锚索、喷混凝土等。本任务主要介绍钻孔灌浆、混凝土防渗墙和桩基工程单价编制。

4.7.1 钻孔灌浆工程单价

钻孔灌浆按其作用分为帷幕灌浆、固结灌浆、接缝灌浆、回填灌浆等；按照灌浆程序可分为一次灌浆法和分段灌浆法，后者又可分为自上而下分段、自下而上分段及综合灌浆法。灌浆工艺流程一般为：施工准备、钻孔、冲洗、表面处理、压水试验、灌浆、封孔、质量检查。

1. 定额表现形式

（1）定额中帷幕灌浆、固结灌浆分造孔和灌浆两部分，两者均以延长米计；回填灌浆、接缝灌浆以设计回填面积（m²）为计量单位。

（2）《水利建筑工程概算定额》已将钻检查孔、压水试验等计入了定额；《水利建筑工程预算定额》另计检查孔压水试验。定额中的压水试验适用于灌浆后的压水试验，灌浆前的压水试验和灌浆后补灌及封孔灌浆已计入定额。

2. 编制钻孔灌浆工程单价应注意的问题

（1）定额岩石级别按十六级划分，钻混凝土，一般按粗骨料岩石级别计算。

（2）岩石或地层的渗透特性用透水率表示，单位为吕容（Lu），定义为：压水压力为

1MPa 时，每米试段长度每分钟注入水量 1L 时，称为 1 Lu。透水性越强（Lu 值越高）的地层，吸浆量越大。

（3）应用定额一定要注意适用范围和工作内容的说明及各节定额子目下面的"注"解。

（4）钻机钻灌浆孔、坝基岩帷幕灌浆等定额终孔孔径大于 91mm 或孔深度超过 70m 时改用 300 型钻机。

（5）在廊道或隧洞内施工时，人工、机械定额乘以表 4.39 所列系数。

表 4.39　　　　　　　　　　人工、机械数量调整系数表

廊道或隧洞高度/m	0~2.0	2.0~3.5	3.5~5.0	5.0 以上
系数	1.19	1.10	1.07	1.05

（6）地质钻机钻灌不同角度的灌浆孔或观测孔、试验孔时，人工、机械、合金片、钻头和岩芯管定额乘以表 4.40 所列系数。

表 4.40　　　　　　　　　　人工、机械数量调整系数表

钻孔与水平夹角	0°~60°	60°~75°	75°~85°	85°~95°
系数	1.19	1.05	1.02	1.00

（7）灌浆工程概算定额和预算定额中的水泥用量分别是概算基本量和预算基本量。如有实际资料，可按实际消耗量调整。

（8）灌浆定额中的水泥强度等级的选择应符合设计要求，设计中未注明的可按以下标准选择：回填灌浆 32.5 级，帷幕与固结灌浆 32.5 级，接缝灌浆 42.5 级，劈裂灌浆 32.5 级，高喷灌浆 32.5 级。

（9）定额中灌浆压力划分标准为：高压，大于 3MPa；中压，1.5~3.0MPa；低压，小于 1.5MPa。

4.7.2　混凝土防渗墙

1. 混凝土防渗墙的施工工艺

防渗墙的成墙方法大多采用槽孔法。造孔采用冲击钻机、反循环钻机、液压开槽机开槽法、射水成槽机成槽法进行。一般用冲击钻较多，其施工工艺流程为钻孔前的准备→泥浆制备→造孔→终孔验收→清孔换浆等。

防渗墙混凝土浇筑采用导管法浇筑水下混凝土，其施工工艺为浇筑前的准备→配料拌和→导管浇筑混凝土→质量验收。

2. 定额表现形式

混凝土防渗墙分为造孔定额和水下浇筑混凝土定额。

（1）现行《水利建筑工程概算定额》造孔和浇筑均以阻水面积（m²）为计量单位，按成孔深度，墙厚和不同地层分列子目。

（2）现行《水利建筑工程预算定额》造孔施工方法不同，其计量单位也不一样，冲击钻机和冲击反循环钻机成槽法以折算米（m）为计量单位，液压开槽和射水成槽机成槽法以阻水面积（m²）为计量单位，混凝土防渗墙浇筑以浇筑量（m³）为计量单位。

《水利建筑工程预算定额》造孔折算米计算公式如下：

$$折算米 = \frac{LH}{d}$$

式中　L——槽长，m；

　　　H——平均槽深，m；

　　　d——槽底厚度，m。

（3）《水利建筑工程预算定额》混凝土防渗墙墙体连接如采用钻凿法，需增加钻凿混凝土工程量，其计算方法为

$$钻凿混凝土(m) = (n-1)H$$

式中　n——墙段个数；

　　　H——平均墙深，m。

《水利建筑工程概算定额》增加钻凿混凝土工程量所需的人工、材料和机械消耗已包含在定额中。

（4）《水利建筑工程预算定额》浇筑混凝土工程量中未包括施工附加量及超填量，计算施工附加量时应考虑接头和墙顶增加量，计算超填量时应考虑扩孔的增加量；具体计算方法可参考混凝土防渗墙浇筑定额下面的"注"解。《水利建筑工程概算定额》浇筑混凝土工程量中已包含了上述内容。

4.7.3　桩基工程

桩基工程包括振冲桩、灌注桩等。使用定额时应注意：

（1）振动桩按地层不同划分子目，以桩深（m）为计量单位。

（2）灌注桩《水利建筑工程预算定额》一般按造孔和灌注划分，造孔按地层划分子目，以桩长（m）计量。灌注混凝土以造孔方式划分子目，以灌注量（m³）计量。《水利建筑工程概算定额》以桩径大小、地层情况划分子目，综合了造孔和浇筑混凝土整个施工过程。

【例4.8】　编制某枢纽工程坝基帷幕灌浆预算单价。

已知：（1）双排帷幕灌浆，坝基岩层试验平均透水率为8Lu；采用自下而上灌浆法，廊道高度3m，钻孔平均深度40m；坝基岩层坚固系数 $f=11$。

（2）水泥预算价格为440元/t，其他条件见单价表。

解：（1）计算施工机械台时费：

查《水利工程施工机械台时费定额》，计算结果见表4.41。

表4.41　　　　　　　　　　　施工机械台时费计算表

定额编号	机械名称及规格	台时费/元	其　　中					燃料费价差
			折旧费	修理及替换设备费	安拆费	人工费	动力燃料费	
3074	胶轮车	0.90	0.26	0.64				
6002	地质钻机，150型	51.97	3.80	8.56	2.37	26.54	10.7	
6024	灌浆泵，中压泥浆	45.06	2.38	6.95	0.57	21.96	13.2	
6021	灰浆搅拌机	21.51	0.83	2.28	0.20	11.90	6.3	

（2）计算各工序预算单价：

查《水利建筑工程预算定额》，计算结果见表 4.42、表 4.43。

表 4.42 　　　　　　　　　　建 筑 工 程 单 价 表

单价编号			项目名称		坝基帷幕灌浆钻孔
定额编号		70002		定额单位	100m
施工方法		150 型地质钻机廊道内钻孔，自下而上灌浆，廊道高 3m，孔深 40m，岩层平均级别为 X 级			
编号	名称及规格	单 位	数 量	单价/元	合 计/元
一	直接费				15392.39
（一）	基本直接费				14121.46
1	人工费				3267.78
	工长	工时	18×1.10	11.8	233.64
	高级工	工时	37×1.10	10.92	444.44
	中级工	工时	129×1.10	9.15	1298.39
	初级工	工时	184×1.10	6.38	1291.31
2	材料费				4551.01
	金刚石钻头	个	3.00	860.00	2580.00
	扩孔器	个	2.10	220.00	462.00
	岩芯管	m	3.00	85.00	255.00
	钻杆	m	2.60	75.00	195.00
	钻杆接头	个	2.90	26.00	75.40
	水	m³	600.00	0.65	390.00
	其他材料费	%	15.00	3957.40	593.61
3	机械使用费				6302.67
	地质钻机，150 型	台时	105×1.10	51.97	6002.54
	其他机械费	%	5.00	6002.54	300.13
（二）	其他直接费	%	9.00	14121.46	1270.93
二	间接费	%	9.00	15392.39	1385.32
三	利润	%	7.00	16777.71	1174.44
四	材料补差				
五	税金	%	3.28	17952.15	588.83
	合　计				18540.98
	工程单价	元/m			185.41

表 4.43　　　　　　　　　　建 筑 工 程 单 价 表

单价编号			项目名称		坝基帷幕灌浆
定额编号		70016		定额单位	100m
施工方法		廊道内帷幕灌浆，自下而上法，基岩透水率为 8Lu，两排			

编号	名 称 及 规 格	单 位	数 量	单价/元	合 计/元
一	直接费				25137.41
（一）	基本直接费				23061.84
1	人工费				7691.45
	工长	工时	46×1.10×0.97	11.8	579.17
	高级工	工时	73×1.10×0.97	10.92	850.57
	中级工	工时	276×1.10×0.97	9.15	2694.60
	初级工	工时	524×1.10×0.97	6.38	3567.11
2	材料费				2044.27
	水泥	t	6.5×0.75	300.00	1462.50
	水	m³	530×0.96	0.65	330.72
	其他材料费	%	14.00	1793.22	251.05
3	机械使用费				13326.12
	灌浆泵，中压泥浆	台时	167×1.10×0.97	45.06	8029.20
	灰浆搅拌机	台时	167×1.10	21.51	3951.39
	地质钻机，150 型	台时	12×1.10	51.97	686.00
	胶轮车	台时	33.6×1.10×0.75	0.90	24.95
	其他机械费	%	5.00	12691.54	634.58
（二）	其他直接费	%	9.00	23061.84	2075.57
二	间接费	%	8.00	25137.41	2010.99
三	利润	%	7.00	27148.4	1900.39
四	材料补差				682.50
	水泥	t	6.5×0.75	140.00	682.50
五	税金	%	3.28	29731.29	975.19
	合　计				30706.48
	工程单价	元/m			307.06

坝基帷幕灌浆预算单价为 185.41＋307.06＝492.47（元/m）。

任务 4.8 设备安装工程单价编制

安装工程包括机电设备安装和金属结构设备安装两部分。机电设备主要指发电设备、升压变电设备、公用设备。其中发电设备如水轮机、发电机、起重设备安装、辅助设备等；升压变电设备如主变压器、高压电器设备等；公用设备如通信设备、通风采暖设备、机修设备、计算机监控系统、管理自动化系统、全厂接地及保护网等。金属结构设备主要指闸门、启闭设备、拦污栅、压力钢管等。

4.8.1 安装工程定额

1. 定额的内容

《水利水电设备安装工程概算定额》包括水轮机安装、水轮发电机安装、大型水泵安装、进水阀安装、水力机械辅助设备安装、电气设备安装、变电站设备安装、通信设备安装、起重设备安装、闸门安装、压力钢管制作及安装共十一章以及附录。

《水利水电设备安装工程预算定额》章节划分较细，并将"调速系统安装"和"电器调整"单列成两章，另外，增列"设备工地运输"一章，共十四章以及附录。

2. 定额的表现形式

（1）实物量形式。以实物量形式表示的定额，给出了设备安装所需的人工工时、材料和机械使用量，与建筑工程定额表示形式一样。这种形式编制的工程单价较准确，但计算相对繁琐。由于这种方法量、价分离，所以能满足动态变化的要求。

现行《水利水电设备安装工程预算定额》的全部子目和《水利水电设备安装工程概算定额》中的主要设备子目采用此方式表示。

（2）安装费率形式。安装费率是指安装费占设备原价的百分率。以安装费率形式表示的定额，给出了人工费、材料费、机械使用费和装置性材料费占设备原价的百分比。

现行《水利水电设备安装工程概算定额》电气设备中的发电电压设备、控制保护设备、计算机监控系统、直流系统、厂用电系统和电气试验设备、变电站高压电器设备等定额子目是以安装费率形式表示的。

定额人工费安装费率是以一般地区为基准给出的，在编制安装工程单价时，须根据工程所在地区的不同进行调整。调整的方法是将定额人工费率乘以本工程安装费率调整系数，调整系数计算如下：

$$人工费安装费率调整系数 = \frac{工程所在地人工预算单价}{一般地区人工预算单价}$$

对于进口设备，其安装费率也需要调整，调整方法是将定额的人工费、材料费、机械使用费和装置性材料费率乘以进口设备安置费率调整系数，调整系数计算如下：

$$进口设备安装费率调整系数 = \frac{同类国产设备原价}{进口设备原价}$$

4.8.2 安装工程单价编制

1. 实物量形式的安装单价

（1）直接费：

1）基本直接费：

$$人工费 = 定额劳动量(工时) \times 人工预算单价(元／工时)$$

$$材料费 = 定额材料用量 \times 材料预算单价$$

$$机械使用费 = 定额机械使用量(台时) \times 施工机械台时费(元／台时)$$

2）其他直接费：

$$其他直接费 = 基本直接费 \times 其他直接费费率之和$$

（2）间接费：

$$间接费 = 人工费 \times 间接费费率$$

（3）利润：

$$利润 = (直接费 + 间接费) \times 利润率$$

（4）材料补差：

$$材料补差 = (材料预算价格 - 材料基价) \times 材料消耗量$$

（5）未计价装置性材料费：

$$未计价装置性材料费 = 未计价装置性材料用量 \times 材料预算单价$$

（6）税金：

$$税金 = (直接费 + 间接费 + 利润 + 材料补差 + 未计价装置性材料费) \times 税率$$

（7）安装工程单价：

$$安装工程单价 = 直接费 + 间接费 + 利润 + 材料补差 + 未计价装置性材料费 + 税金$$

2. 费率形式的安装单价

（1）直接费（％）：

1）基本直接费（％）：

$$人工费(\%) = 定额人工费(\%)$$

$$材料费(\%) = 定额材料费(\%)$$

$$装置性材料费(\%) = 定额装置性材料费(\%)$$

$$机械使用费(\%) = 定额机械使用费(\%)$$

2）其他直接费（％）：

$$其他直接费(\%) = 基本直接费(\%) \times 其他直接费费率之和(\%)$$

（2）间接费（％）：

$$间接费(\%) = 人工费(\%) \times 间接费费率(\%)$$

（3）利润（％）：

$$利润(\%) = [直接费(\%) + 间接费(\%)] \times 利润率(\%)$$

（4）税金（％）：

$$税金(\%) = [直接费(\%) + 间接费(\%) + 利润(\%)] \times 税率(\%)$$

（5）安装工程单价：

$$单价(\%) = 直接费(\%) + 间接费(\%) + 利润(\%) + 税金(\%)$$

$$单价 = 单价(\%) \times 设备原价$$

3. 安装工程单价编制程序

安装工程单价编制程序见表4.44。

表 4.44　　　　　　　　　　　　安装工程单价计算程序表

序号	项目	计　算　方　法	
		实物量法	安装费率法
（一）	直接费	(1)+(2)	(1)+(2)
(1)	基本直接费	①+②+③	①+②+③+④
①	人工费	∑（定额人工工时数×人工预算单价）	定额人工费（%）×人工费安装费率调整系数
②	材料费	∑（定额材料用量×材料预算单价）	定额材料费（%）
③	机械使用费	∑（定额机械台时用量×机械台时费）	定额机械使用费（%）
④	装置性材料费		定额装置性材料费（%）
(2)	其他直接费	(1)×其他直接费费率	(1)×其他直接费费率之和（%）
（二）	间接费	①×间接费费率	①×间接费费率（%）
（三）	利润	[（一）+（二）]×利润率	[（一）+（二）]×利润率（%）
（四）	材料补差	（材料预算价格−材料基价）×材料消耗量	
（五）	未计价装置性材料费	未计价装置性材料用量×材料预算单价	
（六）	税金	[（一）+（二）+（三）+（四）+（五）]×税率	[（一）+（二）+（三）]×税率
（七）	工程单价	（一）+（二）+（三）+（四）+（五）+（六）	[（一）+（二）+（三）+（六）]（%） [（一）+（二）+（三）+（六）]（%）×设备原价

4. 编制安装工程单价时应注意的问题

（1）计算装置性材料用量，应按设计用量再加损耗量（操作损耗率按定额规定）。概算定额附录中列有部分主要装置性材料用量，供编制概算缺乏设计资料时参考。

（2）设备自工地仓库运至安装现场的一切费用，称为设备场内运费，属于设备运杂费范畴，不属于设备安装费。在《水利水电设备安装工程预算定额》中列有"设备工地运输"一章，是为施工单位自行组织运输而拟定的定额，不能理解为这项费用也属于安装费范围。

（3）安装工程概、预算定额除各章说明外，还包括以下工作内容：

1）设备安装前后的开箱、检查、清扫、滤油、注油、刷漆和喷漆工作。

2）安装现场内的设备运输。

3）随设备成套供应的管路及部件的安装。

4）设备的单体试运转、管和罐的水压试验、焊接及安装的质量检查。

5）现场施工临时设施的搭拆及其材料、专用特殊工器具的摊销。

6）施工准备及完工后的现场清理工作。

7）竣工验收移交生产前对设备的维护、检修和调整。

（4）压力钢管制作、运输和安装均属安装费范畴，应列入安装费栏目下，这点是和设备不同的，应特别注意。

（5）设备与材料的划分：

1）制造厂成套供货范围的部件，备品备件、设备体腔内定量填物（如透平油、变压器油、六氟化硫气等）均作为设备。

2）不论是成套供货的，现场加工的，或是零星购置的贮气罐、阀门、盘用仪表、机组本体上的梯子、平台和栏杆等，均应作为设备，不能因供货来源不同而改变设备性质。

3）如管道和阀门构成设备本体部件时，应作为设备，否则应作为材料。

4）随设备供应的保护罩、网门等已计入相应设备出厂价格内时，应作为设备，否则应作为材料。

5）电缆和管道的支吊架、母线、金属、金具、滑触线和架、屏盘的基础型钢、钢轨、石棉板、穿墙隔板、绝缘子、一般用保护网、罩、门、梯子、栏杆和蓄电池架等，均作为材料。

（6）"电气调整"在《水利水电设备安装工程概算定额》中各章节均已包括这项工作内容，而在《水利水电设备安装工程预算定额》中是单列一章，独立计算，不包括在各有关章节内。这点应注意，避免在编制预算时遗漏这个项目。

（7）按设备重量划分子目的定额，当所求设备的重量介于同型设备的子目之间时，按插入法计算安装费。

（8）使用电站主厂房桥式起重机进行安装工作时，桥式起重机台时费不计基本折旧费和安装拆卸费。

【例 4.9】 编制某水电站厂房起重机轨道（QU120 型）安装概算单价。

已知：柴油预算价格为 6.5 元/kg，其他条件见单价表。

解：（1）计算施工机械台时费。查《水利工程施工机械台时费定额》，计算结果见表 4.45。

表 4.45　　　　　　　　　　　施工机械台时费计算表

定额编号	机械名称及规格	台时费/元	其　　中					燃料费价差
			折旧费	修理及替换设备费	安拆费	人工费	动力燃料费	
4087	汽车起重机，8t	87.22	20.90	14.66		24.71	26.95	23.10
9126	电焊机，25kVA	15.22	0.33	0.30	0.09		14.50	

（2）计算起重机轨道安装概算单价。查《水利水电设备安装工程概算定额》，计算结果见表 4.46。

表 4.46　　　　　　　　　　起重机轨道安装概算单价计算表

单价编号			项目名称	起重机轨道安装
定额编号		09095	定额单位	双 10m
施工方法		基础埋设，轨道校正、安装，附件安装		

编号	名　称　及　规　格	单　位	数　量	单价/元	合　计/元
一	直接费				5141.60
（一）	基本直接费				4686.96
1	人工费				3884.23

续表

编号	名 称 及 规 格	单 位	数 量	单价/元	合 计/元
	工长	工时	22.00	11.8	259.60
	高级工	工时	87.00	10.92	950.04
	中级工	工时	217.00	9.15	1985.55
	初级工	工时	108.00	6.38	689.04
2	材料费				273.58
	钢板	kg	56.40	4.50	253.80
	型钢	kg	48.30	4.80	231.84
	电焊条	kg	9.70	6.80	65.96
	乙炔气	m³	6.30	22.00	138.60
	其他材料费	%	10.00	690.20	69.02
3	机械使用费				529.15
	汽车起重机，8t	台时	3.30	87.22	287.83
	电焊机，20～30kVA	台时	14.20	15.22	216.12
	其他机械费	%	5.00	503.95	25.20
（二）	其他直接费	%	9.70	4686.96	454.64
二	间接费	%	75.00	3884.23	2913.17
三	利润	%	7.00	8054.77	563.83
四	材料补差				76.23
	汽车起重机，8t	台时	3.30	23.10	76.23
五	未计价装置性材料费				20031.80
	轨道	kg	2433.00	4.80	11678.40
	垫板	kg	1358.00	5.00	6790.00
	型钢	kg	163.00	4.80	782.40
	螺栓	kg	142.00	5.50	781.00
六	税金	%	3.28	28726.63	942.23
	合计				29668.86
	工程单价	元/m			2966.89

该厂房起重机轨道（QU120型）安装概算单价为2966.89元/双m。

思 考 与 练 习 题

1. 建筑安装工程单价由哪几部分构成？如何计算？

2. 某水利枢纽工程导流明渠，上口宽18m，Ⅳ类土，采用2m³挖掘机挖装15t自卸汽车运输，运2.3km弃料。试求土方挖运预算单价。

已知：柴油预算价格 6.8 元/kg，工程位于辽宁省铁岭市西丰县诚信村。

3. 辽宁省某黏土心墙砂壳坝，坝长 2600m，心墙设计工程量为 50 万 m^3，设计干密度 16.67kN/m^3，土料天然干密度为 15.19kN/m^3，土壤级别为 Ⅲ 类土。求黏土心墙填筑综合概算单价。

已知：（1）覆盖层为 Ⅱ 类土，清除量 2 万 m^3，由 74kW 推土机推运 100m 弃土。

（2）料场中心距坝址左岸坝头 6km，采用 2m^3 挖掘机挖装 20t 自卸汽车装运上坝，16t 轮胎碾压实。

（3）人工预算单价为：工长 11.80 元/工时，高级工 10.92 元/工时，中级工 9.15 元/工时，初级工 6.38 元/工时。

（4）材料预算价格：柴油 6800 元/t，电 1.0 元/kW·h。

（5）费率：其他直接费费率 9%；间接费费率 7%；利润率 7%；税率 3.28%。

4. 某水利枢纽工程有一条引水隧洞，总长 6000 m，纵坡 2‰，设一条长 200 m 的施工支洞，分四个工作面 A、B、C、D 同时进行。试确定通风机台时调整系数，石渣运输综合运距（洞内运输综合运距，露天运输综合运距）。

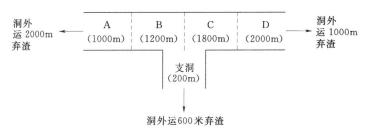

图 4.2 某隧洞施工平面布置图

5. 某工程引水工程进水闸底板厚 100cm，混凝土强度等级为 C25（二级配），埋石率 5%。采用 0.4m^3 拌和机拌制混凝土，混凝土水平运输用机动翻斗车运输，运距 100m，用泻槽进行混凝土的垂直运输，斜høj 9m。试计算：

（1）该水闸底板工程预算单价。

（2）该水闸钢筋工程预算单价。

已知：（1）工程地点：沈阳市辽中县某农村。

（2）材料预算价格见表 4.47。

表 4.47　　　　　　　　　材 料 预 算 价 格 表

序号	材料名称	计量单位	预算单价/元
1	柴油	kg	6.80
2	汽油	kg	6.50
3	电	kW·h	1.08
4	风	m^3	0.15
5	水	m^3	0.95
6	水泥（32.5 级）	t	380.00

序号	材料名称	计量单位	预算单价/元
7	中砂	m³	50.00
8	碎石	m³	65.00
9	块石	m³	65.00
10	钢筋	t	4300
11	铁丝	kg	5.0
12	电焊条	kg	7.5

6. 试编制某水电站发电电压设备（电压 10.5kV，设备原价 35 万元）安装概算单价。

已知：工程所在地区人工预算单价为工长 11.8 元/工时，高级工 10.92 元/工时，中级工 9.15 元/工时，初级工 6.38 元/工时；费率标准：其他直接费 9.7%，间接费 75%，利润 7%，税金 3.41%。

项目5 设计概算编制

学习目标与学习要点

本项目主要学习工程量的计算方法，各分部工程概算的编制方法，分年度投资和资金流量的编制方法，预备费、建设期融资利息、静态总投资和总投资的计算方法以及工程总概算表的编制方法，最后给出了一个工程总概算编制实例。通过本项目学习，掌握工程量的计算方法、各分部工程概算的编制方法、分年度投资和资金流量概念的编制方法、预备费和建设期融资利息的计算方法；掌握静态总投资和总投资的计算方法；掌握工程总概算表的编制方法。

任务5.1 水利水电工程工程量计算

工程概算编制主要是以工程量乘以工程单价来计算的，因此，工程量计算是编制工程概算的基本要素之一。工程量计算的准确与否，是衡量设计概算质量好坏的重要标志之一。所以，造价工程师除应具有本专业的知识外，还应当具有一定的水工、施工、机电、金属结构等专业知识。在编制概算时，造价工程师应认真查阅主要设计图纸，对各专业提供的设计工程量逐次核对，凡不符合概算编制要求的应及时向设计人员提出修正，切忌盲目照抄使用，力求准确可靠。

5.1.1 工程量计算的基本原则

1. 工程项目的设置

工程项目的设置必须与概算定额子目划分相适应，如土石方开挖工程应按不同土壤、岩石类别分别列项，土石方填筑应按土方、堆石料、反滤层、垫层料等分列；再如钻孔灌浆工程，一般概算定额将钻孔、灌浆单列，因此，在计算工程量时，钻孔、灌浆也应分开计算。

2. 计量单位

工程量的计量单位要与定额子目的单位相一致。有的工程项目的工程量可以用不同的计量单位表示，如喷混凝土，可以用"m²"表示，也可以用"m³"表示；混凝土防渗墙可以用阻水面积"m²"，也可以用进尺"m"或混凝土浇筑方量"m³"来表示。因此，设计提供的工程量单位要与选用的定额单位相一致，否则应按有关规定进行换算，使其一致。

3. 工程量计算

（1）设计工程量。工程量计算按照现行《水利水电工程设计工程量计算规定》（SL 328—2005）执行。可行性研究、初步设计阶段的设计工程量，就是按照建筑物和工程的几何轮廓尺寸计算的数量，乘以不同设计阶段系数（表 5.1）而得出的数量；施工图设计阶段系数均为 1.00，即设计工程量就是图纸工程量。

表 5.1　　　　　　　　　　　　　　设计工程量计算阶段系数表

设计阶段	项目	钢筋混凝土	混凝土			土石方开挖			土石方填筑			钢筋	钢材	灌浆
			工程量/万 m³											
			300 以上	100～300	100 以下	500 以上	200～500	200 以下	500 以上	200～500	200 以下			
永久水工建筑物	可行性研究	1.05	1.03	1.05	1.10	1.03	1.05	1.10	1.03	1.05	1.10	1.05	1.05	1.15
	初步设计	1.03	1.01	1.03	1.05	1.01	1.03	1.05	1.01	1.03	1.05	1.03	1.03	1.10
施工临时建筑物	可行性研究	1.10	1.05	1.10	1.15	1.05	1.10	1.15	1.05	1.10	1.15	1.10	1.10	
	初步设计	1.05	1.03	1.05	1.10	1.03	1.05	1.10	1.03	1.05	1.10	1.05	1.05	
金属结构	可行性研究													1.15
	初步设计													1.10

（2）施工超挖量、超填量及施工附加量。在水利水电工程施工中一般不允许欠挖，为保证建筑物的设计尺寸，施工中允许一定的超挖量。施工附加量是指为完成本项工程而必须增加的工程量，如土方工程中的取土坑、试验坑，隧洞工程中为满足交通、放炮要求而设置的内错车道、避炮洞以及下部扩挖所需增加的工程量。施工超填量是指由于施工超挖及施工附加相应增加的回填工程量。

《水利建筑工程概算定额》中已按有关施工规范计入合理的超挖量、超填量和施工附加量，故采用概算定额编制概（估）算时，工程量不应再计算这三项工程量。

《水利建筑工程概算定额》中均未计入这三项工程量，因此，采用预算定额编制概（估）算单价时，其开挖工程和填筑工程的工程量应按开挖设计断面和有关施工技术规范所规定的加宽及增放坡度计算。

采用《水利建筑工程预算定额》时超挖、超填量、施工附加量一般按以下规定计算：

1）地下建筑物开挖规范允许超挖量及施工附加量，可在设计尺寸上按半径加大 20cm 计算。

2）水工建筑物岩石基础开挖允许超挖量及施工附加量：①平面高程，一般应不大于20cm；②边坡依开挖高度而异：开挖高度在 8m 以内，应小于等于 20cm；开挖高度在 8～15m，应小于等于 30cm；开挖高度在 15～30m，应小于等于 50cm。

（3）施工损耗量。施工损耗量包括运输及操作损耗，体积变化损耗及其他损耗。运输及操作损耗量指土石方、混凝土在运输及操作过程中的损耗。体积变化损耗量，指土石方填筑工程中因施工期沉陷而增加的数量，混凝土因体积收缩而增加的工程量等；其他损耗量包括土石方填筑工程施工中的削坡，雨后清理损失数量，钻孔灌浆工程中混凝土灌注桩桩头的浇筑凿除及混凝土防渗墙一、二期接头重复造孔和混凝土浇筑等增加的工程量。

《水利建筑工程概算定额》对这几项损耗已按有关规定计入相应定额之中，而《水利建筑工程预算定额》未包括混凝土防渗墙接头处理所增加的工程量，因此，采用不同的定额编制工程单价时应仔细阅读有关定额说明，以免漏算或重算。

5.1.2 建筑工程量计算

1. 土石方工程量计算

土石方开挖工程量，应根据设计开挖图纸，按不同土壤和岩石类别分别进行计算。石方开挖工程应将明挖、槽挖、水下开挖、平洞、斜井和竖井开挖等分别计算。

土石方填筑工程量，应根据建筑物设计断面中的不同部位及其不同材料分别进行计算，其沉陷量应包括在内。

2. 砌石工程量计算

砌石工程量应按建筑物设计图纸的几何轮廓尺寸，以"建筑成品方"计算。

砌石工程量应将干砌石和浆砌石分开。干砌石应按干砌卵石、干砌块石，同时还应按建筑物或构筑物的不同部位及型式，如护坡（平面、曲面）、护底、基础、挡土墙、桥墩等分别计列；浆砌石按浆砌块石、卵石、条料石，同时尚应按不同的建筑物（浆砌石拱圈明渠、隧洞、重力坝）及不同的结构部位分项计列。

3. 混凝土及钢筋混凝土工程量计算

混凝土及钢筋混凝土工程量的计算应根据建筑物的不同部位及混凝土的设计标号分别计算。

钢筋及埋件、设备基础螺栓孔洞工程量应按设计图纸所示的尺寸并按定额计量单位计算，例如大坝的廊道、钢管道、通风井、船闸侧墙的输水道等，应扣除孔洞所占体积。

计算地下工程（如隧洞、竖井、地下厂房等）混凝土的衬砌工程量时，若采用《水利建筑工程概算定额》，应以设计断面的尺寸为准；若采用预算定额，计算衬砌工程量时应包括设计衬砌厚度加允许超挖部分的工程，但不包括允许超挖范围以外增加超挖所充填的混凝土量。

4. 钻孔灌浆工程量

钻孔工程量按实际钻孔深度计算，计量单位为 m。计算钻孔工程量时，应按不同岩石类别分项计算，混凝土钻孔一般按粗骨料的岩石级别计算。

灌浆工程量从基岩面起计算，计算单位为 m 或 m²。计算工程量时，应按不同岩层的不同透水率或单位干料耗量分别计算。

隧洞回填灌浆，其工程量计算范围一般在顶拱中心角120°范围内，依拱背面积计算，高压管道回填灌浆按钢管外径面积计算工程量。

混凝土防渗墙工程量，按设计的阻水面积计算其工程量，计量单位为 m²。

任务 5.2　分部工程概算编制

5.2.1　建筑工程概算编制

建筑工程按主体建筑工程、交通工程、房屋建筑工程、供电设施工程、其他建筑工程分别采用不同的方法编制。

1．主体建筑工程

（1）主体建筑工程概算按设计工程量乘以工程单价进行编制。

（2）主体建筑工程量应遵照《水利水电工程设计工程量计算规定》（SL 328—2005），按项目划分要求，计算到三级项目。

（3）当设计对混凝土施工有温控要求时，应根据温控措施设计，计算温控措施费用，也可以经过分析确定指标后，按建筑物混凝土方量进行计算。

（4）细部结构工程。参照水工建筑工程细部结构指标表（表 5.2）确定。

表 5.2　　　　　　　　　　　　　水工建筑工程细部结构指标表

项目名称	混凝土重力坝、重力拱坝、宽缝重力坝、支墩坝	混凝土双曲拱坝	土坝、堆石坝	水闸	冲沙闸、泄洪闸	进水口、进水塔	溢洪道	隧洞
单位	元/m³（坝体方）		元/m³（混凝土）					
综合指标	16.2	17.2	1.15	48	42	19	18.1	15.3

项目名称	竖井、调压井	高压管道	电（泵）站地面厂房	电（泵）站地下厂房	船闸	倒虹吸、暗渠	渡槽	明渠（衬砌）
单位	元/m³（混凝土）							
综合指标	19	4	37	57	30	17.7	54	8.45

注　1. 表中综合指标包括多孔混凝土排水管、廊道木模制作与安装、止水工程（面板坝除外）、伸缩缝工程、接缝灌浆管路、冷却水管路、栏杆、照明工程、爬梯、通气管道、排水工程、排水渗井钻孔及反滤料、坝坡踏步、孔洞钢盖板、厂房内上下水工程、防潮层、建筑钢材及其他细部结构工程。

　　2. 表中综合指标仅包括基本直接费内容。

　　3. 改扩建及加固工程，根据设计确定细部结构工程的工程量。其他工程，如果工程设计能够确定细部结构工程的工程量，可按设计工程量乘以工程单价进行计算，不再按表 5.2 指标计算。

2．交通工程

交通工程投资按设计工程量乘以单价进行计算，也可根据工程所在地区造价指标或有关实际资料，采用扩大单位指标编制。

3．房屋建筑工程

（1）永久房屋建筑：

1）用于生产、办公的房屋建筑面积，由设计单位按有关规定结合工程规模确定，单位造价指标根据当地相应建筑造价水平确定。

2）值班宿舍及文化福利建筑的投资按主体建筑工程投资的百分率计算。

枢纽工程：

　　投资≤50000 万元，　　　　　　　　1.0%～1.5%；

　　50000 万元＜投资≤100000 万元，　　0.8%～1.0%；

　　投资＞100000 万元，　　　　　　　　0.5%～0.8%。

引水工程：　　　　　　　　　　　　　　0.4%～0.6%。

河道工程：　　　　　　　　　　　　　　0.4%。

（注：投资小或工程位置偏远者取大值，反之取小值。）

3）除险加固工程（含枢纽、引水、河道工程）、灌溉田间工程的永久房屋建筑面积由设计单位根据有关规定结合工程建设需要确定。

（2）室外工程投资。一般按房屋建筑工程投资的15%～20%计算。

4．供电设施工程

供电设施工程根据设计的电压等级、线路架设长度及所需配备的变配电设施要求，采用工程所在地区造价指标或有关实际资料计算。

5．其他建筑工程

（1）安全监测设施工程，指属于建筑工程性质的内外部观测设施。安全监测工程项目投资应按设计资料计算。如无设计资料时，可根据坝型或其他工程型式，按照主体建筑工程投资的百分率计算。

当地材料坝：   0.9%～1.1%。

混凝土坝：   1.1%～1.3%。

引水式电站（引水建筑物）：   1.1%～1.3%。

堤防工程：   0.2%～0.3%。

（2）照明线路、通信线路等三项工程投资按设计工程量乘以单价或采用扩大单位指标编制。

（3）其余各项按设计要求分析计算。

5.2.2 机电设备及安装工程

机电设备及安装工程投资由设备费和安装工程费两部分组成。

1．设备费

设备费包括设备原价、运杂费、运输保险费和采购保管费。

（1）设备原价。以出厂价或设计单位分析论证后的询价为设备原价。

（2）运杂费。运杂费分主要设备运杂费和其他设备运杂费，均按占设备原价的百分率计算。

1）主要设备运杂费费率见表5.3。设备由铁路直达或铁路、公路联运时，分别按里程求得费率后叠加计算；如果设备由公路直达，应按公路里程计算费率后，再加公路直达基本费率。

表5.3   主要设备运杂费费率表   %

设备分类		铁 路		公 路		公路直达基本费率
		基本运距1000km	每增运500km	基本运距100km	每增运20km	
水轮发电机组		2.21	0.30	1.06	0.15	1.01
主阀、桥机		2.99	0.50	1.85	0.20	1.33
主变压器	12万kVA及以上	3.50	0.40	2.80	0.30	1.20
	12万kVA以下	2.97	0.40	0.92	0.15	1.20

2）其他设备运杂费费率见表5.4。工程地点距铁路线近者费率取小值，远者取大值。

新疆、西藏地区的设备运杂费率可视具体情况另行确定。

表 5.4 其他设备运杂费费率表

类别	适 用 地 区	费率/%
Ⅰ	北京、天津、上海、江苏、浙江、江西、安徽、湖北、湖南、河南、广东、山西、山东、河北、陕西、辽宁、吉林、黑龙江等省（自治区、直辖市）	3～5
Ⅱ	甘肃、云南、贵州、广西、四川、重庆、福建、海南、宁夏、内蒙古、青海等省（自治区、直辖市）	5～7

（3）运输保险费。按有关规定计算。

（4）采购及保管费。按设备原价、运杂费之和的 0.7% 计算。

（5）运杂综合费率：

运杂综合费率＝运杂费费率＋(1＋运杂费费率)×采购及保管费费率＋运输保险费费率

上述运杂综合费率适用于计算国产设备运杂费。进口设备的国内段运杂综合费率，按国产设备运杂综合费率乘以相应国产设备原价占进口设备原价的比例系数进行计算（即按相应国产设备价格计算运杂综合费率）。

（6）交通工具购置费。交通工具购置费指工程竣工后，为保证建设项目初期生产管理单位正常运行而必须配备的车辆和船只所产生的费用。交通设备数量应由设计单位按有关规定、结合工程规模确定，设备价格根据市场情况、结合国家有关政策确定。无设计资料时可按表 5.5 计算交通工具购置费，除高原、沙漠地区外，不得用于购置进口、豪华车辆。

灌溉田间工程不计此项费用。

计算方法：以第一部分建筑工程投资为基数，按表 5.5 的费率，以超额累进方法计算。简化计算公式：第一部分建筑工程投资×该档费率＋辅助参数。

表 5.5 交通工具购置费费率表

第一部分建筑工程投资/万元	费率/%	辅助参数/万元
1 万及以内	0.50	0
1 万～5 万	0.25	25
5 万～10 万	0.10	100
10 万～20 万	0.06	140
20 万～50 万	0.04	180
50 万以上	0.02	280

2. 安装工程费

安装工程投资按设备数量乘以安装单价进行计算。

5.2.3　金属结构设备及安装工程

编制方法同第二部分机电设备及安装工程。

5.2.4　施工临时工程

1. 导流工程

导流工程按设计工程量乘以工程单价进行计算。

2. 施工交通工程

施工交通工程按设计工程量乘以工程单价进行计算，也可根据工程所在地区造价指标或有关实际资料，采用扩大单位指标编制。

3. 施工场外供电工程

根据设计的电压等级、线路架设长度及所需配备的变配电设施要求，采用工程所在地区造价指标或有关实际资料计算。

4. 施工房屋建筑工程

施工房屋建筑工程包括施工仓库和办公、生活及文化福利建筑两部分。施工仓库，指为工程施工而临时兴建的设备、材料、工器具等仓库；办公、生活及文化福利建筑，指施工单位、建设单位、监理单位及设计代表在工程建设期所需的办公用房、宿舍、招待所和其他文化福利设施等房屋建筑工程。

施工房屋建筑工程不包括列入临时设施和其他施工临时工程项目内的电、风、水，通信系统，砂石料系统，混凝土拌和及浇筑系统，木工、钢筋、机修等辅助加工厂，混凝土预制构件厂，混凝土制冷、供热系统，以及施工排水等生产用房。

（1）施工仓库。建筑面积由施工组织设计确定，单位造价指标根据当地相应建筑造价水平确定。

（2）办公、生活及文化福利建筑：

1）枢纽工程。枢纽工程施工房屋建筑工程投资按下列公式计算：

$$I = \frac{AUP}{NL} K_1 K_2 K_3$$

式中　I——房屋建筑工程投资；

　　　A——建安工作量，按工程一至四部分建安工作量（不包括办公用房、生活及文化福利建筑和其他施工临时工程）之和乘以（1+其他施工临时工程百分率）计算；

　　　U——人均建筑面积综合指标，按 $12\sim15\text{m}^2$/人标准计算；

　　　P——单位造价指标，参考工程所在地区的永久房屋造价指标（元/m^2）计算；

　　　N——施工年限，按施工组织设计确定的合理工期计算；

　　　L——全员劳动生产率，一般按 8 万～12 万元/（人·年）；施工机械化程度高取大值，反之取小值；采用掘进机施工为主的工程全员劳动生产率应适当提高；

　　　K_1——施工高峰人数调整系数，取 1.10；

　　　K_2——室外工程系数，取 1.10～1.15；地形条件差的可取大值，反之取小值；

　　　K_3——单位造价指标调整系数，按不同施工年限，采用表 5.6 中的调整系数。

表 5.6 单位造价指标调整系数表

工期	2 年以内	2～3 年	3～5 年	5～8 年	8～11 年
系数	0.25	0.40	0.55	0.70	0.80

2）引水工程。引水工程施工房屋建筑工程费按一至四部分建安工作量的百分率计算，百分率见表 5.7。一般引水工程取中上限，大型引水工程取下限。掘进机施工隧洞工程按表中费率乘 0.5 调整系数。

表 5.7 引水工程施工房屋建筑工程费费率表

工期	百分率	工期	百分率
≤3 年	1.5%～2.0%	>3 年	1.0%～1.5%

3）河道工程。河道工程施工房屋建筑工程费按一至四部分建安工作量的百分率计算，百分率见表 5.8。

表 5.8 河道工程施工房屋建筑工程费费率表

工期	百分率	工期	百分率
≤3 年	1.5%～2.0%	>3 年	1.0%～1.5%

5．其他施工临时工程

按工程一至四部分建安工作量（不包括其他施工临时工程）之和的百分率计算：

（1）枢纽工程为 3.0%～4.0%。

（2）引水工程为 2.5%～3.0%，一般引水工程取下限，隧洞、渡槽等大型建筑物较多的引水工程、施工条件复杂的引水工程取上限。

（3）河道工程为 0.5%～1.5%，灌溉田间工程取下限，建筑物较多、施工排水量大或施工条件复杂的河道工程取上限。

5.2.5 独立费用

1．建设管理费

（1）枢纽工程。枢纽工程建设管理费以一至四部分建安工作量为计算基数，按表 5.9 所列费率，以超额累进方法计算。简化计算公式为：一至四部分建安工作量×该档费率＋辅助参数（下同）。

表 5.9 枢纽工程建设管理费费率表

一至四部分建安工作量/万元	费率/%	辅助参数/万元
5 万及以内	4.5	0
5 万～10 万	3.5	500
10 万～20 万	2.5	1500
20 万～50 万	1.8	2900
50 万以上	0.6	8900

（2）引水工程。引水工程建设管理费以一至四部分建安工作量为计算基数，按表5.10所列费率，以超额累进方法计算。原则上应按整体工程投资统一计算，工程规模较大时可分段计算。

表 5.10 引水工程建设管理费费率表

一至四部分建安工作量/万元	费率/%	辅助参数/万元
5 万及以内	4.2	0
5 万~10 万	3.1	550
10 万~20 万	2.2	1450
20 万~50 万	1.6	2650
50 万以上	0.5	8150

（3）河道工程。河道工程建设管理费以一至四部分建安工作量为计算基数，按表5.11所列费率，以超额累进方法计算。原则上应按整体工程投资统一计算，工程规模较大时可分段计算。

表 5.11 河道工程建设管理费费率表

一至四部分建安工作量/万元	费率/%	辅助参数/万元
1 万及以内	3.5	0
1 万~5 万	2.4	110
5 万~10 万	1.7	460
10 万~20 万	0.9	1260
20 万~50 万	0.4	2260
50 万以上	0.2	3260

2. 工程建设监理费

按照国家发展改革委发改价格〔2007〕670 号文颁发的《建设工程监理与相关服务收费管理规定》及其他相关规定执行。

3. 联合试运转费

费用指标见表 5.12。

表 5.12 联合试运转费用指标表

水电站工程	单机容量/万 kW	≤1	≤2	≤3	≤4	≤5	≤6	≤10	≤20	≤30	≤40	>40
	费用/（万元/台）	6	8	10	12	14	16	18	22	24	32	44
泵站工程	电力泵站	50~60 元/kW										

4. 生产准备费

（1）生产及管理单位提前进厂费：

1）枢纽工程按一至四部分建安工程量的 0.15%~0.35% 计算，大（1）型工程取小值，大（2）型工程取大值。

2）引水工程视工程规模参照枢纽工程计算。

3）河道工程、除险加固工程、田间工程原则上不计此项费用。若工程含有新建大型泵站、泄洪闸、船闸等建筑物时，按建筑物投资参照枢纽工程计算。

（2）生产职工培训费。按一至四部分建安工作量的 0.35%～0.55% 计算，枢纽工程、引水工程取中上限，河道工程取下限。

（3）管理用具购置费：

1）枢纽工程按一至四部分建安工作量的 0.04%～0.06% 计算，大（1）型工程取小值，大（2）型工程取大值。

2）引水工程按建安工作量的 0.03% 计算。

3）河道工程按建安工作量的 0.02% 计算。

（4）备品备件购置费。按占设备费的 0.4%～0.6% 计算，大（1）型工程取下限，其他工程取中、上限。

（注：设备费应包括机电设备、金属结构设备以及运杂费等全部设备费；电站、泵站同容量、同型号机组超过一台时，只计算一台的设备费。）

（5）工器具及生产家具购置费。按占设备费的 0.1%～0.2% 计算，枢纽工程取下限，其他工程取中、上限。

5. 科研勘测设计费

（1）工程科学研究试验费。按工程建安工作量的百分率计算，其中枢纽和引水工程取 0.7%，河道工程取 0.3%。灌溉田间工程一般不计此项费用。

（2）工程勘测设计费。项目建议书、可行性研究阶段的勘测设计费及报告编制费：执行国家发展改革委发改价格〔2006〕1352 号文颁布的《水利水电工程建设项目前期工作工程勘察收费标准》和原国家计委计价格〔1999〕1283 号文颁布的《建设项目前期工作咨询收费暂行规定》。

初步设计、招标设计及施工图设计阶段的勘测设计费：执行原国家计委、建设部计价格〔2002〕10 号文颁布的《工程勘察设计收费标准》。

应根据所完成的相应勘测设计工作阶段确定工程勘测设计费，未发生的工作阶段不计相应阶段勘测设计费。

6. 其他

（1）工程保险费。按工程一至四部分投资合计的 4.5‰～5.0‰ 计算，田间工程原则上不计此项费用。

（2）其他税费。按国家有关规定计取。

任务 5.3　分年度投资及资金流量

5.3.1　分年度投资

分年度投资是根据施工组织设计确定的施工进度和合理工期而计算出的工程各年度预计完成的投资额。

1. 建筑工程

建筑工程分年度投资表应根据施工进度的安排，对主要工程按各单项工程分年度完成的工程量和相应的工程单价计算。对于次要的和其他工程，可根据施工进度，按各年所占完成投资的比例，摊入分年度投资表。

建筑工程分年度投资的编制，可视不同情况按项目划分列至一级项目或二级项目，分别反映各自的建筑工程量。

2. 设备及安装工程

设备及安装工程分年度投资应根据施工组织设计确定的设备安装进度计算各年预计完成的设备费和安装费。

3. 独立费用

根据费用的性质和费用发生的时段，按相应年度分别进行计算。

5.3.2 资金流量

资金流量是为满足工程项目在建设过程中各时段的资金需求，按工程建设所需资金投入时间计算的各年度使用的资金量。资金流量表的编制以分年度投资表为依据，按建筑安装工程、永久设备购置费和独立费用三种类型分别计算。本资金流量计算办法主要用于初步设计概算。

1. 建筑及安装工程资金流量

（1）建筑工程可根据分年度投资表的项目划分，以各年度建筑工作量作为计算资金流量的依据。

（2）资金流量是在原分年度投资的基础上，考虑预付款、预付款的扣回、保留金和保留金的偿还等编制出的分年度资金安排。

（3）预付款一般可划分为工程预付款和工程材料预付款两部分：

1）工程预付款按划分的单个工程项目的建安工作量的 10％～20％计算，工期在 3 年以内的工程全部安排在第一年，工期在 3 年以上的可安排在前两年。工程预付款的扣回从完成建安工作量的 30％起开始，按完成建安工作量的 20％～30％扣回至预付款全部回收完毕为止。对于需要购置特殊施工机械设备或施工难度较大的项目，工程预付款可取大值，其他项目取中值或小值。

2）工程材料预付款。水利工程一般规模较大，所需材料的种类及数量较多，提前备料所需资金较大，因此考虑向施工企业支付一定数量的材料预付款。可按分年度投资中次年完成建安工作量的 20％在本年提前支付，并于次年扣回，以此类推，直至本项目竣工。

（4）保留金。水利工程的保留金，按建安工作量的 2.5％计算。在计算概算资金流量时，按分项工程分年度完成建安工作量的 5％扣留，至该项工程全部建安工作量的 2.5％时终止（即完成建安工作量的 50％时），并将所扣的保留金 100％计入该项工程终止后一年（如该年已超出总工期，则此项保留金计入工程的最后一年）的资金流量表内。

2. 永久设备购置费资金流量

永久设备购置费资金流量计算，划分为主要设备和一般设备两种类型分别计算。

（1）主要设备的资金流量计算。主要设备为水轮发电机组、大型水泵、大型电机、主阀、主变压器、桥机、门机、高压断路器或高压组合电器、金属结构闸门启闭设备等。按设备到货周期确定各年资金流量比例，具体比例见表 5.13。

表 5.13　　　　　　　　　　　　　主要设备资金流量比例表

到货周期	第 1 年	第 2 年	第 3 年	第 4 年	第 5 年	第 6 年
1 年	15%	75%[①]	10%			
2 年	15%	25%	50%[①]	10%		
3 年	15%	25%	10%	40%[①]	10%	
4 年	15%	25%	10%	10%	30%[①]	10%

[①]　数据的年份为设备到货年份。

（2）其他设备。其资金流量按到货前一年预付 15% 定金，到货年支付 85% 的剩余价款。

3. 独立费用资金流量

独立费用资金流量，主要是勘测设计费的支付方式应考虑质量保证金的要求，其他项目则均按分年投资表中的资金安排计算。

（1）可行性研究和初步设计阶段的勘测设计费按合理工期分年平均计算。

（2）施工图设计阶段勘测设计费的 95% 按合理工期分年平均计算，其余 5% 的勘测设计费用作为设计保证金，计入最后一年的资金流量表内。

任务 5.4　总 概 算 编 制

5.4.1　预备费

1. 基本预备费

计算方法：根据工程规模、施工年限和地质条件等不同情况，按工程一至五部分投资合计（依据分年度投资表）的百分率计算。

初步设计阶段为 5.0%～8.0%。

技术复杂、建设难度大的工程项目取大值，其他工程取中小值。

2. 价差预备费

计算方法：根据施工年限，以资金流量表的静态投资为计算基数。

按有关部门适时发布的年物价指数计算。计算公式为

$$E = \sum_{n=1}^{N} F_n \left[(1+p)^n - 1 \right]$$

式中　E——价差预备费；

　　　N——合理建设工期；

　　　n——施工年度；

F_n——建设期间资金流量表内第 n 年的投资；

p——年物价指数。

5.4.2 建设期融资利息

建设期融资利息计算公式为

$$S = \sum_{n=1}^{N} \left[\left(\sum_{m=1}^{n} F_m b_m - \frac{1}{2} F_n b_n \right) + \sum_{m=0}^{n-1} S_m \right] i$$

式中 S——建设期融资利息；

N——合理建设工期；

n——施工年度；

m——还息年度；

F_n、F_m——在建设期资金流量表内的第 n、第 m 年的投资；

b_n、b_m——各施工年份融资额占当年投资比例；

i——建设期融资利率；

S_m——第 m 年的付息额度。

5.4.3 静态总投资

一至五部分投资与基本预备费之和构成工程部分静态投资。编制工程部分总概算表时，在第五部分独立费用之后，应顺序计列以下项目：

（1）一至五部分投资合计。

（2）基本预备费。

（3）静态投资。工程部分、建设征地移民补偿、环境保护工程、水土保持工程的静态投资之和构成静态总投资。

5.4.4 总投资

静态总投资、价差预备费、建设期融资利息之和构成总投资。编制工程概算总表时，在工程投资总计中应顺序计列以下项目：

（1）静态总投资（汇总各部分静态投资）。

（2）价差预备费。

（3）建设期融资利息。

（4）总投资。

5.4.5 建设征地移民补偿、环境保护工程、水土保持工程概算编制

建设征地移民补偿、环境保护工程、水土保持工程概算编制按国家有关规定计算。

5.4.6 设计概算编制案例

编制某水利水电枢纽工程设计概算。

1. 工程概况

某水库工程为某流域规划的一座大型综合利用水利枢纽工程，水库控制流域面积 1915km²，水库主要任务是以防洪、发电、工业及生活供水为主，兼顾灌溉等综合利用。水库设计洪水标准为 100 年一遇，校核洪水标准为 2000 年一遇，校核洪水位 275.0m，水库总库容 6.08 亿 m³。

主要建筑物有大坝、泄洪洞、溢洪道和输水洞及电站等，工程等级为一等。水库对外交通运输条件尚好。水库淹没土地及移民人数分别为 0.26 万亩和 631 人，移民大多迁移到某市。主体建筑工程土石方开挖 409.98 万 m³，土石填筑 572.99 万 m³，混凝土 24.30 万 m³。主要材料用量为水泥 102316t，钢筋 10248t，钢材 2485t，木材 1296m³，炸药 2859t，汽油 12t，柴油 14965t，砂 21.36 万 m³，碎石 39.25 万 m³。施工总工期为 5 年，施工总工日为 226.01 万个。

项目资金来源为：国家拨款 40%，地方自筹 60%（其中 50% 为贷款，贷款利率 6.21%）。

2. 设计概算编制说明

（1）设计概算编制原则及依据：

1）编制原则。本工程为大（2）型水利枢纽项目，按国家水利基本建设项目编制本工程设计概算。执行水利部水总〔2014〕429 号文发布的《水利工程设计概（估）算编制规定》。

2）编制依据。建筑工程采用水利部水总〔2002〕116 号文发布的《水利建筑工程概算定额》；安装工程采用水利部水建管〔1999〕523 号文发布的《水利水电设备安装工程概算定额》；施工机械台时费定额执行水利部水总〔2002〕116 号文发布的《水利工程施工机械台时费定额》。

（2）基础单价：

1）人工预算单价。依据水利部水总〔2014〕429 号文发布的《水利工程设计概（估）算编制规定》规定，本工程位于一类区，人工预算单价为：工长 11.80 元/工时，高级工 10.92 元/工时，中级工 9.15 元/工时，初级工 6.38 元/工时。

2）主要材料预算价格。该工程材料原价均按该市 2014 年第四季度市场调节价。材料运杂费按当地运输部门规定计算，采购及保管费费率按表 5.14 规定的费率计算，运输保险费按材料原价的 2% 计算。主要材料基价见表 5.15。

表 5.14　　　　　　　　　　　　　采购及保管费费率表

材料名称	水泥、碎（砾）石、砂、块石	钢材	油料	其他材料
费率/%	3	2	2	2.5

表 5.15　　　　　　　　　　　　　主 要 材 料 基 价 表

材料名称	柴油	汽油	钢筋	水泥	炸药
基价/(元/t)	3500	3600	3000	300	6000

3）风、水、电预算价格。施工用电由国家电网供给，经计算，预算价格为 0.85 元/(kW·h)；风、水由施工单位自备，计算后的预算价格分别为 0.15 元/m³ 和 0.65 元/m³。

4) 施工机械台时费。施工机械使用费，按台时计算，执行水利部水总〔2002〕116号文发布的《水利工程施工机械台时费定额》。

5) 设备预算价格。机电设备和金属结构设备价格均采用现行价，以出厂价为原价，非定型和非标准产品采用对生产厂家的询价或报价计算设备价格；运杂费按占设备原价的百分率计算。

（3）取费标准。各项取费标准见表 5.16。

表 5.16　　　　　　　　　　　　枢 纽 工 程 取 费 标 准

序号	项　目	土方工程	石方工程	砂石备料工程	模板工程	混凝土浇筑工程	钢筋制安工程	钻孔灌浆工程	锚固工程	疏浚工程	掘进机施工隧洞工程（1）	掘进机施工隧洞工程（2）	其他工程	机电、金属结构设备安装工程
一	其他直接费	9.0	9.0	0.5	9.0	9.0	9.0	9.0	9.0	9.0	2.0	4.0	9.0	9.7
1	冬雨季施工增加费	2.5	2.5		2.5	2.5	2.5	2.5	2.5	2.5			2.5	2.5
2	夜间施工增加费	0.5	0.5		0.5	0.5	0.5	0.5	0.5	0.5			0.5	0.7
3	特除地区施工增加费													
4	临时设施费	3.0	3.0		3.0	3.0	3.0	3.0	3.0	3.0			3.0	3.0
5	安全生产措施费	2.0	2.0		2.0	2.0	2.0	2.0	2.0	2.0			2.0	2.0
6	其他	1.0	1.0		1.0	1.0	1.0	1.0	1.0	1.0			1.0	1.5
二	间接费	7	11	4	8	8	5	9	9	6	3	5	9	75
三	利润	7	7	7	7	7	7	7	7	7	7	7	7	7
四	税金	3.28	3.28	3.28	3.28	3.28	3.28	3.28	3.28	3.28	3.28	3.28	3.28	3.28

（4）其他：

1) 预备费。基本预备费，按一至五部分投资合计的 5% 计算；价差预备费，按编制规定计算，年物价指数按 5% 计算。

2) 建设期融资利息。本项目国家拨款 40%，地方自筹 60%（其中 50% 贷款），贷款利率为 6.21%。

3. 总概算表及分部概算表

总概算表及分部概算表见表 5.17～表 5.24。

表 5.17　　　　　　　　　　　　工 程 部 分 总 概 算 表

序号	工程或费用名称	建安工程费/万元	设备购置费/万元	独立费用/万元	合计/万元	占一至五部分合计百分数/%
	第一部分　建筑工程	58428.98			58428.98	71.12
一	混凝土面板堆石坝	32000.64			32000.64	
二	溢洪道工程	5764.2			5764.2	
三	泄洪洞工程	13489.48			13489.48	

续表

序号	工程或费用名称	建安工程费/万元	设备购置费/万元	独立费用/万元	合计/万元	占一至五部分合计百分数/%
四	输水洞工程	1920.91			1920.91	
五	发电厂工程	679.73			679.73	
六	交通工程	2781.29			2781.29	
七	房屋建筑工程	1008.04			1008.04	
八	其他建筑工程	784.69			784.69	
	第二部分 机电设备及安装工程	236.32	2247.86		2484.18	3.02
一	发电设备及安装	134.11	1121.71		1255.82	
二	升压变电设备及安装	83.09	614.08		697.17	
三	公用设备及安装	19.12	512.07		531.19	
	第三部分 金属结构设备及安装工程	313.68	1717.43		2031.11	2.47
一	输水洞工程	171	226.41		397.41	
二	电站尾水闸门	4.24	23.71		27.95	
三	泄洪洞闸门	126.68	1355.02		1481.7	
四	施工导流洞	11.76	112.29		124.05	
	第四部分 施工临时工程	9591.2			9591.2	11.67
一	导流工程	3020.35			3020.35	
二	施工交通工程	1628.5			1628.5	
三	施工场外供电工程	340			340	
四	施工房屋建筑工程	1965.04			1965.04	
五	其他施工临时工程	2637.31			2637.31	
	第五部分 独立费用			9618.37	9618.37	11.71
一	建设管理费			3038.74	3038.74	
二	工程建设监理费			1388.73	1388.73	
三	联合试运转费			12	12	
四	生产准备费			647.6	647.6	
五	科研勘测设计费			4498.66	4498.66	
六	其他			32.64	32.64	
	一至五部分合计	68570.18	3965.29	9618.37	82153.84	100
	基本预备费				4107.69	
	静态总投资				86261.53	
	价差预备费				12325.9	
	建设期融资利息				5392.19	
	总投资				103979.62	

表 5.18 　　　　　　　　　　　　建 筑 工 程 概 算 表

序号	工程或费用名称	单位	数量	单价/元	合计/万元
	第一部分　建筑工程				58428.98
一	混凝土面板堆石坝工程				32000.64
（一）	基础开挖工程				2411.93
	坝基土方开挖	m³	194281	11.70	227.31
	⋮				
（二）	坝体土石填筑工程				24692.06
	坝体灰岩垫层	m³	179464	124.50	2234.33
	⋮				
（三）	混凝土及钢筋混凝土工程				1605.67
	面板 C20 混凝土	m³	38147	305.52	1165.47
	⋮				
（四）	模板工程				10.95
	模板	m²	2432.4	45.00	10.95
（五）	其他工程				3280.03
	细部结构指标	m³	5736180	0.84	481.84
	枢纽区两岸山体稳定处理	项	1	1000000	100.00
	砂料调差	m³	99358	16.07	159.67
	⋮				
二	溢洪道工程				5764.20
（一）	石方开挖				4487.10
（二）	混凝土、模板工程				852.25
（三）	其他工程				424.85
三	泄洪洞工程				13489.48
（一）	1 号泄洪洞工程				2742.83
	⋮				
（二）	2 号泄洪（导流）洞工程				3878.31
	⋮				
（三）	1 号、2 号泄洪洞工程出口部分				6402.66
	石方工程				2853.60
	混凝土、模板工程				2467.09
	其他工程				1081.97
（四）	导流洞封堵部分				140.10
（五）	其他				325.58
四	输水洞工程				1920.91
（一）	进口部分				240.27

序号	工程或费用名称	单位	数量	单价/元	合计/万元
	⋮				
(二)	洞身部分				997.58
	石方工程				249.50
	⋮				
(三)	竖井及交通桥				196.45
	⋮				
(四)	1号支洞出口				341.63
	⋮				
(五)	2号支洞出口				113.63
	⋮				
(六)	其他				31.35
五	发电厂工程				679.73
(一)	一号电站工程				263.53
	⋮				
(二)	二号电站工程				391.66
	⋮				
(三)	其他				24.55
六	交通工程				2781.29
(一)	永久公路				1324.39
(二)	新增永久进场路及交通桥	项	1	12689000	1268.9
(三)	转运站（不含征地）	项	1	1880000	188
七	房屋建筑工程				1008.04
(一)	辅助生产厂房	m²	400	600	24
(二)	办公室	m²	5000	600	300
(三)	生活文化福利建筑	项	538549540	0.011	592.40
(四)	室外工程投资	项	9164045	0.1	91.64
八	其他建筑工程				784.69
(一)	通讯线路	km	10	200000	200
(二)	厂坝区供水、供热、排水等措施	项	1	1000000	100
(三)	内外部观测工程	项	538549540	0.009	484.69

表 5.19　　　　　　　　　　机电设备及安装工程概算表

序号	名称及规格	单位	数量	单 价/元		合 计/万元	
				设备费	安装费	设备费	安装费
	第二部分　机电设备及安装工程					2247.86	236.32
一	发电机设备及安装工程					1121.71	134.11
（一）	1 号电站工程					360.06	55.62
1	主机设备及安装					296.01	46.64
	⋮						
2	辅助机械					39.51	5.54
	⋮						
3	测压设备					0.19	0.03
4	自动化元件					10.69	1.5
	项	1	100000	15000	10	1.5	
	小计					10	
	运杂、保险及采保费 6.94%					0.69	
5	阀门与管件					4.73	0.66
	项	1		44203	6630	4.42	0.66
	小计					4.42	
	运杂、保险及采保费 6.94%					0.31	
6	其他					8.92	1.25
	⋮						
（二）	2 号电站工程					761.65	78.48
	⋮						
二	升压变电设备及安装工程					614.08	83.09
（一）	1 号电站					330.25	43.34
1	发电机电压（6.3kV）设备					46.7	6.01
2	控制保护设备					104.59	14.67
3	厂用电系统					10.48	1.47
4	电缆					23.88	3.35
5	⋮						
（二）	2 号电站					283.83	39.75
	⋮						
三	公用设备及安装工程					512.06	19.12
（一）	库区供电					125.78	18.87
（二）	水情自动测报系统					150	
（三）	交通设备					160	
（四）	水文环保设备					50	
（五）	全厂消防设备					26.28	0.25

表 5.20   金属结构设备及安装工程概算表

序号	名称及规格	单位	数量	单 价/元		合 计/万元	
				设备费	安装费	设备费	安装费
	第三部分　金属结构设备及安装工程					1717.43	313.68
一	输水洞					226.41	171.00
（一）	输水洞进口拦污栅					28	4.19
	拦污栅	t	8	10000	399	8	0.32
	⋮						
（二）	输水洞事故检修闸门					100.29	17.40
	检修闸门	t	22	11000	1542	24.2	3.39
	闸门埋件	t	40	9000	2978	36	11.91
	配重	t	25	5000	236	12.5	0.59
	手动葫芦（3t）	台	1	6000	2020	0.6	0.20
	卷扬式启闭机（800kN−75m）	台	1	150000	13057	15	1.31
	闸门喷锌	t	22	1400		3.08	
	埋件喷锌	t	40	600		2.4	
	小计					93.78	
	运杂、保险及采保费 6.94%					6.51	
（三）	输水洞 1 号支洞锥形阀					21.66	25.06
	锥形阀（φ1600mm）	台	1	150000	38533	15	3.85
	压力钢管	t	15	3500	14139	5.25	21.21
	小计					20.25	
	运杂、保险及采保费 6.94%					1.41	
（四）	输水洞 2 号支洞锥形阀					76.46	124.35
	锥形阀（φ2200mm）		1	400000	61337	40	6.13
	压力钢管	t	90	3500	13135	31.5	118.22
	小计					71.5	
	运杂、保险及采保费 6.94%					4.96	
二	电站尾水闸门					23.71	4.24
（一）	1 号电站尾水检修闸门					5.56	1.06
（二）	2 号电站尾水防洪闸门					18.15	3.18
三	泄洪洞闸门					1355.02	126.68
（一）	1 号、2 号泄洪洞弧形工作闸门					543.04	62.79
（二）	1 号、2 号泄洪洞事故检修门					811.97	63.89
四	施工导流洞					112.29	11.76

表 5.21 施工临时工程概算表

序号	工程或费用名称	单位	数量	单价/元	合计/万元
	第四部分 施工临时工程				9591.20
一	导流工程				3020.35
(一)	一期导流工程				1182.49
1	导流洞进口围堰				166.29
	堰体石渣填筑	m³	6145	22.00	13.52
	堰体草袋装土填筑	m³	1731	145.29	25.15
	高压定喷防渗	m	1495	853.66	127.62
2	泄洪洞出口围堰				339.40
	土石方填筑	m³	21829	22.00	48.02
	草土围堰填筑	m³	4567	145.29	66.35
	高压定喷防渗	m	2636	853.66	225.02
3	导流洞进口左岸滩地开挖				148.46
	切滩砂砾石开挖	m³	50659	14.86	75.28
	切滩石方开挖	m³	21712	33.70	73.18
4	泄洪洞出口左岸滩地开挖				130.88
	砂砾石开挖	m³	44660	14.86	66.37
	石方开挖	m³	19140	33.70	64.51
5	主河槽坝基础纵向防渗				397.46
	下游高压定喷防渗	m	2310	853.66	197.19
	上游摆喷防渗	m	1980	1011.44	200.26
(二)	二期导流工程				1837.86
1	上游围堰				784.28
2	下游围堰				80.37
3	坝面过水保护				915.88
4	围堰拆除				57.34
二	施工交通工程				1628.5
(一)	场内交通道路				1328.5
(二)	临时交通桥				300
三	施工场外供电线路	km	10	340000	340
四	施工房屋建筑工程				1965.04
(一)	施工仓库	m²	20000	300	600
(二)	办公、生活及文化福利建筑				1365.04
五	其他施工临时工程	%	4	65932.87	2637.31

表 5.22　　　　　　　　　　　　　独 立 费 用 概 算 表

序号	工程或费用名称	单位	数量	单价/万元	合计/万元
	第五部分　独立费用				9618.37
一	建设管理费		72535.47×3.50%+500		3038.74
二	工程建设监理费		根据发改价格〔2007〕670 号文件		1388.73
三	联合试运转费				12
四	生产准备费				647.6
1	生产及管理单位提前	%	0.35	72535.47	253.87
2	生产职工培训费	%	0.45	72535.47	326.41
3	管理用具购置费	%	0.06	72535.47	43.52
4	备品备件购置费	%	0.5	3965.29	19.83
5	工器具及生产家具购置费	%	0.1	3965.29	3.97
五	科研勘测设计费				4498.66
1	工程科学研究试验费	%	0.7	68570.18	479.99
2	工程勘测设计费				4018.67
	勘测费		根据计价格〔2002〕10 号文件		1865.81
	设计费		根据计价格〔2002〕10 号文件		2152.86
六	其他				32.64
1	工程保险费	%	0.45	72535.47	32.64

表 5.23　　　　　　　　　　　　　分 年 度 投 资 表　　　　　　　　　　　单位：万元

序号	项目	合计	建设工期				
			1 年	2 年	3 年	4 年	5 年
一	建筑工程	68020.18	10060.6	20536.2	20885.39	12704.16	3833.83
1	建筑工程	58428.98	6652.03	19110.36	17638.51	11637.67	3390.41
	混凝土面板堆石坝	32000.64	1600.03	11200.22	12800.26	6400.13	
	溢洪道工程	5764.2				3746.73	2017.47
	泄洪洞工程	13489.48	1348.95	7419.21	4721.32		
	输水洞工程	1920.91				1344.64	576.27
	发电厂工程	679.73					679.73
	交通工程	2781.29	2781.29				
	房屋建筑工程	1008.04	604.82	403.22			
	其他建筑工程	784.69	316.94	87.7	116.94	146.17	116.94
2	施工临时工程	9591.2	3408.57	1425.85	3246.88	1066.49	443.41
	导流工程	3020.35	1182.49		1837.86		
	施工交通工程	1628.5	407.13	407.12	488.55	244.28	81.42

续表

序号	项 目	合计	建 设 工 期				
			1 年	2 年	3 年	4 年	5 年
	施工房屋建筑工程	1965.04	687.76	491.26	393.01	294.76	98.25
	施工场外供电工程	340	340				
	其他施工临时工程	2637.31	791.19	527.46	527.46	527.46	263.73
二	安装工程	550	15.78	3.77	130.47	3.77	396.21
1	发电设备及安装	134.11					134.11
2	升压变电设备及安装	83.09					83.09
3	公用设备及安装	19.12	4.02	3.77	3.77	3.77	3.77
4	金属结构设备安装	313.68	11.76		126.68		175.24
三	设备购置费	3965.29	523.74	25.15	1380.17	25.15	2011.02
1	发电设备	1121.71					1121.71
2	升压变电设备	614.08					614.08
3	公用设备	512.06	411.42	25.16	25.16	25.16	25.16
4	金属结构设备	1717.43	112.29		1355.02		250.12
四	独立费用	9618.37	2146.77	1646.78	1646.78	1646.78	2531.26
1	建设管理费	3038.74	1007.74	507.75	507.75	507.75	507.75
2	工程建设监理费	1388.73	277.75	277.75	277.75	277.75	277.73
3	联合试运转费	12					12
4	生产准备费	647.6					647.6
5	科研勘测设计费	4498.66	854.75	854.75	854.75	854.75	1079.66
6	其他	32.64	6.53	6.53	6.53	6.53	6.52
	一至四项合计	82153.84	12746.89	22211.9	24042.81	14379.86	8772.32

表 5.24　　　　　　　　　　资 金 流 量 表　　　　　　　　　　单位：万元

序号	项 目	合计	建 设 工 期				
			1 年	2 年	3 年	4 年	5 年
一	建筑工程	68020.18	16586.02	16537.86	18501.07	12020.77	4374.46
（一）	建筑工程	58428.98	13177.45	15112.01	15254.21	10954.27	3931.04
	混凝土面板堆石坝	32000.64	5360.11	9360.19	11360.22	5120.1	800.02
	溢洪道工程	5764.2				4006.12	1758.08
	泄洪洞工程	13489.48	4114.29	5260.9	3777.05	337.24	
	输水洞工程	1920.91				1344.64	576.27
	发电厂工程	679.73					679.73

续表

序号	项　目	合计	建　设　工　期				
			1 年	2 年	3 年	4 年	5 年
	交通工程	2781.29	2781.29				
	房屋建筑工程	1008.04	604.82	403.22			
	其他建筑工程	784.69	316.94	87.7	116.94	146.17	116.94
（二）	施工临时工程	9591.2	3408.57	1425.85	3246.86	1066.5	443.42
	导流工程	3020.35	1182.49		1837.86		
	施工交通工程	1628.5	407.13	407.13	488.53	244.28	81.43
	施工房屋建筑工程	1965.04	687.76	491.26	393.01	294.76	98.25
	施工场外供电工程	340	340				
	其他施工临时工程	2637.31	791.19	527.46	527.46	527.46	263.74
二	安装工程	550	15.78	3.77	130.45	3.77	396.23
三	设备购置费	3965.29	527.51	228.41	1176.92	323.04	1709.41
四	独立费用	9618.37	2146.77	1646.78	1646.78	1646.78	2531.26
	一至四项合计	82153.84	19276.08	18416.82	21455.22	13994.36	9011.36
	基本预备费	4107.69	963.8	920.84	1072.76	699.72	450.57
	静态总投资	86261.53	20239.88	19337.66	22527.98	14694.08	9461.93
	价差预备费	12325.9	1011.99	1982.11	3550.97	3166.67	2614.16
	建设期融资利息	5392.19	197.96	606.81	1086.01	1562.75	1938.66
	总投资	103979.62	21449.83	21926.58	27164.96	19423.5	14014.75

注　限于篇幅，其他内容未一一列出。其他内容的计算方法已在前面章节相关内容中作了介绍，具体计算可参阅有关章节中的计算公式和例题。

思考与练习题

1. 设计概算的工程量包括哪些类型？如何计算？

2. 何谓基本预备费和价差预备费？如何计算？

3. 何谓静态总投资和总投资？如何计算？

4. 如何编制各分部工程概算？

5. 如何编制分年度投资和资金流量？

6. 如何编制设计总概算？

7. 某水利枢纽工程第一至第五部分的分年度投资见表 5.25。已知：基本预备费费率为 6%，年物价指数为 5%，融资利率为 6.35%，各施工年份融资额占当年投资比例的

30%。按给定条件编写该枢纽工程的资金流量表和总概算表（见表 5.26）。

表 5.25　　　　　　　　　　分 年 度 投 资 表　　　　　　　　　　单位：万元

序号	工程或费用名称	合计	建设工期/年度		
			1	2	3
1	第一部分 建筑工程	15000	5000	8000	2000
2	第二部分 机电设备及安装工程	600	100	250	250
3	第三部分 金属结构设备及安装工程	300	50	100	150
4	第四部分 临时工程	300	150	100	50
5	第五部分 独立费用	900	400	300	200
6	一至五部分合计	17100	5700	8750	2650

表 5.26　　　　　　　　　　工 程 部 分 总 概 算 表　　　　　　　　　　单位：万元

序号	工程或费用名称	建安工程费	设备购置费	独立费用	合计
1	第一部分　建筑工程	15000			15000
2	第二部分　机电设备及安装工程	100	500		600
3	第三部分　金属结构设备及安装工程	100	200		300
4	第四部分　临时工程	300			300
5	第五部分　独立费用			900	900
6	一至五部分合计	15500	700	900	17100
7	基本预备费				
8	静态总投资				
9	价差预备费				
10	建设期还贷利息				
11	总投资				

项目6 投资估算、施工图预算、施工预算与竣工决算

学习目标与学习要点

本项目主要学习投资估算、施工图预算、施工预算与竣工决算的基本概念、文件组成及作用；理解投资估算、施工图预算、施工预算与竣工决算的作用；掌握施工图预算、施工预算的编制方法和步骤。

任务6.1 投 资 估 算

6.1.1 投资估算概述

1. 投资估算的概念

投资估算是指在项目建议书阶段、可行性研究阶段，按照国家和主管部门规定的编制方法，依据估算指标、各项取费标准，现行的人工、材料、设备价格，以及工程具体条件编制的技术经济文件。

投资估算是可行性研究报告的重要组成部分，是建设项目进行经济评价及投资决策的依据，是基本建设前期工作的关键性环节，其准确性将直接影响国家（业主）对项目选定的决策。

根据原国家计委《关于控制建设工程造价的若干规定》，投资估算应对建设项目总造价起控制作用。可行性研究报告一经批准，其投资估算就成为该建设项目初步设计概算静态总投资的最高限额，不得任意突破。

2. 投资估算的作用

由于投资决策过程可进一步划分为规划阶段、项目建议书阶段、可行性研究阶段、编制设计任务书等四个阶段，所以，投资估算工作也相应分为四个阶段。不同阶段所具备的条件和掌握的资料不同，投资估算的准确程度不同，进而每个阶段投资估算所起的作用也不同。总的来说，投资估算是前期各个阶段工作中，作为论证拟建项目是否经济合理的重要文件。它具有下列作用：

（1）投资估算是国家决定拟建项目是否继续进行研究的依据。规划阶段的投资估算，是国家根据国民经济和社会发展的要求，制定区域性、行业性发展规划阶段编制的经济文件。投资估算作为一项参考的经济指标，是国家决策部门判断拟建项目是否继续进行研究的依据之一。

（2）投资估算是国家审批项目建议书的依据。项目建议书阶段的投资估算，是国家决策部门审批项目建议书的依据之一。项目建议书阶段的估算作为决策过程中的一项参考性

经济文件，可用来判断拟建项目在经济上是否列入经济建设的长远规划、基本建设前期工作计划。

（3）投资估算是国家批准设计任务书的重要依据。可行性研究阶段的投资估算，是研究分析拟建项目经济效果和各级主管部门决定立项的重要依据。因此，它是决策性质的经济文件。可行性研究报告被批准后，投资估算就作为控制设计任务书下达的投资限额，对初步设计概算编制起控制作用，也可作为筹集资金和向银行贷款的依据。

（4）投资估算是国家编制中长期规划、保持合理比例和投资结构的重要依据。拟建项目的投资估算，是编制固定资产长远投资规划和制订国民经济中长期发展计划的重要依据。根据各个拟建项目的投资估算，可以准确核算国民经济的固定资产投资需要量，确定国民经济积累的合理比例，保持适度的投资规模和合理的投资结构。

3. 投资估算的内容和编制依据

（1）投资估算的内容包括以下几个方面。

1）编制说明：

a. 工程概况。工程概况包括河系、兴建地点、对外交通条件、水库淹没耕地及移民人数、工程规模、工程效益、工程布置形式、主体建筑工程量、主要材料用量、施工总工期以及工程从开工到开始发挥效益的工期、施工总工日和高峰人数等。

b. 投资主要指标。投资主要指标为工程静态总投资和总投资、工程从开工至开始发挥效益的静态投资、单位千瓦静态投资和总投资、单位电度静态投资和总投资、年物价上涨指数、价差预备费额度及其占总投资百分率、工程施工期贷款利息和利率等。

2）投资估算表。投资估算表包括总估算表、建筑工程估算表、设备及安装工程估算表、分年度投资表。

3）投资估算附表。投资估算附表包括建筑工程单价汇总表、安装工程单价汇总表、主要材料预算价格汇总表、次要材料预算价格汇总表、施工机械台班费汇总表、主要工程量汇总表、主要材料量汇总表、工时数量汇总表、建设及施工征地数量汇总表。

4）附件。附件包括人工预算单价计算表、主要材料运输费用计算表、主要材料预算价格表、混凝土材料单价计算表、建筑工程单价表、安装工程单价表、资金流量计算表、主要技术经济指标表。

（2）投资估算编制的主要依据如下：

1）经批准的项目建议书投资估算文件。

2）水利部《水利水电工程可行性研究投资估算编制办法（规程）》。

3）水利部《水利工程设计概（估）算费用构成及计算标准》。

4）水利部《水利工程设计概（估）算标准和水利水电工程施工机械台班费定额的补充规定》。

5）可行性研究报告提供的工程规模、工程等级、主要工程项目的工程量等资料。

6）投资估算指标、概算指标。

7）建设项目中的有关资金筹措的方式、实施计划、贷款利息、对建设投资的要求等。

8）工程所在地的人工工资标准、材料供应价格、运输条件、运费标准及地方性材料储备量等资料。

9）当地政府有关征地、拆迁、补偿标准等的文件或通知。

10）编制可行性研究报告的委托书、合同或协议。

6.1.2　投资估算与设计概算的关系

投资估算是项目建议书和可行性研究报告的重要组成部分。

投资估算与设计概算在组成内容、项目划分和费用构成上基本相同，但两者设计深度不同，投资估算可根据《水利水电工程项目建议书编制规程》或《水利水电工程可行性研究报告编制规程》的有关规定，对设计概算编制规定中部分内容进行适当简化、合并或调整。

设计阶段和设计深度决定了两者编制方法及计算标准有所不同。设计概算不得突破投资估算。两者的不同之处具体表现在以下几个方面。

1. 编制阶段不同

投资估算是在项目建议书和可行性研究阶段编制的。设计概算是在初步设计阶段，设计单位为确定拟建基本建设项目所需的投资额或费用而编制的。

2. 编制依据不同

投资估算是依据估算指标和类似工程的有关资料编制的；设计概算是依据国家发布的有关法律、法规，批准的可行性研究报告及投资估算，现行概算定额或概算指标，费用定额，设计图，有关部门发布的人工、设备、材料价格指数等资料编制的。如采用概算定额编制估算单价，要考虑扩大系数。

3. 编制范围不同

投资估算是对建设工程造价的预测，它考虑工程建设期间多种可能的需要、风险、价格上涨等因素，是工程投资的最高限额。设计概算包括建设项目从筹建开始至全部项目竣工和交付使用前的全部建设费用。

4. 编制的主要作用和审批过程不同

投资估算是决策、筹资和控制造价的主要依据，由国家或主管部门审批。设计概算是初步设计文件的组成部分，由有关主管部门审批，作为建设项目立项和正式列入年度基本建设计划的依据。

5. 编制方法不同

水利水电工程中的主体建筑工程采用与概算相同的项目划分，并以工程量乘以工程单价的方法计算其投资。在编制投资估算时，对厂坝区动力线路工程，厂坝区照明线路及设施工程，通信线路工程，供水、供热、排水及绿化、环保、水情测报系统，建筑内部观测工程等很难提出具体的工程数量，按主体建筑工程投资的百分率来粗略计算；止水、伸缩缝、灌浆管、通气管、消防、栏杆、坝顶、路面、照明、爬梯、建筑装修及其他细部结构等采用综合指标来计算。

主要机电设备及安装工程的投资估算编制方法基本与设计概算的相同；其他机电设备及安装工程可根据装机规模按占主要机电设备费的百分率或单位千瓦指标计算。

6. 留取的余度不同

由于可行性研究的设计深度较初步设计的浅，对有些问题的研究还未深化，为了避免估算总投资失控，故编制估算所留的余地较概算的要大。主要表现在：估算的工程量阶段系数值较初设概算的要大；基本预备费率，估算采用的费率要大，现行规定估算为 10%～12%，概算为 5%～8%。

6.1.3 投资估算的编制方法及计算标准

1. 基础单价

基础单价编制与设计概算相同。

2. 建筑、安装工程单价

主要建筑、安装工程单价编制与设计概算相同，一般采用概算定额，但考虑投资估算工作深度和精度，应乘以扩大系数。扩大系数见表 6.1。

表 6.1　　　　　　　　　　　**建筑、安装工程单价扩大系数表**

序号	工程类别	单价扩大系数/%
一	建筑工程	
1	土方工程	10
2	石方工程	10
3	砂石备料工程（自采）	0
4	模板工程	5
5	混凝土浇筑工程	10
6	钢筋制安工程	5
7	钻孔灌浆及锚固工程	10
8	疏浚工程	10
9	掘进机施工隧洞工程	10
10	其他工程	10
二	机电、金属结构设备安装工程	
1	水力机械设备、通信设备	10
2	电气设备、变电站设备安装工程	10

3. 分部工程投资估算编制

(1) 建筑工程。主体建筑工程、交通工程、房屋建筑工程投资估算的编制方法与设计概算基本相同。其他建筑工程可视工程具体情况和规模按主体建筑工程投资的 3%～5% 计算。

(2) 机电设备及安装工程。主要机电设备及安装工程投资估算编制方法基本与设计概算相同；其他机电设备及安装工程，原则上根据工程项目计算投资，若设计深度不满足要求，可根据装机规模按占主要机电设备费的百分率或单位千瓦指标计算。

（3）金属结构设备及安装工程。投资估算编制方法基本与设计概算相同。

（4）施工临时工程。投资估算编制方法及计算标准与设计概算相同。

（5）独立费用。投资估算编制方法及计算标准与设计概算相同。

4．分年度投资及资金流量

投资估算由于工作深度仅计算分年度投资而不计算资金流量。

5．预备费、建设期融资利息、静态总投资、总投资

可行性研究投资估算基本预备费率取 10％～12％，项目建议书阶段基本预备费率取15％～18％；价差预备费率同设计概算。

6.1.4　估算表格及其他

估算表格参照概算格式。

任务 6.2　施 工 图 预 算

施工图预算又称设计预算，是指在施工图设计阶段对工程造价的具体计算。

6.2.1 施工图预算的作用

施工图预算的主要作用有如下几方面：

（1）是确定单位工程项目造价的依据。预算比主要起控制造价作用的概算更为具体和详细，因而可以起确定造价的作用。如果施工图预算超过了设计概算，应由建设单位会同设计部门报请上级主管部门核准，并对原设计概算进行修改。

（2）是签订工程承包合同、实行投资包干和办理工程价款结算的依据。因预算确定的投资较概算准确，故对于不进行招投标的特殊或紧急工程项目等，常采用预算包干。按照规定程序，经过工程量增减、价差调整后的预算作为结算依据。

（3）是施工企业内部进行经济核算和考核工程成本的依据。施工图预算确定的工程造价，是工程项目的预算成本，其与实际成本的差额即为施工利润，是企业利润总额的主要组成部分。这就促使施工企业必须加强经济核算，提高经营管理水平，以降低成本，提高经济效益。施工图预算同时也是编制各种人工、材料、半成品、成品、机具供应计划的依据。

（4）是进一步考核设计经济合理性的依据。施工图预算的成果，因其更详尽和切合实际，可以进一步考核设计方案的技术先进性和经济合理程度。施工图预算也是编制固定资产的依据。

6.2.2　施工图预算与设计概算的异同

施工图预算与设计概算在项目划分、编制程序、费用构成及计算方法上都基本相同。施工图预算是在批准的设计概算范围内，按施工图和施工组织设计综合计算的工程造价。可见，施工图预算是工程实施的蓝图，由于设计已达相当的深度，所以施工图预算较设计概算在编制上要精细些，两者主要区别见表 6.2。

表6.2　　　　　　　　　　　　施工图预算与设计概算的主要区别

比较项目	设计概算	施工图预算
定额方面	使用的是概算定额或指标	使用的是预算定额
主体工程	由概算定额和初设工程量编制投资，其三级项目经综合扩大，概括性较强，一般仅需套用定额中的综合项目即可计算其综合单价	由预算定额和施工图设计工程量编制投资，其三级项目较为详细，须根据定额中各部位（详细的三级项目）分别计算其单价
非主体工程	采用综合指标（如道路以元/km计）或百分率乘二级项目工程量的方法估算投资	一律按三级项目乘工程单价的方法计算投资
造价文件结构	是初步设计报告的一部分，且于初设阶段一次完成；它能完整地反映整个建设项目所需的投资	以单项工程为单位，陆续编制；各单项工程其预算单独成册，汇总后即为总预算
综述	施工图预算与设计概算的主要区别是：使用的定额不同，用途不同，计算成果在精度上的要求也不同	

任务6.3　施　工　预　算

施工预算是施工企业根据施工图纸、施工措施及企业施工定额编制的建筑安装工程在单位工程或分部分项工程上的人工、材料、施工机械台班（时）消耗数和直接费标准，是建筑安装产品及企业基层成本考核的计划文件。施工预算、施工图预算、竣工结算是施工企业进行施工管理的"三算"。

6.3.1　施工预算的作用

（1）施工预算是施工企业进行经济活动分析的依据。进行经济活动分析是企业加强经营管理，提高经济效益的有效手段。经济活动分析，主要是将施工预算的人工、材料和机械台时数量等与实际消耗量对比，同时与施工图预算的人工、材料和机械台时数量进行对比，分析超支、节约的原因，改进操作技术和管理手段，以有效地控制施工中的消耗，节约开支。

（2）施工预算是编制施工作业计划的依据。施工作业计划是施工企业计划管理的中心环节，也是计划管理的基础和具体化。编制施工作业计划必须依据施工预算计算的单位工程或分部分项工程的工程量、构配件、劳力等。

（3）施工预算是施工单位向施工班组签发施工任务单和限额领料的依据。施工任务单是把施工计划落实到班组的计划文件，也是记录班组完成任务情况和结算班组工人工资的凭证。施工任务单的内容可分为两部分：一部分是下达给班组的工程任务，另一部分是实际任务完成的情况记载和工资结算。

（4）施工预算是计算超额奖和计算计件工资、实行按劳分配的依据。施工预算和建筑安装工程预算之间的差额，反映了企业个别劳动量与社会劳动量之间的差别，能体现降低工程成本的要求。施工预算所确定的人工、材料及机械使用量与工程量的关系是衡量工人劳动成果、计算应得报酬的依据。它把工人的劳动成果与劳动报酬联系起来，很好地体现了多劳多得的按劳分配原则。

6.3.2　施工预算的编制依据

编制施工预算的主要依据包括施工图纸、施工定额及补充定额、施工组织设计和实施方案、有关的手册资料等。

（1）施工图纸。施工图纸和说明书必须是经过建设单位、设计单位和施工单位会审通过的，不能采用未经会审通过的图纸，以免返工。

（2）施工定额。施工定额包括全国建筑安装工程统一劳动定额和各部、各地区颁发的专业施工定额。凡是已有施工定额可以查照使用的，应参照施工定额编制施工预算中的人工、材料及机械使用费；在缺乏施工定额的情况下，可按有关规定自行编制补充定额。施工定额是编制施工预算的基础，也是施工预算与施工图预算的主要差别之一。

（3）施工组织设计和施工方案。由施工单位编制详细的施工组织设计，据以确定应采取的施工方法、进度以及所需的人工、材料和施工机械，作为编制施工预算的基础。例如，进行土方开挖时，应根据施工图设计，结合具体的工程条件，确定开挖边坡系数、采用人工还是机械开挖、运土的工具和运输距离等。

（4）其他资料。其他资料包括建筑材料手册，人工、材料、机械台时费用标准等。

6.3.3　施工预算的编制步骤和方法

1. 编制步骤

编制施工预算和编制施工图预算的步骤相似。首先应熟悉设计图纸及施工定额，对施工单位的人员、劳力、施工技术等有大致的了解；对工程的现场情况、施工方式方法要比较清楚；对施工定额的内容、所包括的范围应了解。为了便于与施工图预算相比较，编制施工预算时，应尽可能与施工图预算的分部分项工程相对应。在计算工程量时所采用的计算单位要与定额的计量单位相适应。具备了施工预算所需的资料，熟悉了基础资料和施工定额的内容后，就可以按以下步骤编制施工预算：

（1）计算工程量。工程实物量的计算是编制施工预算的基本工作，要认真、细致、准确，不得错算、漏算和重算。凡是能够利用施工图预算的工程量，就不必再算，但工程项目、名称和单位一定要符合施工定额。工程量计算应仔细核对无误后，再根据施工定额的内容和要求，按工程项目的划分逐项汇总。

（2）按施工图纸内容进行分项工程计算。套用的施工定额必须与施工图纸的内容相一致。分项工程的名称、规格、计量单位必须与施工定额所列的内容相一致，逐项计算分部分项工程所需的人工、材料、机械台时使用量。

（3）工料分析和汇总。有了工程量后，按照工程的分项名称顺序，套用施工定额的单位人工、材料和机械台时消耗量，逐一计算出各个工程项目的人工、材料和机械台时的用工用料量，最后将同类项目工料相加予以汇总，便成为一个完整的分部分项工料汇总表。

（4）编写编制说明。编制说明包括的内容有：编制依据，包括采用的图纸名称及编号，采用的施工定额，施工组织设计或施工方案；遗留项目或暂估项目的原因和存在的问题以及处理的办法等。

2. 编制方法

编制施工预算的方法有实物法和实物金额法：

（1）实物法。实物法是根据施工图和说明书，按照劳动定额或施工定额规定计算工程量，汇总、分析人工和材料数量，向施工班组签发施工任务单和限额领料单的方法。该方法实行班组核算，与施工图预算的人工和主要材料进行对比，分析超支、节约原因，以加强企业管理。实物法的应用比较普遍。

（2）实物金额法。实物金额法是根据实物法编制的施工预算的人工和材料数量分别乘以人工和材料单价，求得直接费，或根据施工定额规定计算工程量、套用施工定额单价，计算直接费的方法。其实物量用于向施工班组签发施工任务单和限额领料单，实行班组核算。将施工预算的直接费与施工图预算的直接费进行对比，以改进企业管理。

6.3.4　施工预算和施工图预算

施工预算和施工图预算对比是建筑企业加强经营管理的手段，通过对比分析，找出节约、超支的原因，研究解决措施，防止人工、材料和机械使用费的超支，避免发生亏损。

1. 施工预算与施工图预算的区别

（1）编制阶段、单位不同。施工图预算是在施工图设计阶段由设计单位依据预算定额编制的；而施工预算是在施工阶段由施工单位依据施工定额编制的。

（2）用途及编制方法不同。施工预算用于施工企业内部核算，主要计算工料用量和基本直接费；而施工图预算却要确定整个单位工程造价。施工预算必须在施工图预算的控制下进行编制。

（3）使用定额不同。施工预算的编制依据是施工定额，施工图预算使用的是预算定额，两种定额的项目划分不同；即使是同一定额项目，在两种定额中各自的工、料、机械台班耗用数量都有一定的差别。

（4）工程项目粗细程度不同。施工预算项目划分比施工图预算的要细，施工图预算按施工图工程量计算，不用细部结构指标，而施工预算要用细部结构指标。

（5）计算范围不同。施工预算一般只计算工程所需工料的数量，有的地区也计算工程的基本直接费，而施工图预算要计算整个工程的直接费、间接费、利润及税金等各项费用。

2. 施工预算与施工图预算对比方法

施工预算与施工图预算对比，有实物对比和实物金额对比两种方法。

（1）实物对比法。先将施工预算计算的工程量套用施工定额中的人工、材料、机械台时定额，分析出人工、主要材料和机械台时数量，然后按施工图预算计算的工程量套用预算定额中的人工、材料、机械台时定额，得出人工、主要材料和机械台时数量，对两者人工、主要材料和机械台时数量进行对比。

（2）实物金额对比法。将施工预算的人工、主要材料和机械台时数量分别乘以相应的基础单价，汇总成人工、材料和机械使用费，与施工图预算相应的人工、材料和机械使用费进行对比。

3. 施工预算与施工图预算对比内容

"两算"对比一般只限于直接费，间接费不作对比。直接费对比内容如下：

（1）人工消耗量，施工预算一般应低于施工图预算 10％～15％，因为施工定额反映平均先进水平，预算定额反映社会平均水平，且预算定额考虑的因素比施工定额考虑的因素多。

（2）材料施工预算消耗量总体上低于施工图预算消耗量，因为施工操作损耗一般低于预算定额中的材料损耗，且施工预算中扣除了节约材料措施所节约的材料用量。

（3）机械台时消耗量，预算定额是综合考虑的；施工定额要求根据实际情况计算，即根据施工组织设计或施工方案规定的进场施工的机械种类、型号、数量、工期计算。

任务6.4 竣 工 决 算

6.4.1 竣工决算的概念

竣工决算是反映建设项目实际工程造价的技术经济文件，应包括建设项目的投资使用情况和投资效果，以及项目从筹建到竣工验收的全部费用，即建筑工程费、安装工程费、设备费、临时工程费、独立费用、预备费、建设期融资利息和移民征地补偿费、水土保持费用及环境保护费用。竣工决算是竣工验收报告的重要组成部分。竣工决算的主要作用是总结竣工项目设计概算和实际造价的情况，考核投资效益；经审定的竣工决算是正确核定新增资产价值、资产移交和投资核销的依据。竣工决算的时间段是项目建设的全过程，包括从筹建到竣工验收的全部时间；竣工决算的范围是整个建设项目，包括主体工程、附属工程以及建设项目前期费用和相关的全部费用。

竣工决算应由项目法人（或建设单位）编制。项目法人应组织财务、计划、统计、工程技术和合同管理等专业人员，组成专门机构共同完成此项工作。设计、监理、施工等单位应积极配合，向项目法人提供有关资料。项目法人一般应在项目完成后规定的期限内完成竣工决算的编制工作，大中型项目的规定期限为 3 个月，小型项目的规定期限为 1 个月。竣工决算是建设项目重要的经济档案，内容和数据必须真实、可靠。项目法人应对竣工决算的真实性、完整性负责。编制完成的竣工决算必须按《会计档案管理办法》要求整理归档，永久保存。

竣工决算报告依据水利部颁发的《水利基本建设项目竣工财务决算编制规程》（SL 19—2001）执行，该规程要求所有水利基本建设竣工项目，不论投资来源、投资主体、规模大小，不论工程项目还是非工程项目，或利用外资的水利项目，只要列入国家基本建设投资计划都应按这一新规程编制竣工决算。

6.4.2 编制竣工决算的依据

编制竣工决算的依据如下：

（1）国家有关法律、法规。

（2）经批准的设计文件、项目概预算。

（3）主管部门下达的年度投资计划，基本建设支出预算。

　　（4）经主管部门批复的年度基本建设财务决算。

　　（5）项目合同（协议）。

　　（6）会计核算及财务管理资料。

　　（7）工程价款结算、物资消耗等有关资料。

　　（8）水库淹没处理、移民拆迁、补偿费的总结和验收文件，以及水土保持与环境保护工程的实施过程和总结。

　　（9）其他有关项目管理文件。

6.4.3　竣工决算的编制内容

　　竣工决算是建设项目重要的经济档案，其内容与数据必须真实可靠。竣工决算的内容和表格必须符合主管部门颁发的规程的要求。

　　竣工决算的内容是从工程筹建开始到竣工投产交付使用为止的全部实际支出费用，即建筑工程费用、安装工程费用、设备工具购置费用及其他费用。在正式编制竣工决算报告之前，对建设项目所有财产和投资进行逐项清仓盘点，核实账物。

　　竣工决算由下面几部分组成：

　　（1）竣工决算报告的封面及目录。

　　（2）竣工工程的平面示意图及主体工程照片。

　　（3）竣工决算报告说明书。竣工决算报告说明书是总结竣工工程建设成果和经验、全面考核分析工程投资与造价的书面总结，是竣工决算报告的重要组成部分，其主要内容如下：

　　1）工程概况，包括一般工程情况，例如，建设工程设计效益、主体建筑物特征及主要设备的特征等。

　　2）对工程总的评价，从工程的进度、质量、安全、造价等几方面加以说明。在进度方面，说明具体的开工时间和竣工时间，对照合理工期要求，给出提前还是延期的分析结论；在质量方面，说明工程质量验收评定等级、合格率和优良品率；在安全方面，说明整个建设时期有无人员伤亡和设备事故的情况；在造价方面，通过竣工决算，确定最终工程造价。

　　3）概预算与工程计划执行情况，包括：概预算批复及调整情况，概预算执行情况，工程计划执行情况，主要实物工程量完成、变动情况及其原因。

　　4）投资来源，包括投资主体、投资性质和投资构成分析。

　　5）工程效益，包括因工程建设发生的直接效益和可预见的间接效益。

　　6）投资包干和招投标的执行情况和分析。

　　7）包干结余资金分配情况、工程费用分配情况和投资分摊情况。

　　8）交付使用财产情况、财务管理情况。

　　9）移民及库区淹没处理情况。

　　10）存在的主要问题及处理意见。

　　11）其他有关说明（如工程建设的经验教训及有待解决的问题）。

（4）竣工决算报表。竣工决算报表采用国家统一规定的水利工程项目的竣工决算报表，该报表共分为四部分：

1）竣工工程概况表。该类表主要反映建设项目新增的生产能力、建设时间、完成的主要工程量、主要材料消耗、主要技术经济指标、建设投资及造价、工程质量鉴定等。根据水利工程的不同类型，该类表可分为水库、水闸渠道、机电排灌、河道整治等竣工工程概算表。

2）竣工工程决算表。该类表反映竣工建设项目的投资、造价及移交生产单位财产总值，可考核概算的执行情况。

3）移交资产、投资及转出工程明细表。该类表反映建设项目竣工后，交付使用的固定资产和流动资产的详细内容和价值，使用单位据此建立财产明细表。

4）竣工工程财务决算表。该类表主要反映建设项目的资金来源和运作、投资支出、结余资金及临建回收等综合财务状况。

6.4.4 完工结算与竣工决算的关系

完工结算和竣工决算的关系，可归纳为以下两点：

（1）完工结算只反映承建工程项目的最终预算成本，其所确定的工程造价只是整个建设成本的一部分，而竣工决算还包括工程建设的其他费用的实际支出和分摊。所以，完工结算是竣工决算的组成部分。

（2）办理完工结算是编制竣工决算的基础，只有先办理完工结算，才能编制竣工决算。所以，完工结算应该完工一项就结算一项，为编制决算文件创造条件。

完工结算一般以单项工程或工程合同为对象，如果工程项目规模不大，当具备结算条件并征得建设单位同意时，也可按单位工程办理结算。

竣工决算的目的是要确定工程项目的最终实际成本，按决算范围不同，有建安工程竣工决算和建设项目竣工决算。水利水电工程建设通常以建设项目为竣工决算对象。

建安工程竣工结算报告由施工承包人编制，建设项目的竣工决算报告由建设单位编制。

思 考 与 练 习 题

1. 什么是投资估算？简述投资估算的作用？

2. 什么是施工图预算？简述施工图预算的作用？

3. 什么是施工预算？简述施工预算的作用？

4. 为什么要将施工预算与施工图预算进行对比？有何对比方法？

5. 简述投资估算与设计概算、施工图预算与设计概算、施工图预算与施工预算、完工结算与竣工决算的关系。

项目 7　水利工程工程量清单计价

学习目标与学习要点

本项目主要学习《水利工程工程量清单计价规范》的主要内容、工程量清单编制和工程量清单计价方法；要求掌握水利工程工程量清单编制和工程量清单计价。

任务 7.1　水利工程工程量清单计价规范概述

7.1.1　《水利工程工程量清单计价规范》的主要内容

《水利工程工程量清单计价规范》（GB 50501—2007）共包括五章内容和两个附录。五章内容为总则、术语、工程量清单编制、工程量清单计价、工程量清单及其计价格式，附录 A 为水利建筑工程工程量清单项目及计算规则，附录 B 为水利安装工程工程量清单项目及计算规则和本规范用词说明等内容。

7.1.2　计价规范总则

（1）为规范水利工程工程量清单计价行为，统一水利工程工程量清单的编制和计价方法，根据《中华人民共和国招标投标法》和《建设工程工程量清单计价规范》（GB 50500—2003），制定《水利工程工程量清单计价规范》（GB 50501—2007，以下简称《计价规范》）。

（2）《计价规范》适用于水利枢纽、水力发电、引（调）水、供水、灌溉、河湖整治、堤防等新建、扩建、改建、加固工程的招标投标工程量清单编制和计价活动。

（3）水利工程工程量清单计价活动应遵循客观、公正、公平的原则。

（4）水利工程工程量清单计价活动除应遵循本规范外，还应符合国家有关法律、法规及标准、规范的规定。

（5）《计价规范》的附录 A、附录 B 应作为编制水利工程工程量清单的依据，与正文具有同等效力。

1）附录 A 为水利建筑工程工程量清单项目及计算规则，适用于水利建筑工程。

2）附录 B 为水利安装工程工程量清单项目及计算规则，适用于水利安装工程。

7.1.3　计价规范术语

（1）工程量清单：表现招标工程的分类分项工程项目、措施项目、其他项目的名称和相应数量的明细清单。

（2）项目编码：采用 12 位阿拉伯数字表示（由左至右计位）。第 1～9 位为统一编码，其中，第 1、2 位为水利工程顺序码，第 3、4 位为专业工程顺序码，第 5、6 位为分类工程顺序码，第 7～9 位为分项工程顺序码，第 10～12 位为清单项目名称顺序码。

（3）工程单价：完成工程量清单中一个质量合格的规定计量单位项目所需的直接费（包括人工费、材料费、机械使用费和季节、夜间、高原、风沙等原因增加的直接费）、施工管理费、企业利润和税金，并考虑风险因素。

（4）措施项目：为完成工程项目施工，发生于该工程施工前和施工过程中招标人不要求列示工程量的施工措施项目。

（5）其他项目：为完成工程项目施工，发生于该工程施工过程中招标人要求计列的费用项目。

（6）零星工作项目（或称"计日工"，下同）：完成招标人提出的零星工作项目所需的人工、材料、机械单价。

（7）预留金（或称"暂定金额"，下同）：招标人为暂定项目和可能发生的合同变更而预留的金额。

（8）企业定额：施工企业根据本企业的施工技术、生产效率和管理水平制定的，供本企业使用的，生产一个质量合格的规定计量单位项目所需的人工、材料和机械台时（班）消耗量。

任务 7.2　工程量清单编制

工程量清单是表现招标工程的分类分项工程项目、措施项目、其他项目的名称和相应数量的明细清单。

工程量清单应由具有编制招标文件能力的招标人，或受其委托具有相应资质的中介机构进行编制。工程量清单是招标文件的重要组成部分。

工程量清单由招标人统一提供，避免由于计算不准确、项目不一致等人为因素造成的不公正影响，创造了一个公平的竞争环境。工程量清单是计价和询标、评标的基础，无论是标底的编制还是企业投标报价，都必须以工程量清单为基础进行，同样也为以后的招标、评标奠定了基础。工程量清单为施工过程中的进度款支付、办理工程结算及工程索赔提供了依据。设有标底价格的招标工程，招标人利用工程量清单编制标底价格，供评标时参考。

7.2.1　工程量清单编制的原则和编制依据

1. 工程量清单编制的原则

（1）遵循市场经济活动的基本原则。工程量清单的编制要实事求是，做到客观、公正、公平，不弄虚作假，招标要机会均等，一律公平地对待所有投标人。

（2）符合《计价规范》的原则。清单分项类别、分项名称、分项编码、计量单位、主要技术条款编码、特征或工作内容备注等，都必须符合《计价规范》的规定和要求。

（3）符合工程量实物分项与描述准确的原则。招标人向投标人所提供的清单，必须与设计的施工图纸相符合，能充分体现设计意图，充分反映施工现场的实际施工条件，为投

177

标人能够合理报价创造有利条件。

（4）工作认真审慎的原则。应当认真理解计价规范、相关政策法规、工程量计算规则、施工图纸、工程地质与水文资料和相关的技术资料等。熟悉施工现场情况，注重现场施工条件分析。对初定的工程量清单的各个分项，按有关的规定进行认真核对、审核，避免错漏项、少算或多算工程数量等现象发生，对措施项目与其他措施工程量项目清单也应当认真反复核实，最大限度地减少人为因素导致的错误。重要的问题在于不留缺口，防止日后追加工程投资，增加工程造价。

2. 工程量清单编制的依据

（1）水利工程工程量清单计价规范。

（2）国家或省级、行业建设主管部门颁发的预算定额和方法。

（3）建设工程设计文件及相关资料。

（4）与建设工程项目有关的标准、规范、技术资料。

（5）拟定的招标文件。

（6）施工现场情况、地勘水文资料、工程特点及施工组织设计方案。

（7）其他相关资料。

7.2.2　工程量清单编制的程序与步骤

（1）收集并熟悉有关资料文件，分析图纸，确定清单分项。收集设计文件（含设计报告、设计图纸、设计概算书）、招标文件初稿及技术条款、本地区相关的计价条例及造价信息，了解工程项目现场施工条件及业主的指导性意见等，分析设计图纸，确定清单分项。

（2）按分项及计算规则计算清单工程量，编制分类分项工程量清单、措施项目清单和其他项目清单。根据设计文件及工程项目实际情况，依据计价规范、预算定额对原设计的五部分工程量进行重新计算并认真核对、审核，避免错漏项、少算或多算工程数量等现象发生。

7.2.3　工程量清单编制

1. 分类分项工程量清单

分类分项工程量清单包括序号、项目编码、项目名称、计量单位、工程数量、主要技术条款编码和备注，根据《计价规范》附录A和附录B规定的项目编码、项目名称、项目主要特征、计量单位、工程量计算规则、主要工作内容和一般适用范围进行编制。

分类分项工程量清单主要满足以下要求：一是通过序号正确反映招标项目的各层次项目划分；二是通过项目编码严格约束各分类分项工程项目的主要特征、主要工作内容、适用范围和计量单位；三是通过工程量计算规则，明确招标项目计列的工程数量一律为有效工程量，施工过程中一切非有效工程量发生的费用，均应摊入有效工程量的工程单价中，防止和杜绝以往工程价款结算由于工程量计量不规范而引发的合同变更和索赔纠纷；四是应列明完成该分类分项工程项目应执行的相应主要技术条款，以确保施工质量符合国家标准；五是除上述要求以外的一些特殊因素，可在备注栏中予以说明。

（1）项目编码。项目编码采用12位阿拉伯数字表示（由左至右计位）。第1～9位为统一编码，其中，第1、2位为水利工程顺序码（50），第3、4位为专业工程顺序码（建筑工程为01，安装工程为02），第5、6位为分类工程顺序码（按工程分类进行编码，建筑工程分为14节130个子目，安装工程分为3节56个子目），第7～9位为分项工程顺序码，第10～12位为清单项目名称顺序码。第1～9位按《计价规范》附录A和附录B的规定设置，不得变动；第10～12位根据招标工程的工程量清单项目名称由编制人设置，自001起顺序编码。

当缺某分类分项工程时，9位编码数会间断不连续，当在不同部位有相同分类分项工程时，则会重复出现相同的前9位编码；同一分类分项分项工程为了区分不同的部位、质量、材料、规格等而划分出多个清单项目时，无论这些清单项目编排位置相隔多远，都要在相同的前9位编码之后，按清单项目出现的先后次序，自001起不间断、不重复、不颠倒的顺序编制第10～12位自编码；不同分类工程中的不同分项工程子目应按照主次原则或实际需要，在工程量清单中以主要分类分项工程列项计价，次要分类分项工程的费用摊入到主要分类分项工程有效工程量的单价中。

（2）项目名称。项目名称按《计价规范》附录A和附录B的项目名称及招标项目规模和范围，参照行业有关规定，并结合工程实际情况设置。

（3）计量单位。计量单位按《计价规范》附录A和附录B中规定的计量单位确定。

（4）工程数量。工程数量按《计价规范》附录A和附录B中规定的工程量计算规则和相关条款说明计算。其有效位数应遵守：①以"立方米""平方米""米""公斤""个""项""根""块""台""组""面""只""相""站""孔""束"为单位的，应取整数；②以"吨""公里"为单位的，应保留小数点后两位数字，第三位数字四舍五入。

（5）主要技术条款编码。主要技术条款编码应按招标文件中相应技术条款的编码填写。

2. 措施项目清单

措施项目是为完成工程项目施工，发生于该工程施工前和施工过程中招标人不要求列示工程量的施工项目。

措施项目清单应根据招标工程的具体情况并参照表7.1中的项目列项。

表 7.1   措 施 项 目 一 览 表

序号	项 目 名 称
1	环境保护措施
2	文明施工措施
3	安全防护措施
4	小型临时工程
5	施工企业进退场费
6	大型施工设备安拆费
	……

编制措施项目清单时，如出现表7.1中未列项目，则根据招标工程的规模、涵盖的内

容等具体情况，编制人可作补充。一般情况下，措施项目清单应编制一个"其他"作为最末项。凡能计算出工程数量并按工程单价结算的措施项目，均应列入分类分项工程量清单。

3. 其他项目清单

其他项目是为完成工程项目施工，发生于该工程施工过程中招标人要求计列的费用项目。

该费用项目由招标人掌握，为暂定项目和可能发生的合同变更而预留的费用。编制人在符合法规的前提下，可根据招标工程具体情况调整补充。

其他项目清单一般包括暂定金额（或称"预留金"）和暂估价。

4. 零星工作项目清单

零星工作项目（或称"计日工"），是为完成招标人提出的零星工作项目所需的人工、材料、机械单价。

零星工作项目，清单编制人应根据招标工程具体情况，对工程实施过程中可能发生的变更或新增加的零星项目，列出人工（按工种）、材料（按名称和型号规格）、机械（按名称和型号规格）的计量单位，不列出具体数量，并随工程量清单发至投标人。零星工作项目清单的单价由投标人填报。

任务 7.3 工程量清单计价

7.3.1 工程量清单计价编制的依据

（1）招标文件的合同条款、技术条款、工程量清单、招标图纸等。

（2）水利水电工程设计概（估）算编制规定。

（3）预算定额或企业定额。

（4）市场人工、材料和施工设备使用价格。

（5）企业自身的管理水平、生产能力。

7.3.2 工程量清单计价方法

工程量清单计价应包括按招标文件规定完成工程量清单所列项目的全部费用，包括分类分项工程费、措施项目费和其他项目费。

1. 分类分项工程费

分类分项工程费即完成招标文件规定的分类分项工程所需的费用。分类分项工程量清单计价应采用工程单价计价。

$$分类分项工程费 = \sum (清单工程量 \times 工程单价)$$

工程单价指完成工程量清单中一个质量合格的规定计量单位项目所需的直接费（包括人工费、材料费、机械使用费和季节、夜间、高原、风沙等原因增加的直接费）、施工管理费、企业利润和税金，并考虑风险因素。

分类分项工程量清单的工程单价，应根据《计价规范》规定的工程单价组成内容，按招标设计文件、图纸、附录 A 和附录 B 中的"主要工作内容"确定；除另有规定外，对有效工程量以外的超挖、超填工程量，施工附加量，加工、运输损耗量等，所消耗的人工、材料和机械费用，均应摊入相应有效工程量的工程单价之内。

分类分项工程量清单的工程单价计算，可用下式表达：

$$工程单价 = \frac{\sum(组价项目工程量 \times 组价项目直接费)}{清单项目工程量} \times (1 + 施工管理费)$$
$$\times (1 + 企业利润率) \times (1 + 税率)$$

按照招标文件的规定，根据招标项目涵盖的内容，投标人一般应编制以下基础单价，作为编制分类分项工程单价的依据：

（1）人工费单价。

（2）主要材料预算价格。

（3）电、风、水单价。

（4）砂石料单价。

（5）块石、料石单价。

（6）混凝土配合比材料费。

（7）施工机械台时（班）费。

2. 措施项目费

措施项目清单的金额，应根据招标文件的要求以及工程的施工方案，以每一项措施项目为单位，按项计价。

3. 其他项目费

其他项目是为完成工程项目施工，发生于该工程施工过程中招标人要求计列的费用项目。该费用项目由招标人掌握，为暂定项目和可能发生的合同变更而预留的费用。编制人在符合法规的前提下，可根据招标工程具体情况调整补充。

其他项目清单一般包括暂定金额（或称"预留金"）和暂估价。由招标人按估算金额确定。

4. 零星工作项目清单

零星工作项目，清单编制人应根据招标工程具体情况，对工程实施过程中可能发生的变更或新增加的零星项目，列出人工（按工种）、材料（按名称和型号规格）、机械（按名称和型号规格）的计量单位，不列出具体数量，并随工程量清单发至投标人。

零星工作项目清单的单价由投标人填报。

7.3.3 工程量清单报价编制的程序与步骤

（1）编制基础单价：

1）人工预算单价。按工程所在地的规定确定或进行计算，填写人工费单价汇总表，并附上计算说明或来源说明。

2）材料预算价格。如果有招标人提供材料，则需填写招标人供应材料价格汇总表；其他投标人自行采购的材料预算价格，按"市场价格＋运杂费＋运输保险费＋采购及保管费"进行计算确定，填写投标人自行采购的主要材料预算价格汇总表，在填写之前可做附表进行计算。

3）施工机械台时费。如果有招标人提供施工机械，则需填写招标人提供施工机械台时（班）费汇总表；其他投标人自备施工机械的台时（班）费预算价格根据施工机械台时费定额计算出其一、二类费用之和，填写投标人自备施工机械台时（班）费汇总表。

4）施工用电水风价格。根据施工组织设计确定方案按编制规定的计算方法进行计算，填写投标人生产电、风、水、砂石基础单价汇总表，并附上计算过程的计算书。

（2）确定费（税）率。工程单价费（税）率，施工管理费、企业利润应根据工程实际情况和本企业管理能力、技术水平确定，并将其费率控制在编制规定数值范围内，税金按国家税法规定计取，填写工程单价费（税）率汇总表。

（3）编制工程单价计算表。工程单价分为建筑工程单价和安装工程单价，其中建筑工程单价计算程序见表7.2，安装工程单价计算程序见表7.3，其工程单价计算表的格式要完全按招标文件要求填写（有时招标文件提供格式与规范规定的清单计价格式存在区别）。其工程单价为针对招标文件提供的工程量清单中所有项目的单价，应根据预算定额和工程项目拟定的施工方案进行编制。

表7.2　　　　　　　　　　　建筑工程单价计算程序表

序　号	项目名称	计算方法
1	直接费	1.1＋1.2＋1.3
1.1	人工费	Σ［定额劳动量（工时）×人工预算单价（元/工时）］
1.2	材料费	Σ（定额材料用量×材料预算价格）
1.3	施工机械使用费	Σ［定额机械使用量（台时）×施工机械台时费（元/台时）］
2	施工管理费	1×施工管理费费率
3	企业利润	（1＋2）×企业利润率
4	税金	（1＋2＋3）×税率
5	合计	1＋2＋3＋4

表7.3　　　　　　　　　　　安装工程单价计算程序表

序　号	项目名称	计算方法
1	直接费	1.1＋1.2＋1.3
1.1	人工费	Σ［定额劳动量（工时）×人工预算单价（元/工时）］
1.2	材料费	Σ［定额材料用量×材料预算价格］
1.3	施工机械使用费	Σ［定额机械使用量（台时）×施工机械台时费（元/台时）］
2	施工管理费	1.1×施工管理费
3	企业利润	（1＋2）×企业利润率
4	税金	（1＋2＋3）×税率
5	合计	1＋2＋3＋4

（4）编制分类分项工程量清单、措施项目清单、其他项目清单、零星工作项目等四部分计价表（含总价项目分类分项工程分解表）。根据招标文件提供的工程量清单和所计算出来的工程单价，分别先后计算出分类分项工程量清单计价表、措施项目清单计价表、其

他项目清单计价表、零星工作项目计价表，总价项目分类分项工程分解表。

（5）编制工程项目总价表，并根据投标策略调整材料预算价格、费（税）率。根据所计算出来的分类分项工程量清单计价表、措施项目清单计价表、其他项目清单计价表、零星工作项目计价表四部分小计，汇总计算出工程项目总价，再根据项目的上限值或拟定的工程总报价，根据投标策略调整材料预算价格、费（税）率来达到拟定的工程总报价。

（6）编制编制说明。根据招标文件的工程量清单说明、工程量清单报价说明，编制详细的投标报价编制说明，内容包括报价的编制原则、基础资料、取费标准等。

（7）编制其他表格（投标总价、封面、工程单价汇总表等相关表格），并按顺序进行排序装订。根据工程量清单和计价格式，补充编制其他表格（投标总价、封面、工程单价汇总表等相关表格），并按装订顺序进行排序、汇总。

工程量清单报价虽应按当地要求的编制规定和计价文件执行，但不同省份其计价的过程和方法基本类似。

7.3.4 工程量清单计价格式

1. 工程量清单计价格式的组成内容

工程量清单计价应采用统一格式，填写工程量清单报价表。工程量清单报价表应由下列内容组成：

（1）封面。

（2）投标总价。

（3）工程项目总价表。

（4）分类分项工程量清单计价表。

（5）措施项目清单计价表。

（6）其他项目清单计价表。

（7）零星工作项目计价表。

（8）工程单价汇总表。

（9）工程单价费（税）率汇总表。

（10）投标人生产电、风、水、砂石基础单价汇总表。

（11）投标人生产混凝土配合比材料费表。

（12）招标人供应材料价格汇总表。

（13）投标人自行采购主要材料预算价格汇总表。

（14）招标人提供施工机械台时（班）费汇总表。

（15）投标人自备施工机械台时（班）费汇总表。

（16）总价项目分类分项工程分解表。

（17）工程单价计算表。

2. 工程量清单报价表的填写

（1）工程量清单报价表的内容应由投标人填写。

（2）投标人不得随意增加、删除或涂改招标人提供的工程量清单中的任何内容。

（3）工程量清单报价表中所有要求盖章、签字的地方，必须由规定的单位和人员盖章、签字（其中法定代表人也可由其授权委托的代理人签字、盖章）。

（4）投标总价应按工程项目总价表合计金额填写。

（5）工程项目总价表填写。表中一级项目名称按招标人提供的招标项目工程量清单中的相应名称填写，并按分类分项工程量清单计价表中相应项目合计金额填写。

（6）分类分项工程量清单计价表填写：

1）表中的序号、项目编码、项目名称、计量单位、工程数量、主要技术条款编码，按招标人提供的分类分项工程量清单中的相应内容填写。

2）表中列明的所有需要填写的单价和合价，投标人均应填写；未填写的单价和合价，视为此项费用已包含在工程量清单的其他单价和合价中。

（7）措施项目清单计价表填写。表中的序号、项目名称，按招标人提供的措施项目清单中的相应内容填写，并填写相应措施项目的金额和合计金额。

（8）其他项目清单计价表填写。表中的序号、项目名称、金额，按招标人提供的其他项目清单中的相应内容填写。

（9）零星工作项目计价表填写。表中的序号、人工、材料、机械的名称、型号规格以及计量单位，按招标人提供的零星工作项目清单中的相应内容填写，并填写相应项目单价。

（10）辅助表格填写：

1）工程单价汇总表，按工程单价计算表中的相应内容、价格（费率）填写。

2）工程单价费（税）率汇总表，按工程单价计算表中的相应费（税）率填写。

3）投标人生产电、风、水、砂石基础单价汇总表，按基础单价分析计算成果的相应内容、价格填写，并附相应基础单价的分析计算书。

4）投标人生产混凝土配合比材料费表，按表中工程部位、混凝土和水泥强度等级、级配、水灰比、相应材料用量和单价填写，填写的单价必须与工程单价计算表中采用的相应混凝土材料单价一致。

5）招标人供应材料价格汇总表，按招标人供应的材料名称、型号规格、计量单位和供应价填写，并填写经分析计算后的相应材料预算价格，填写的预算价格必须与工程单价计算表中采用的相应材料预算价格一致。

6）投标人自行采购主要材料预算价格汇总表，按表中的序号、材料名称、型号规格、计量单位和预算价填写，填写的预算价必须与工程单价计算表中采用的相应材料预算价格一致。

7）招标人提供施工机械台时（班）费汇总表，按招标人提供的机械名称、型号规格和招标人收取的台时（班）折旧费填写；投标人填写的台时（班）费用合计金额必须与工程单价计算表中相应的施工机械台时（班）费单价一致。

8）投标人自备施工机械台时（班）费汇总表，按表中的序号、机械名称、型号规格、一类费用和二类费用填写，填写的台时（班）费合计金额必须与工程单价计算表中相应的施工机械台时（班）费单价一致。

9）工程单价计算表，按表中的施工方法、序号、名称、型号规格、计量单位、数量、单价、合价填写，填写的人工、材料和机械等基础价格，必须与基础材料单价汇总表、主要材料预算价格汇总表及施工机械台时（班）费汇总表中的单价相一致；填写的施工管理费、企业利润和税金等费（税）率必须与工程单价费（税）率汇总表中的费（税）率相一致。凡投标金额小于投标总报价万分之五及以下的工程项目，投标人可不编报工程单价计算表。

（11）总价项目一般不再分设分类分项工程项目，若招标人要求投标人填写总价项目分类分项工程分解表，其表式同分类分项工程量清单计价表。

（12）工程量清单计价格式应随招标文件发至投标人。

7.3.5 工程量清单计价案例

见项目 8 任务 8.3 水利水电工程招投标案例。

思 考 与 练 习 题

1. 《水利工程工程量清单计价规范》适用范围是什么？

2. 什么是工程量清单？

3. 分类分项工程项目编码是如何规定的？

4. 如何编制分类分项工程量清单？

5. 措施项目清单包括哪些？

6. 工程量清单计价包括哪些费用？

7. 什么是工程单价？如何编制？

8. 按照招标文件的规定，根据招标项目涵盖的内容，投标人一般应编制哪些基础单价，作为编制分类分项工程单价的依据？

9. 工程量清单报价表的填写应注意哪些事项？

项目 8 水利水电工程招标与投标

学习目标与学习要点

本项目主要学习水利水电工程招标与投标的概念及招标与投标的程序；招标文件的编制，评标决标的方法；投标文件的组成内容及投标策略和技巧等内容；要求了解招标方式及种类、招标文件内容；理解招标文件的编制方法，投标文件编制方法及投标技巧；掌握招标概念，招标标底、投标报价的编制方法；能根据实际工程编制招标文件及投标文件。

招标与投标，是市场经济中用于采购大宗商品的一种交易方式，也是国内外广泛采用的分派建设任务主要的交易方式。工程招标是指招标人（业主或建设单位）为发包方，根据拟建工程的内容、工期、质量和投资额等技术经济要求，公开或非公开邀请有资格和能力的投标人报出工程价格，从中择优选取承担可行性研究、勘察、设计、施工等任务的承包单位。工程项目投标是指经招标人审查获得投标资格的投标人，按照招标条件和自己的能力，在规定的期限内向招标人填报投标书并争取中标，从而达成协议的过程。

任务 8.1 水 利 水 电 工 程 招 标

8.1.1 概述

1. 工程项目招标的分类

（1）按招标的性质分类：

1）项目开发招标。项目开发招标是建设单位（业主）邀请工程咨询单位对建设项目进行可行性研究，其"标的物"是可行性研究报告。中标的工程咨询单位必须对自己提供的研究成果认真负责，可行性研究报告应得到业主的认可。

2）监理招标。监理招标是通过竞争方式选择工程监理单位的一种方法，其"标的物"为监理工程师提供的服务。

3）勘察设计招标。勘察设计招标根据通过的可行性研究报告所提出的项目设计任务书，择优选择承包工程项目勘察设计工作的承包商，其"标的物"是勘察和设计成果。

4）工程施工招标。在工程项目的初步设计或施工图设计完成以后，用招标的方式选择施工承包商，其"标的物"是向建设单位（业主）交付按设计规定的建筑产品。

5）材料、设备招标。工程建设中，材料、设备费占工程总投资的比重很大，招标人通过招标的方式选择承包材料、设备的供应商，其"标的物"是所需要的建筑材料、建筑构件和设备等。

（2）按工程承包的范围分类：

1）建设项目总承包招标。从项目的可行性研究、勘察设计、材料和设备采购、工程施工、生产准备，直到竣工投产交付使用而进行的一次性招标。

2）专项工程承包招标。指在对工程承包招标中，对其中某些比较复杂或专业性强，或施工和制作要求特殊的单项工程，单独进行招标。

2. 招标方式

国际上常采用的招标方式有以下几种形式：

（1）公开招标。公开招标亦称无限竞争性招标。由招标人依据《中华人民共和国招标投标法》的有关规定，在国内外主要报纸、招标网、电视台等公开的媒介上发布招标广告，凡对此招标工程项目有兴趣的承包商均有同等的机会购买资格预审文件，并参加资格预审，预审合格后均可购买招标文件进行投标。

这种方式可以为一切符合条件的有能力的承包商提供一个平等的竞争机会，促使承包商加强管理、提高工程质量和降低工程成本，使招标人在众多的投标人中选择一个比较理想的承包商，有利于降低工程造价、保证工程质量和缩短工期。但由于参与竞争的承包商可能有很多，会增加资格预审和评标的工作量。

（2）邀请招标。邀请招标亦称有限竞争性选择招标。这种方式不发布广告，而是业主根据自己的经验和所掌握的有关承包商的各种信息资料，对那些被认为有能力，而且信誉好的承包商发出邀请，请他们来参加投标。一般邀请 5～10 家（但不能少于 3 家）前来投标。

这种招标方式花费精力少，省时。但由于经验和信息资料有一定的局限性，有可能漏掉一些在技术上、报价上有竞争力的承包商。

（3）议标。议标亦称非竞争性招标或指定性招标。这种方式是招标人邀请一家、最多不超过两家承包商来直接协商谈判，实际上是一种合同谈判的形式。这种方式适用于工程造价较低、工期紧、专业性强或军事保密的工程。其优点是可以节省时间，容易达成协议，迅速开展工作。

但在我国招投标法中规定，我国的招标方式就只有公开招标和邀请招标两种形式。

8.1.2　水利水电工程施工招标程序

1. 工程施工招标程序

建设项目施工招标工作应由招标单位按下列程序进行：

（1）向上级招标投标管理机构提交招标申请书并经过批准。招标申请书的主要内容包括：招标工程具备的条件、招标机构的组织情况、分标方案与招标计划、拟采用的招标方式和对投标单位的资质要求。

（2）组织编制招标文件和标底，并报上级招标投标管理机构审定。

（3）发布招标通告，出售资格预审文件。

（4）投标单位填报资格预审书和有关资料，申请投标。

（5）对投标单位进行资格审查，并提出资格预审报告。

（6）向资格预审合格的投标单位发出投标邀请书并出售招标文件及有关资料。

（7）召开标前会，组织投标单位进行现场勘查，解答招标文件中的问题。

（8）组建评标领导小组或评标委员会，制定评标定标原则和方法。

（9）召开开标会议，当众开标。

（10）组织评标。在评标期间，召开澄清会议，邀请投标单位对投标书作必要的澄清。

（11）选定中标单位和候补中标单位，报上级招标投标管理机构批准。

（12）与初选的中标单位进行中标前谈判。

（13）发中标通知书，与中标单位正式签订合同。合同副本报上级招标投标管理机构备案。

（14）通知未中标单位。

以上工作内容可概括为准备阶段（申请批准招标、准备招标文件）、招标阶段和决标成交阶段（开标、评标、决标、签订合同）。不同阶段有不同工作内容，既不能互相代替，也不允许颠倒，只有循序渐进，才能收到预期的效果。

2. 工程施工招标文件编制

（1）工程施工招标文件构成。《标准施工招标文件》由四部分构成，具体如下：

第一卷

　　第一章　招标公告（或投标邀请书）

　　第二章　投标人须知

　　第三章　评标办法

　　第四章　合同条款及格式

　　第五章　工程量清单

第二卷

　　第六章　图纸

第三卷

　　第七章　技术标准和要求

第四卷

　　第八章　投标文件格式

（2）工程施工招标文件的内容。施工招标文件主要包括：投标邀请书、投标须知、合同条件、技术条款、设计图纸、工程量表、投标书和投标保函格式、补充资料表、合同协议书、各类证明文件、评标方法等。现就其主要内容分述如下：

1）招标公告（或投标邀请书）：①招标条件；②项目概况与招标范围；③投标人资格要求；④招标文件的获取时间、地点、售价；⑤投标文件送交的地点、份数和截止时间；⑥提交投标保证金的规定额度和时间；⑦发布公告的媒介（若为投标邀请书该项为确认）；⑧联系方式。

2）投标须知。投标须知是对投标者正确编制投标文件起指导作用，它主要是告知投标者投标时的有关注意事项，包括资格要求、投标文件要求、投标的语言、报价计算、货币、投标有效期、投标保证、错误的修正以及本国投标者的优惠、开标的时间和地点。

3）合同条款及格式。

4）技术条款。

5）设计图纸。

6）工程量报价表。

7）投标文件和投标保证书。

8）补充资料表。

9）合同协议书。

10）履约保证和预付款。

8.1.3　施工招标标底的编制

1. 标底的概念及作用

（1）标底的概念。标底是招标人对招标工程的预期价格，是由招标人自行编制，或委托经有关部门批准的、具有编制标底资格和能力的中介机构代理编制，并按规定报经审定的招标工程的发包价格。

（2）标底的主要作用。《中华人民共和国招标投标法》中没有明确规定招标工程是否必须设置标底价格，招标人可根据工程的实际情况决定是否编制标底。如设标底，则标底的编制是招标过程中必不可少的组成部分，在确定承包商的过程中起着一种"商务标准"的作用，合理的标底是业主以合理的价格获得满意的承包商、中标人获取合法利润的基础。充分认识标底的作用，了解编制标底应遵循的原则和科学的方法，才能编制出与工程实际相吻合的标底，使其起到应有的作用，主要有以下几点：

1）能够使招标人预先明确其在拟建工程上应承担的财务义务。标底的编制过程是对项目所需费用的预先自我测算过程，通过标底的编制可以促使招标人事先加强工程项目的成本调查和预测，做到对价格和有关费用心中有数。

2）控制投资、核实建设规模的依据。按照《水利工程施工招标投标管理办法》的规定，标底必须控制在批准的概算或投资包干的限额之内（指扣除该项工程的建设单位管理费、征地拆迁费等所有不属于招标范围内各项费用的余额）。在实际工作中，如果按规定的程序和方法编制的标底超过批准的概算或投资包干的限额，应进行复核和分析，对其中不合理部分应剔除或调整；如仍超限额，应会同设计单位一起寻找原因，必要时由设计单位调整原来的概算或修正概算，并报原批准机关审核批准后，才能进行招标工作。

3）评标的重要尺度。投标单位的报价进入以标底为基准的一定幅度范围内为有效报价，无充分理由而超出范围的报价作为废标处理，评标时不予考虑。因此，只有编制了标底，才能正确判断投标者所投报价的合理性和可靠性，否则评标就是盲目的。只有制定了准确合理的标底，才能在定标时作出正确的抉择。

4）标底编制是招标中防止盲目报价、抑制低价抢标现象的重要手段。盲目压低标价的低价抢标者，在施工过程中可能会采取偷工减料或无理索赔等种种不正当手段，以避免自己的损失，使工程质量和施工进度无法得到保障，使业主的合法权益受到损害。在评标过程中，以标底为准绳，剔除低价抢标的标书是防止此现象的有效措施。

标底的性质和作用要求招标工程必须遵循一定的原则，以严肃认真的态度和科学的方法来编制标底，使之准确、合理，保证招标工作的健康开展，定标时作出正确的抉择，使工程顺利进行。2003 年 12 月水利部制订了《水利工程建设项目施工招标标底编制指南》，以指导水利工程招标投标活动中的标底编制工作。

2. 工程标底的编制

水利工程建设项目招标标底的编制方法一般采用以定额法为主、实物量法和其他方法为辅、多种方法并用的综合分析方法。标底编制应充分发挥各方法的优点和长处，以达到提高标底编制质量的目的。

工程标底编制的主要步骤如下：

（1）计算基础单价。包括：①人工预算单价；②材料预算价格；③施工用电、风、水预算价格；④砂石料单价；⑤施工机械台时费。

（2）计算工程单价。工程单价由直接费、施工管理费、企业利润和税金组成。

1）直接费的计算方法主要有定额法和直接填入法：

a. 定额法。定额法是根据招标文件所确定的施工方法、施工机械种类查现行水利部定额相应子目得出完成单位工程的人工、材料、机械的消耗量和相应的基础单价来计算直接费（并考虑季节、夜间、高原、风沙等原因增加的直接费）。

b. 直接填入法。一项水利工程招标文件的工程量报价单中包含许多工程项目，但是少数一些项目的总价却构成了合同总价的绝大部分。专业人员应把主要的精力和时间用于这些主要项目的计算，而对总价影响不大的项目可采用一种比较简单的、不进行详细费用计算的方法来估算项目单价，这种方法称为直接填入法。

2）施工管理费可参照间接费的编制方法计算，但费率不能生搬硬套，应根据招标文件中材料供应、付款等有关条款作调整。

3）企业利润和税金按照水利部对施工招投标的有关规定进行计算，不应压低施工企业的利润、降低标底从而引导承包商降低投标报价。

（3）临时工程费用。有些业主在招标文件中，把其他施工临时工程单独在工程量报价表中列项，标底应计算这些项目的工程量和单价，招标文件中没有单独开列的其他施工临时工程应按施工组织设计确定的项目和数量来计算其费用，并摊入各有关项目内。

（4）编制标底文件。在工程单价计算完毕后，应按照招标文件所要求的表格格式填写有关表格、计算汇总有关数据、编写编制说明、提出分析报表，从而形成全套工程标底文件。

对于小型工程或某标段工程，如果本地区已修建过类似的项目，可对其造价进行统计分析，得出综合单价的统计指标，以这种统计指标作为编制标底的依据，再考虑材料价格涨落、人工工资及各种津贴等费用的变动，加以调整后得出标底。

任务 8.2　水利水电工程投标

8.2.1　水利水电工程施工投标程序

工程投标是建设工程招标投标活动中投标人的一项重要活动，也是施工单位获得工程任务的主要途径，施工投标的一般程序如下：

1. 投标准备工作

投标准备工作主要包括获取招标信息、筹建投标小组和前期投标决策三项内容。

(1) 获取招标信息。为使投标工作取得预期的效果，投标人必须做好获得投标信息的准备工作。目前投标人获得招标信息的渠道很多，最普遍的是通过大众媒体所发布的招标公告获取招标信息。投标人必须认真分析验证所获信息的真实可靠性，证实其招标项目确实已立项批准并且资金已经落实等。投标人还应提前了解和跟踪一些大型或复杂项目的新建、扩建和改建项目的计划，提前做好信息、资料的积累整理工作，并注意收集同行业其他投标人对工程建设项目的意向。

(2) 前期投标决策。投标人在证实招标信息真实可靠后，同时还要对招标人的信誉、实力等方面进行了解，根据了解到的情况，正确作出投标决策，以减少工程实施过程中承包方的风险，还应注意竞争对手的实力优势及投标环境的优劣情况，要具体分析判断，采取相应对策。

(3) 筹建投标小组。在确定参加投标活动后，为了确保在投标竞争中获得胜利，投标人在投标前应建立专门的投标小组，负责投标事宜。投标小组中的人员应包括施工管理、技术、经济、财务、法律法规等方面的人员。投标小组中的人员业务上应精干、富有经验，且受过良好培训，有娴熟的投标技巧，并能合理运用投标策略；素质上应工作认真，对企业忠诚，对报价保密。

2. 参加资格预审

为确保能挑选出理想的承包商，在正式招标之前，招标人需要先进行资格预审，以便淘汰一些在技术上和能力上都不合格的投标人。资格预审是投标人投标过程中首先要通过的第一关，资格预审一般按招标人所编制的资格预审文件内容进行审查。

投标人应根据资格预审文件，积极准备和提供有关材料，并随时注意信息跟踪工作，发现不足部分及时补送，争取通过资格预审。

3. 购买和研究招标文件

投标人在通过资格预审后，就可以在规定的时间内向招标人购买招标文件。购买招标文件时，投标人应按招标文件的要求提供投标保证金、图纸押金等。

购买到招标文件之后，投标人应认真阅读招标文件中的所有条款。注意招标过程中各项活动的时间安排，明确招标文件中对投标报价、工期、质量等的要求。同时对招标文件中的合同条款、无效标书的条件等主要内容应认真进行分析，理解招标文件隐含的涵义。通过详细研究招标文件，如果可以发现其中表达不清、相互矛盾之处以及明显的错误，则可以在踏勘现场时进行调查。对仍存在的疑问，可以在标前会议上或投标前规定的时间内以书面形式向招标人提出质疑。

4. 收集资料、准备投标

招标文件购买后，投标人就应进行具体的投标准备工作。投标准备工作包括参加现场踏勘，计算和复核招标文件中提供的工程量，参加投标预备会，询问了解市场情况等内容。

(1) 参加现场踏勘。投标人在领到招标文件后，除对招标文件进行认真研读分析之外，还应按照招标文件规定的时间，对拟施工的现场进行踏勘，尤其是我国逐渐实行工程量清单报价模式后，投标人所投报的单价一般被认为是在经过现场踏勘的基础上编制而成的。报价单报出后，投标者就无权因为现场踏勘不周、情况了解不细或因素考虑不全而提出修改标价或提出索赔等要求。现场踏勘应由招标人组织，投标人自费自愿参加。

（2）参加投标预备会。投标预备会又称答疑会或标前会议，一般在现场踏勘之后的 1～2 天内举行。其目的是解答投标人对招标文件及现场踏勘中所提出的问题，并对图纸进行交底和解释。投标人在对招标文件进行认真分析和对现场进行踏勘之后，应尽可能多地将投标过程中可能遇到的问题向招标人提出疑问，争取得到招标人的解答，为下一步投标工作的顺利进行打下基础。

（3）计算或复核工程量。现阶段我国进行工程施工投标时，工程量的计算或复核有两种情况。一种是招标文件编制时，招标人给出具体的工程量清单，供投标人报价时使用。这种情况下，投标人在进行投标时，应根据图纸等资料对给定工程量的准确性进行复核，为投标报价提供依据。在工程量复核过程中，如果发现某些工程量有较大的出入或遗漏，应向招标人提出，要求招标人更正或补充。如果招标人不作更正或补充，投标人投标时应注意调整单价以减少实际实施过程中由于工程量调整带来的风险。另一种情况是，招标人不给出具体的工程量清单，只给相应工程的施工图。这时，投标报价应根据给定的施工图，结合工程量计算规则自行计算工程量。自行计算工程量时，应严格按照工程量计算规则的规定进行，不能漏项，不能少算或多算。

（4）市场调查。投标文件编制时，投标报价是一个很重要的环节。为了能够准确确定投标报价，投标时应认真调查了解工程所在地的人工工资标准、材料来源、价格、运输方式、机械设备租赁价格等和报价有关的市场信息，为准确报价提供依据。

（5）确定施工方案。施工方案也是投标内容中很重要的部分，是招标人了解投标人的施工技术、管理水平、机械装备的途径。

（6）工程报价决策。工程报价决策是投标活动中最关键的环节，直接关系到能否中标。工程报价决策是在预算的基础上，考虑施工的难易程度、竞争对手的水平、工程风险、企业目前经营状况等多方面因素决定的。

5. 投标文件的编制和提交

经过前期的准备工作之后，投标人开始进行投标文件的编制工作。投标人编制投标文件时，应按照招标文件的内容、格式和顺序要求进行。投标文件编写完成后，应按招标文件中规定的时间和地点提交投标文件。

在投标文件编制之前，要明确以下内容：

（1）投标文件的要求：

1）必须明确向招标人表示愿以招标文件的内容订立合同的意思。

2）必须按招标文件提出的实质性要求和条件作出响应（包括技术要求、投标报价要求，评价标准等）。

（2）投标文件的组成。投标文件是由一系列有关投标方面的书面资料组成的。一般来说，投标文件由以下几个部分组成（具体表格见本项目任务 8.3 投标案例）。

1）投标函及投标函附录。

2）法定代表人身份证明。

3）授权委托书。

4）联合体协议书。

5）投标保证金。

6）已标价的工程量清单与报价表。这部分资料随合同类型而异。单价合同中，一般将各项单价开列在工程量表上。有时业主要求报单价分析表，则需按招标文件规定在主要的或全部单价中附上单价分析表。

7）施工组织设计。列出各种施工方案（包括建议的新方案）及其施工进度计划表，有时还要求列出人力安排计划的直方图。

8）项目管理机构。

9）拟分包项目情况表。

10）资格审查资料。

11）其他资料。

投标人必须使用招标文件提供的投标文件表格格式，但表格可以按同样格式扩展。

（3）编制投标文件的步骤。投标人在领取招标文件以后，就要进行投标文件的编制工作。编制投标文件的一般步骤是：

1）编制投标文件的准备工作。其内容包括：熟悉招标文件、图纸、资料，对图纸、资料不清楚、不理解的地方，可以用书面形式向招标人询问、澄清；参加招标人组织的施工现场踏勘和答疑会；调查当地材料供应和价格情况；了解交通运输条件和有关事项。

2）实质性响应条款的编制。其内容包括对合同主要条款的响应，对提供资质证明的响应，对采用的技术规范的响应等。

3）复核、计算工程量。

4）编制施工组织设计，确定施工方案。

5）计算投标报价，投标决策确定最终报价。

6）编制投标书，装订成册。

（4）投标文件的提交。投标人应在招标文件规定的投标截止日期内将投标文件提交给招标人。投标人可以在提交投标文件以后，在规定的投标截止时间之前，采用书面形式向招标人递交补充、修改或撤回其投标文件的通知。投标人的补充、修改或撤回通知，应按招标文件中投标须知的规定，编制、密封、加写标志，补充、修改的内容为投标文件的组成部分。在投标截止日期以后，不能更改投标文件。根据招标文件的规定，在投标截止时间与招标文件中规定的投标有效期终止日之间的这段时间内，投标人不能撤回投标文件，否则其投标保证金将不予退还。在投标截止日期以后送达的投标文件，招标人将拒收。

（5）编制投标文件的注意事项：

1）投标人编制投标文件时必须使用招标文件提供的投标文件表格格式。填写表格时，凡要求填写的空格都必须填写，否则，即被视为放弃该项要求；重要的项目或数字（如工期、质量等级、价格等）未填写的，将被作为无效或作废的投标文件处理。

2）编制的投标文件"正本"仅一份，"副本"则按招标文件中要求的份数提供，同时要明确标明"投标文件正本"和"投标文件副本"字样。投标文件正本和副本如有不一致之处，以正本为准。

3）投标文件正本与副本均应使用不能擦去的墨水打印或书写。投标文件的书写要字迹清晰、整洁、美观。

4）所有投标文件均由投标人的法定代表人签署、加盖印鉴，并加盖法人单位公章。

5）填报的投标文件应反复校核，保证分项和汇总计算均无错误。全套投标文件均应无涂改，除非这些涂改是根据招标人的要求进行的，或者是投标人造成的必须修改的错误。修改处应由投标文件签字人签字并加盖印鉴。

6）如招标文件规定投标保证金为合同总价的某百分比时，开具投标保函不要太早，以防泄漏报价。但有的投标人提前开出并故意加大保函金额以麻痹竞争对手的情况也是存在的。

7）投标文件应严格按照招标文件的要求进行密封，避免由于密封不合格造成废标。

8）认真对待招标文件中关于废标的条件，以免被判为无效标而前功尽弃。

6．出席开标会议

投标人在编制和提交完投标文件后，应按时参加开标会议。开标会议由投标人的法定代表人或其授权代理人参加。如果是法定代表人参加，一般应持有法定代表人资格证明书；如果是委托代理人参加，一般应持有授权委托书。许多地方规定，不参加开标会议的投标人，其投标文件将不予启封。

7．接受中标通知书，提供履约担保，签订工程承包合同

经过评标，投标人被确定为中标人后，应接受招标人发出的中标通知书。中标人在收到中标通知书后，应在规定的时间和地点与招标人签订合同。我国规定招标人和中标人应当自中标通知书发出之日起 30 日内订立书面合同，合同内容应依据招标文件、投标文件的要求和中标的条件签订。招标文件要求中标人提交履约保证金的，中标人应按招标人的要求提供。合同正式签订之后，应按要求将合同副本分送有关主管部门备案。

8.2.2　投标报价的步骤

投标报价是潜在投标人投标时确定的承包工程的价格。招标人常把投标人的报价作为选择中标者的主要依据。因此报价的准确与否不仅关系到投标单位能否中标，更关系到中标后承包单位能否赢利及赢利的多少。

工程量清单计价是一种国际惯例计算报价模式，每一项单价中已综合了各种费用，即工程单价。执行现行《水利工程工程量清单计价规范》（GB 50501—2007）的工程项目，其编制步骤为：①将工程单价分别填入相对应的分类分项工程量清单计价表中；②将已审定的分类分项工程量乘以工程单价，累计后即得该拟建工程分类分项工程造价；③分别按已确定的措施项目清单计价表、其他项目清单计价表和零星工作计价表中的项目内容，计算拟建工程的措施项目费用、其他项目费用和零星工作费用；④汇总后就得到该拟建工程总造价，即投标总报价。

任务 8.3　水利水电工程招投标案例

×××水库除险加固工程招标及合同文件
合同编号：SZXXSKCXJGGC–SG01

1　招标公告

×××水库除险加固工程经上级主管部门批准建设，资金来源已落实。该工程已具备招标条件，请愿意承担本工程施工任务的符合条件的独立企业法人单位投标。

1.1　项目概况

（1）项目名称：×××水库除险加固工程。

（2）招标人：×××小型水库除险加固建设管理处。

（3）建设地点：×××。

（4）资金来源：政府投资。

（5）招标内容：×××水库除险加固工程施工。

（6）招标方式：公开招标。

（7）工　　期：主体工程：2012 年 1 月 8 日至 2012 年 7 月 15 日。

（8）投标保证金：人民币肆万元（40000.00 元）。

1.2　投标人资质等级

要求投标人具备水利水电工程总承包贰级（含）以上资质等级。

1.3　报名及发售招标文件时间、地点要求

（1）兹定于 2011 年 12 月 2 日至 2011 年 12 月 6 日接受潜在投标人报名（2011 年 12 月 6 日下午 3：00 报名截止），2011 年 12 月 7 日至 2011 年 12 月 18 日发售招标文件。接受投标文件截止时间为 2011 年 12 月 28 日上午 9：00。招标文件每本 1000 元，售后不退。报名及出售招标文件地点：×××技术咨询有限公司。

（2）购买招标文件时需提供如下证件原件及加盖公章的复印件：①法定代表人授权委托书；②法人或授权委托人身份证等原件及复印件；③营业执照副本；④资质证书；⑤税务登记证；⑥安全生产许可证；⑦外省企业需有入辽施工许可证。

1.4　开标时间及地点

（1）开标时间：2011 年 12 月 28 日上午 9：00

（2）开标地点：×××行政审批中心三楼开标室

1.5　联系方式

招标人：×××小型水库除险加固建设管理处

地址：×××

联系电话：×××　　　　　　　　联系人：×××

招标代理机构：×××技术咨询有限公司

地址：×××　　　　　　　　　　联系人：×××

联系电话/传真：×××

2011 年 12 月 2 日

2　投　标　须　知

投标须知前附表

序号	条款号	条款名称	内容规定	
1	2.1.1	工程综合说明	工程名称	×××水库除险加固工程
			合同编号	SZXXSKCXJGGC－SG01
			建设地点	×××
			招标范围和建设内容	本次除险加固的主要内容为：对×××水库大坝顶防浪墙重建，上游护坡抛石及干砌石整修，下游坝坡培厚；溢洪道堰体重建，泄槽底板衬砌，两侧山体加固处理；更换输水洞闸门及启闭设备，重建闸室。工程等别为Ⅳ等，土坝、溢洪道及输水洞建筑物级别为4级。 招标范围为：×××水库大坝工程，溢洪道工程，输水洞工程土建、相关的机电设备、金属结构设备及安装，相关的临时工程和其他工程
			质量要求	达到国家施工验收合格标准
			计划工期	主体工程：计划开工日期：2012年1月8日 计划竣工日期：2012年7月15日
2	2.1.2	资金来源		国家投资加地方配套，资金已经落实。
3	2.1.3	投标人资格	资质条件	水利水电工程总承包贰级（含）以上资质等级
			施工经验	近五年内进行过与招标工程的规模和性质相类似工程的施工
			财务状况	略
			施工设备	略
			主要人员	略
			其他要求	在近三年内无不良履约记录或因其他原因招致的诉讼
4	2.3.3	投标文件有效期		45天
5	2.3.4	投标保证金	金额	肆万元（40000.00元）
			提交时间	2011年12月25日下午16：00前
			招标代理机构	略
			形式	现金或转账支票或银行汇票
6	2.3.6	现场察勘		投标单位自行察勘，招标人不统一安排。察勘费用由投标人自理
7	2.3.7	投标文件的份数和签署要求		纸质版一式七份，其中正本一份，副本六份。投标人同时需提供投标文件电子版（光盘或优盘）1份，其中已标价工程量清单为Microsoft　Excel格式
8	2.4.2	投标截止时间和投标文件的递交	投标截止时间	2011年12月28日9：00时（北京时间）
			投标文件送达地点	×××行政审批中心三楼
9	2.5.1	开标	开标时间	2011年12月28日9：00时（北京时间）
			开标地点	×××行政审批中心三楼

2.1 总 则

2.1.1 工程综合说明

招标人×××水库除险加固建设管理处就×××水库除险加固工程施工进行招标，现请愿意承包该工程施工的企业按本招标文件的规定提交投标文件，工程概况详见《技术条款》。

工程名称：×××水库除险加固工程

合同编号：SZXXSKCXJGGC－SG01

建设地点：×××

招标范围：×××水库除险加固施工

建设的主要内容：×××水库大坝顶防浪墙重建，上游护坡抛石及干砌石整修，下游坝坡培厚；溢洪道堰体重建，泄槽底板衬砌，两侧山体加固处理；更换输水洞闸门及启闭设备，重建闸室。工程等别为Ⅳ等，土坝、溢洪道及输水洞建筑物级别为 4 级。

计划工期： 主体工程：计划开工日期：2012 年 1 月 8 日

计划竣工日期：2012 年 7 月 15 日

质量要求：达到国家施工验收合格标准。

2.1.2 资金来源

资金来源：国家投资加地方配套，资金已经落实，具备招标条件。

2.1.3 投标人的资格

内容从略。

2.2 招 标 文 件

2.2.1 招标文件的组成

招标文件包括下表所列文件和按第 2.2.3 条规定发出的补充通知。

招 标 文 件 组 成 表

卷号	章号	名 称
一		商务文件
	1	招标公告
	2	投标须知
	3	合同条款
	4	协议书和工程预付款保函
	5	工程量清单
	6	投标文件格式
二		技术条款
	1	一般规定
	2	施工导流和水流控制
	3	土方开挖工程
	4	石方明挖工程
	5	拆除工程

续表

卷号	章号	名　称
	6	土石方填筑工程
	7	混凝土工程
	8	砌体工程
	9	金属结构设备及安装工程
	10	房屋建筑工程
三		招标图纸

2.2.2　招标文件的答疑

内容从略。

2.3　投　标　文　件　的　编　制

2.3.1　投标文件的组成

投标人应按招标文件规定的内容和格式编制并提交投标文件，投标文件应包括以下内容：

（1）投标报价书。

（2）法定代表人身份证明。

（3）授权委托书。

（4）投标保证金说明。

（5）工程量清单报价表。

（6）施工组织设计（包括投标辅助资料）。

（7）资格审查资料。

（8）投标人按本投标须知要求提交的其他资料。

投标人应根据上述规定按第 6 章规定的格式提交投标文件。

2.3.2　投标报价

2.3.2.1　投标人应根据"5　工程量清单"，填报工程量清单报价表。

2.3.2.2　投标总价应包括投标人中标后为完成合同规定的全部工作需支付的一切费用和拟获得的利润，并考虑了应承担的风险，但不包括合同规定的价格调整。

2.3.2.3　投标人在投标截止时间前修改投标总价时，应同时修改各项目的报价或说明对工程量清单报价表的修改办法。

2.3.3　投标文件有效期

内容从略。

5　工　程　量　清　单

×××水库除险加固工程工程量清单
合同编号：SZXXSKCXJGGC‐SG01

填表须知

（1）工程量清单及其计价格式中所有要求盖章、签字的地方，必须由规定的单位和人

员盖章、签字（其中法定代表人也可由其授权委托的代理人签字、盖章）

（2）工程量清单及其计价格式中的任何内容不得随意删除或涂改。

（3）工程量清单计价格式中列明的所有需要填报的单价和合价，投标人均应填报，未填报的单价和合价，视为此项费用已包含在工程量清单的其他单价和合价中。

（4）投标金额（价格）均应以人民币表示。

（5）工程量清单应与投标须知、合同条款、技术条款和图纸等招标文件一起参照阅读。

（6）工程量清单中的工程量是用作投标报价的估算工程量，不作为最终结算的工程量，用于结算的工程量是承包人实际完成的，并按合同有关计量规定计量的工程量。

（7）除合同另有规定外，工程量清单中的单价和合价包括由承包人承担的直接费、间接费、其他费用、税金等全部费用和要求获得的利润以及应由承包人承担的义务、责任和风险所发生的一切费用。

（8）投标人投标时，其有关工程保险及其费用由投标人根据本合同文件《通用合同条款》第 48 条、第 49 条和第 50 条的规定执行，并将其费用摊入有关项目内，发包人不另行支付。

（9）符合合同规定的全部费用和利润都应包括在工程量清单所列的各项目中，合同规定应由承包人承担而在工程量清单中未详细列出的项目，其费用和利润应认为已包括在其他有关项目的单价和合价中。投标人不应在工程量清单中自行增加新的项目或修改项目名称及顺序变化。

（10）工程量清单中各项目的工作内容和要求及其计量和支付的规定详见《技术条款》有关部分。

（11）除合同另有规定外，在投标截止日前 28 天当时所依据的国家法律、行政法规、国务院有关部门的规章以及工程所在地的省、自治区、直辖市的地方法规和规章中规定应由承包人缴纳的税金和其他费用均应计入单价、合价和总报价中。

总　说　明

合同编号：SZXXSKCXJGGC－SG01

工程名称：×××水库除险加固工程

一、工程概况：

略

二、工程招标范围

×××水库除险加固工程招标范围为：×××水库大坝工程，溢洪道工程，输水洞工程土建，相关金属结构设备及安装，相关的临时工程和其他工程。

本次除险加固的主要内容为：对×××大坝顶防浪墙重建，上游护坡抛石及干砌石整修，下游坝坡培厚；溢洪道堰体重建，泄槽底板衬砌，两侧山体加固处理；更换输水洞闸门及启闭设备，重建闸室。工程等别为Ⅳ等，土坝、溢洪道及输水洞建筑物级别为 4 级。

三、发包人提供的条件

本合同范围内的临时交通、供水、供电、通信等条件承包人自己负责考虑。招标人不提供任何材料和施工设备。

四、合同工期及控制性进度表

本合同工程计划 2012 年 1 月 8 日开工，主体工程在 2012 年 7 月 15 日完成。

五、质量、安全、环境保护要求

质量、安全、环境保护等要求详见招标文件技术条款。

六、工程量清单说明

1. 根据省辽发改发〔2005〕1114 号文规定，进入单价的主材限价，低于限价的直接进入单价，高于限价的部分只计取税金。

2. 本工程无备用金、预留金。

3. 其他项目清单中的暂估价项目，各投标人均应按招标文件中给定的价格进行填报，招标人将根据实际工程内容和工程量与中标人协商确定最后结算价格。

建 筑 工 程 量 清 单

合同编号：SZXXSKCXJGGC - SG01

工程名称：×××水库除险加固工程

序号	工程或费用名称	单位	数量	备注
	第一部分建筑工程			
一	大坝工程			
1	坝体培厚及护坡			
	原堆石坝料拆除外运	m³	6790	
	堆石料开采	m³	11369	
	振动碾压实外运堆石料	m³	11369	
	原干砌块石护坡拆除运输	m³	2470	
	干砌块石护坡（新石）	m³	2594.63	
	干砌块石护坡（旧石）	m³	2594.63	
	坝前抛碎石	m³	16200	
2	防浪墙			
	土方开挖	m³	900	
	土方回填	m³	780	
	混凝土墙（C20）	m³	360	
	混凝土模板	m²	369	
	浆砌石拆除外运	m³	441.9	
	沥青木板伸缩缝	m²	37.26	
二	溢洪道工程			

续表

序号	工程或费用名称	单位	数量	备注
1	溢洪道底板			
	底部岩石开挖	m³	1128	
	沟槽石方开挖	m³	62	
	盲沟碎石	m³	62	
	底板混凝土（W6F150C25）	m³	722	
	钢筋制作安装	t	17	
	塑料排水管（φ50）	m	8.4	
	混凝土模板	m²	100	
	沥青木板伸缩缝	m²	99.00	
	橡胶止水	m	340.00	
2	边坡处理（含加宽溢洪道挖岩石）			
	坡面石方开挖弃渣外运	m³	6300	
	钢筋制作安装	t	2.14	
	（L＝2m）φ20 锚筋	根	425	
	喷混凝土	m³	328	
	第一部分建筑工程			
三	房屋建筑工程			
1	输水洞闸室拆除	m²	10	
2	输水洞闸室（1座）	m²	20	
3	管理用房	m²	100	
	投标报价			

金属结构设备及安装工程清单

序号	工程名称	单位	数量
	第三部分：金属结构设备及安装		
1	D800 闸阀配法兰（手动、电动两用）	套	2
	设计水头	m	13
2	拦污栅		
	栅体	t	2.0
	栅槽	t	4.0
	投标报价		

措 施 项 目 清 单

合同编号：SZXXSKCXJGGC‑SG01

工程名称：×××水库除险加固工程

序号	项目名称	金额/元
一	一般项目	
1	进退场费	
	进场费	
	退场费	
2	临时设施	
	施工交通	
	施工供电	
	施工供水	
	施工生产用水	
	施工生活用水	
	施工机械修配及加工厂	
	施工仓库及堆料场	
	临时房屋建筑和公用设施	
	施工生活营地住房	
	混凝土生产系统	
	施工围堰	
	施工排水	
	施工度汛	
3	水保、环保措施费	
4	安全文明施工措施费	

其 他 项 目 清 单

合同编号：SZXXSKCXJGGC‑SG01

工程名称：×××水库除险加固工程

序号	项目名称	金额/万元	备注
1	预留金		本工程无预留金

零 星 工 作 项 目 清 单

合同编号：SZXXSKCXJGGC - SG01

工程名称：×××水库除险加固工程

序号	名称	型号规格	计量单位	单价（元）	备注
1	人工				
	工长		工时		
	混凝土工		工时		
	钢筋工		工时		
	电焊工		工时		
	测量工		工时		
	机械工		工时		
	模板工		工时		
	电工		工时		
	技工		工时		
	普工		工时		
	司机		工时		
2	材料				
	钢筋		t		
	水泥	32.5	t		
	水泥	42.5	t		
	柴油	0 号	t		
	汽油	90 号	t		
	板枋材		m³		
	块石		m³		
	碎石		m³		
	砂		m³		
	炸药		t		
	雷管		个		
3	机械				
	推土机		台时		
	挖掘机		台时		
	拖拉机		台时		
	自卸汽车		台时		
	载重汽车		台时		
	钻机		台时		
	混凝土搅拌机		台时		
	起重机		台时		
	水泵		台时		

×××水库除险加固工程投标文件
招标编号：SZXXSKCXJGGC‑SG03

投 标 报 价 书

×××水库除险加固建设管理处：

1. 我们已仔细研究了×××水库除险加固工程（三标段）施工招标文件（包括补充通知）的全部内容并察勘了现场，愿意以人民币（大写）贰佰玖拾柒万陆仟贰佰零壹元贰角陆分元（小写：2976201.26 元）的投标总报价（详见已标价的工程量清单）按上述招标文件规定的条件和要求承包合同规定的全部工作，并承担相关的责任。

2. 我方提交的投标文件（包括投标报价书、已标价的工程量清单和其他投标文件）在投标截止时间后的 45 天内有效，在此期间被你方接受的上述文件对我方一直具有约束力。我方保证在投标文件有效期内不撤回投标文件，除招标文件另有规定外，不修改投标文件。

3. 随同本投标报价书附上投标保证金说明一份，作为我方担保。

4. 若我方中标：

（1）我方保证在收到你方的中标通知书后，按招标文件规定的期限，及时派代表前去签订合同。

（2）随同本投标报价书提交的投标辅助资料中的任何部分，经你方确认后可作为合同文件的组成部分。

（3）我方保证向你方按时提交招标文件规定的履约担保证件，作为我方的履约担保。

（4）我方保证接到开工通知后尽快调遣人员和调配施工设备、材料进入工地进行施工准备，并保证在合同规定的期限内完成合同规定的全部工作。

5. 我方完全理解你方不保证投标价最低的投标人中标。

投标人：＿＿＿＿＿＿＿＿

法定代表人（或委托代理人）：＿＿＿＿＿＿

地　　　址：＿＿＿＿＿＿＿＿

电　　　话：＿＿＿＿＿＿＿＿

传　　　真：＿＿＿＿＿＿＿＿

邮政编码：＿＿＿＿＿＿＿＿

＿＿＿年＿＿＿月＿＿＿日

工程项目总价表

合同编号：XBXXSKCXJGGC‑SG 03

工程名称：×××水库除险加固工程（第三标段）　　　　　　第 1 页　共 1 页

序号	工程项目名称	金额（元）
1	挡水工程	1692218.28
2	泄洪工程	990091.28
3	输水洞工程	53991.70
4	金属结构设备及安装工程	50900.00
5	措施项目清单	89000.00
6	其他项目清单	100000.00
	合计	2976201.26

分类分项工程量清单

合同编号：XBXXSKCXJGGC‑SG 03

工程名称：×××水库除险加固工程（第三标段）

编号	项目编码	工程或费用名称	计量单位	工程数量	单价/元	合计/元
1		挡水工程				1692218.28
1.1		拆除工程				115256.21
1.1.1	500102013001	上游坝坡块石清除（利用）	m³	2231.2	11.83	26397.39
1.1.2	500102013002	上游坝坡块石清除并外运（弃掉）	m³	2231.2	39.83	88858.82
1.2		新建工程				1576962.08
1.2.1	500103001001	上游坝坡碎石填筑（外购）	m³	2974.9	84.85	252418.88
1.2.2	500105001001	上游块石护坡翻砌（50%）（利用）	m³	2231.2	65.71	146621.65
1.2.3	500105001002	上游块石护坡砌筑（50%）（外购）	m³	2231.2	123.02	274486.57
1.2.4	500103001002	下游坝坡碎石填筑（外购）	m³	300	84.85	25454.86
1.2.5	500103016001	砂石路面（11cm厚）	m²	1872	5.11	9558.03
1.2.6		下游排水体				135340.98
1.2.6.1	500103001003	碎石填筑（外购）	m³	555.53	84.85	47136.46
1.2.6.2	500103016002	级配砂（外购）	m³	305.14	84.85	25890.99
1.2.6.3	500103008001	块石填筑（外购）	m³	735.11	84.77	62313.53
1.2.7	500114001001	路缘石（花岗岩条石）	m	468	79.00	36972.00

续表

编号	项目编码	工程或费用名称	计量单位	工程数量	单价/元	合计/元
1.2.8		大坝防渗处理				696109.10
1.2.8.1	500101002001	坝顶土方开挖	m³	4343.2	10.51	45645.30
1.2.8.2	500101002002	心墙开挖（弃土）	m³	835.45	10.51	8780.25
1.2.8.3	500103001004	坝壳料填筑压实	m³	3819.04	46.42	177265.50
1.2.8.4	500103002001	心墙料填筑压实（外购）	m³	835.45	26.75	22350.59
1.2.8.5	500103016003	细沙填筑（外购）	m³	524.16	66.08	34634.24
1.2.8.6	500103014001	土工膜（600g/m²，两布一膜）	m²	1404	10.83	15208.27
1.2.8.7		大坝防渗处理				392224.95
1.2.8.7.1	500109001001	混凝土（C25F200W4）	m³	1108.8	327.70	363350.53
1.2.8.7.2	500107004001	混凝土灌注孔（ϕ500mm）	m	1108.8	26.04	28874.43
2		泄洪工程				921063.28
2.1		拆除工程				94781.66
2.1.1	500105009001	导流墙浆砌石（弃掉）	m³	375	46.11	17290.31
2.1.2	500109010001	堰体混凝土（弃掉）	m³	69.2	123.85	8570.11
2.1.3	500109010002	底板混凝土（弃掉）	m³	387	123.85	47928.24
2.1.4	500109010003	控制段边墙混凝土（弃掉）	m³	61.59	123.85	7627.65
2.1.5	500109010004	控制段边墙毛石（弃掉）	m³	117.7	46.11	5426.85
2.1.6	500109010005	挑坎混凝土（弃掉）	m³	64.1	123.85	7938.50
2.2		新建工程				826281.61
2.2.1	500101002003	土方开挖	m³	7239.59	10.51	76085.21
2.2.2	500103001005	土方回填	m³	3246.05	2.90	9423.45
2.2.3	500109001002	堰体混凝土（C25F200W4）	m³	69.2	307.76	21296.95
2.2.4	500109001003	导流墙混凝土（C25F200W4）	m³	281.88	308.95	87086.10
2.2.5	500109001004	控制段边墙混凝土（C25F200W4）	m³	132	308.95	40781.06
2.2.6	500109001005	泄槽边墙贴混凝土（C25F200W4）	m³	133.57	308.95	41266.11
2.2.7	500109001006	底板混凝土（C25F200W4）	m³	387	304.60	117880.93
2.2.8	500109001007	挑坎混凝土（C25F200W4）	m³	64.1	307.76	19727.38

续表

编号	项目编码	工程或费用名称	计量单位	工程数量	单价/元	合计/元
2.2.9	500109001008	井柱护砌混凝土（C25F200W4）	m³	58.5	348.39	20380.66
2.2.10	500109001009	挑坎插入墙混凝土（C25F200W4）	m³	40.6	308.95	12543.27
2.2.11	500103011001	铅丝石笼（外购）	m³	270.15	65.00	17559.75
2.2.12	500110001001	模板（标准钢模板）	m²	1725.7	0.00	0.00
2.2.13	500111001001	钢筋制安	t	46.67	4985.30	232663.90
2.2.14	500109008001	止水橡皮	m	17	101.38	1723.43
2.2.15	500109009001	沥青木板分缝	m²	314.83	116.73	36749.12
2.2.16	500114001001	排水管（φ50）	m	502	15.00	7530.00
2.2.17	500103007001	碎石	m³	629.2	84.85	53387.33
2.2.18	500109001010	混凝土盖板	m³	88.02	343.07	30196.98
3		输水洞工程				53991.70
3.1		消力池部分				33991.70
3.1.1	500101002003	土方开挖	m³	287.03	10.51	3016.57
3.1.2	500103001006	土方回填	m³	162.34	2.90	471.28
3.1.3	500109001011	消力池混凝土（C25F200W4）	m³	61.45	307.76	18911.82
3.1.4	500111001002	钢筋制安	t	1.44	4985.30	7178.83
3.1.5	500110001002	模板（标钢模板）	m²	110.33	40.00	4413.20
3.2		拆除工程				20000.00
3.2.1	500114001002	启闭机室维修	项	1	20000.00	20000.00
4		金属结构设备及安装工程				50900.00
4.1		引水工程				50900.00
4.1.1		输水洞工程				50900.00
4.1.1.1	500202009001	闸阀（φ600）	台	1	42900.00	42900.00
4.1.1.2	500202003001	启闭机（5T，手电两用）	台	1	8000.00	8000.00

零 星 工 作 项 目 清 单

合同编号：XBXXSKCXJGGC－SG 03

工程名称：×××水库除险加固工程（第三标段）

序号	名称	型号	计量单位	单价/元	备注
1	人工				
	工长		工时	120	
	混凝土工		工时	100	
	钢筋工		工时	100	
	电焊工		工时	100	
	模板工		工时	100	
	机械工		工时	100	
	电工		工时	100	
	技工		工时	100	
	普工		工时	80	
2	材料				
	普通硅酸盐水泥	32.5	t	400	
	钢筋		t	6000	
	柴油		t	7	
	砂		m³	50	
	碎石		m³	55	
	块石		m³	95	
3	机械				
	单斗挖掘机	液压 1.0m³	台班	1216	
	推土机	59kW	台班	654	
	推土机	74kW	台班	882	
	拖拉机	11kW	台班	153	

措 施 项 目 清 单

合同编号：XBXXSKCXJGGC－SG 03

工程名称：×××水库除险加固工程（第三标段）

序号	项目名称	金额/元
1	一般项目	89000
1.1	进退场费	20000

续表

序号	项目名称	金额/元
1.1.1	进场费	10000
1.1.2	退场费	10000
1.2	临时设施	58000
1.2.1	施工交通	10000
1.2.2	施工供电	5000
1.2.3	施工供水	5000
1.2.4	施工供风	5000
1.2.5	施工照明	5000
1.2.6	施工通信	2000
1.2.7	施工机械修配及加工厂	2000
1.2.8	施工仓库及堆料场	4000
1.2.9	临时房屋建筑和公用设施	2000
1.2.10	施工生活营地住房	2000
1.2.11	砂石骨料加工系统	2000
1.2.12	混凝土生产系统	2000
1.2.13	临时交通工程	7000
1.2.14	其他临时工程	5000
1.3	渣场维护、管理	3000
1.4	水保、环保、安全文明施工措施费	3000
1.5	施工导流和水流控制	5000
1.5.1	施工围堰及施工排水	5000

其 他 项 目 清 单

合同编号：XBXXSKCXJGGC－SG 03

工程名称：×××水库除险加固工程（第三标段）

序号	项目名称	金额/万元
1	预留金	10

工 程 单 价 汇 总 表

合同编号：XBXXSKCXJGGC‑SG 03
工程名称：×××水库除险加固工程（第三标段）

序号	项目编码	项目名称	计量	人工费	材料费	机械使用费	施工管理费	企业利润	税金	合计
1	500102013002	上游坝坡块石清除并外运（弃掉）	100m³	110.48	156.10	3011.52	327.81	252.41	124.24	3982.56
2	500105009001	导流墙浆砌石（弃掉）	100m³	416.97	180.72	3197.47	379.52	292.23	143.83	4610.75
3	500103008001	块石填筑（外购）	100m³	1185.05	5721.65	70.63	697.73	537.25	264.44	8476.76
4	500103014001	土工膜（600g/m²，两布一膜）	100m²	48.49	851.29	0.00	80.98	68.65	33.79	1083.21
5	500103001001	碎石垫层	100m³	1317.98	5666.10		698.41	537.77	264.69	8484.95
6	500105001001	上游块石护坡翻砌（50%利用）	100m³	4937.73	400.67	70.63	540.90	416.50	205.00	6571.43
7	500105001002	上游块石护坡砌筑（50%外购）	100m³	3555.16	6443.80	127.14	1012.61	779.71	383.77	12302.19
8	500103016001	坝壳料填筑压实	100m³	729.98	3090.60		382.06	294.18	144.80	4641.62
9	500109001001	混凝土（C25F200W4）	100m³	1471.24	23515.27	2742.93	1941.06	2076.94	1022.27	32769.71
10	500111001001	钢筋制作与安装	t	471.39	3685.03	142.46	214.94	315.97	155.52	4985.30
11	500109009001	沥青木板分缝	100m²	1092.35	8781.95	3.02	691.41	739.81	364.14	11672.69
12	500109010001	混凝土拆除（弃掉）	100m³	2501.76	499.03	7478.91	733.58	784.93	386.34	12384.56
13	500103002001	心墙料填筑压实（外购）	100m³	78.20	1570.80	553.05	220.21	169.56	83.46	2675.28
14	500109001003	导流墙混凝土（C25F200W4）	100m³	1551.01	24049.85	542.01	1830.00	1958.10	963.78	30894.74
15	500109001006	底板混凝土（C25F200W4）	100m³	1532.37	23666.02	576.76	1804.26	1930.56	950.22	30460.19

工 程 单 价 计 算 表

坝顶土方开挖、土方开挖工程

单价编码：500101002001 500101002003　　　　　　　　　　　　定额单位：100m³

施工方法：挖装、运输、卸除、空回

序号	名称	型号规格	计量单位	数量	单价/元	合价/元
1	直接费		元			865.06
1.1	人工费		元			18.78
	技工		工日			0.00
	普工		工日	0.71	26.45	18.78
1.2	材料费		元			33.27
	零星材料费		%	4.00	831.79	33.27
1.3	机械使用费		元			813.01
	挖掘机	1m³	台班	0.17	972.59	165.34
	推土机	59kW	台班	0.08	523.40	41.87
	自卸汽车	10t	台班	0.91	665.71	605.80
2	施工管理费		%	10.00	865.06	86.51
3	企业利润		%	7.00	951.57	66.61
4	税金		%	3.22	1018.17	32.79
	合计		元			1050.96
	单价		元			10.51

由于篇幅有限，其他内容从略。

思 考 与 练 习 题

1. 试述工程招标的程序。

2. 工程招标文件包括哪些内容？

3. 投标程序是什么？

4. 投标文件由哪些内容构成？

5. 常用的投标技巧有哪几种？

6. 案例分析：某国家大型水利工程，由于工艺先进，技术难度大，对施工单位的施工设备和同类工程施工经验要求高，而且对工期的要求也比较紧迫。基于本工程的实际情况，业主决定仅邀请3家国有一级施工企业参加投标。

招标工作内容确定为：成立招标工作小组；发出投标邀请书；编制招标文件；编制标底；发放招标文件；招标答疑；组织现场踏勘；接收投标文件；开标；确定中标单位；评标；签订承发包合同；发出中标通知书。

　　问题：

　　（1）如果将上述招标工作内容的顺序作为招标工作先后顺序是否妥当？如果不妥，请确定合理的顺序。

　　（2）工程建设项目施工招标文件一般包括哪些内容？

项目9 水利水电工程造价软件应用

学习目标与学习要点

本项目主要学习凯云清单计价软件的使用方法，了解软件各个菜单的功能和关系，将造价所学的理论知识应用于软件之中，提高工作效率。通过本项目学习，从软件安装到应用一气呵成，体验造价的信息化成果。

任务9.1 软 件 概 述

9.1.1 凯云水利水电工程投标报价软件

适用于水利、水电项目业主、施工单位编制招标标底、投标报价，也可用于设计院编制水利水电项目投资估算和设计概算等方面的工作。系统运行稳定，计算速度快，可维护及可扩展性强。系统定额库完善，除涵盖了水利、水电行业定额，还包括了水土保持概算定额及部分地方定额，利用该软件可按各种编制办法快捷而准确地编制水利水电工程标底和报价。

9.1.2 凯云水利工程工程量清单计价软件

为配合水利计价规范在全国范围推广应用，并满足水利工程采用工程量清单进行招标投标的需要，凯云公司率先在全国范围推出"凯云水利工程工程量清单计价软件"。该软件包含了我国从20世纪80年代至今几乎所有的水利工程定额，软件继承了"凯云水利水电工程报价软件"的所有优点，并结合水利计价规范，可适用于全国范围水利工程工程量清单招标与投标编制工作。

9.1.3 主要特点

凯云工程造价管理系统是系列软件，运行稳定，效率高，可维护及可扩展性强是该软件的主要特点，应用范围广，能充分满足国内不同地区、不同企业、不同用户对工程造价编制的需要。

（1）编制报价的利器。

（2）完备的定额管理功能。

（3）灵活的单价编制和清单管理。

（4）灵活的报价资料导入、导出。

（5）智能化的网络协同作业功能。

任务 9.2　登录系统以及简要介绍

9.2.1　进入系统

系统安装完成后，插入加密锁，双击桌面上软件图标，即可进入系统。此时，会弹出如图 9.1 所示的登录对话框。

图 9.1　软件登录窗口

用户进入报价系统时，默认用户名为 admin，无密码。点击【登录（O）】，如果提示"请插入加密锁！"则请检查加密锁运行是否正常，若加密锁尾部绿灯一直闪烁不停，请重新安装加密锁驱动（驱动程序文件：KiyunInstDrv.exe）；如果提示"链接 SQL Server 数据库失败，请检查数据库服务器配置！"，则请单击【配置（C）＞＞】按以下步骤设置数据库，如图 9.2 所示。

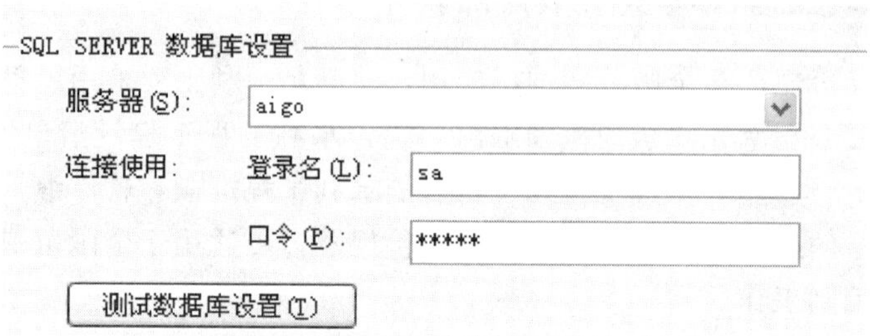

图 9.2　数据库设置窗口

如果访问本机可直接点击【测试数据库设置（T）】，不需要做任何修改。

如果失败，请在服务器栏中填写"（Local）"，用户名为"sa"，密码为"kiyun"，再单击【测试数据库设置（T）】。

如果您购买的软件是网络版产品，则可以进行多人联网协同作业。

9.2.2　简要介绍

1. 新建项目

单击【项目＼新建】或 新建 ，会弹出如图 9.3 所示的对话框。

填写项目名称，并从定额版本下拉列表中选择相应的定额版本。

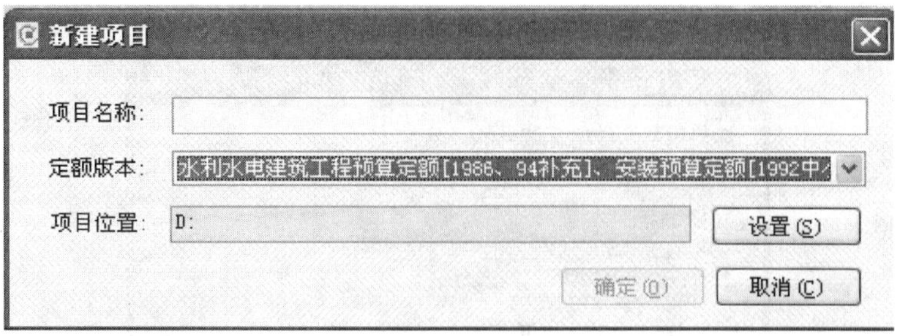

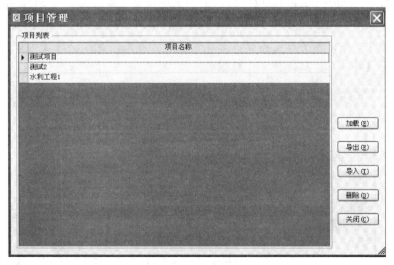

图 9.3　新建项目窗口

【项目位置】可以选择所作项目的保存位置（注：只能选择设置硬盘路径存储。）

单击【确定】，系统导入该项目的定额数据（提示：该步骤根据服务器的性能所需要的时间不同，一般需要几十秒的时间），即可进入编制报价模块。

2. 打开项目

单击【项目＼打开】或 ![打开]，在打开项目窗口中显示当前登录用户有权限修改的所有项目。

（注：在项目菜单中列出了最近打开过的四个报价项目，单击后可直接打开。）

选择指定项目打开，则系统加载该报价项目所有资料。

3. 另存为

把当前打开项目另存为指定名称的报价项目并自动打开新项目，同时关闭当前项目。

4. 项目管理

打开项目管理，在列表中显示当前用户可以管理的全部报价项目（图 9.4）。

图 9.4　项目管理窗口

【加载（E）】：用户在安装本系统后编制了报价资料，因为系统损坏等原因，重新安装了 SQL ＿ Server，则以前编制的报价项目显示不出来。单击"加载"，在弹出窗口中选中报价数据库的文件夹（＼MsSqlServer＼MSSQL＼Data），双击鼠标左键即可重新加载

215

以前的报价项目（图9.5）。

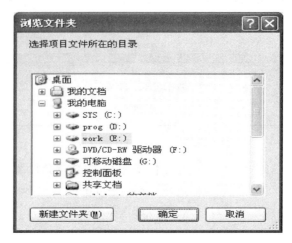

图9.5 加载项目窗口

【导出（E）】：把选中的报价项目导出存为报价文件。（提示：如果导出失败，可以找到项目的存储位置，把.mdf和.ldf为扩展名的文件拷贝处理即可。）项目的存储位置，可以通过打开项目界面中的存储位置获得（图9.6）。

【导入（I）】：把选中的报价文件导入（注：只能导入由报价软件导出的项目文件）。

【删除（D）】：删除指定的报价项目。

【关闭（C）】：关闭项目管理窗口。

（说明：根据用户安装选择，项目库文件保存位置一般为C:\MsSqlServer\MSSQL\Data 或 C:\Kiyun_SqlServer\MSSQL\Data,如果是项目文件存放目录,则在该目录下可查找到文件名类似于"ITEMb8d95adc70274b258d3e198b9950a5af.mdf"的文件。如果需要格式化硬盘，请首先导出各项目或备份以上目录下的所有文件，可以通过项目管理中的【加载（E）】或者【导入（I）】进行项目数据的加载。）

图9.6 打开项目窗体

5. 【视图（V）】菜单栏

包括"工具栏"和"状态栏"。"工具栏"如图9.7所示。打开【视图（V）】菜单，单击"工具栏"可以关闭，再次点击会打开。"状态栏"如图9.8所示，其操作同前。

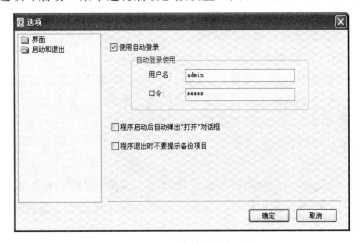

图 9.7 工具栏

图 9.8 状态栏

6.【工具（T）】菜单栏

【工具（T）】菜单栏包括"选项（O）""选择项目保存位置（D）""修改口令（P）"和"系统用户管理（M）"。

【选项（O）】：在"选项\启动"中可以更改用户的登录方式。如果用户选择了"使用自动登录"，则下次运行时系统将自动登录；如果需要撤销此选项，请下次进入系统后通过"工具\选项\启动"菜单进行启动参数设置（图 9.9）。

图 9.9 "工具菜单/选项"窗口

如果选择了 □程序启动后自动弹出"打开"对话框 ，则程序启动后，弹出"打开"界面，打开项目。

如果选择了 □程序退出时不要提示备份项目 ，程序退出时不弹出备份项目的提示。

可以通过"工具\选项\界面"菜单进行界面的设置。

【选择项目保存位置（D）】：设置项目保存时默认的存储位置。

【修改口令（P）】：用户可在此窗口修改报价系统的登录口令。

【系统用户管理（M）】：此项功能用于网络版用户。

7.【窗口（W）】菜单栏

显示当前所作报价项目可以打开的窗口的名称。

8.【帮助（H）】菜单栏

【帮助（H）】菜单栏包括"目录"和"关于"。

【目录】：可以看到该软件的简介和操作说明，以及编制报价的方法。

【关于】：可以看到系统的当前版本及用户 ID 号码（图 9.10）。（注：用户 ID 号码用于添加定额数据库。)

图 9.10　系统信息窗体

9.2.3　项目管理

点击 新建 按钮，弹出新建项目对话框。

填写项目名称：(贵州省某某县某水库改造工程)

定额版本下拉列表中选择主定额："水利部〔2002〕建筑安装预算定额"。(说明：添加其他定额库后，可以在这里看到定额名称，在软件中建立工程单价时，可以套用此处显示的任一定额，作为主选定额的补充定额使用。)

以下简要介绍软件的各功能页面。

1. 项目属性

打开新建项目后，第一个页面显示该项目的属性(图 9.11)，包括填写项目的工程名称、编制人、时间、单个等基本信息；选择材料单价的计算公式、是否限价；单价统调系数的设置等。

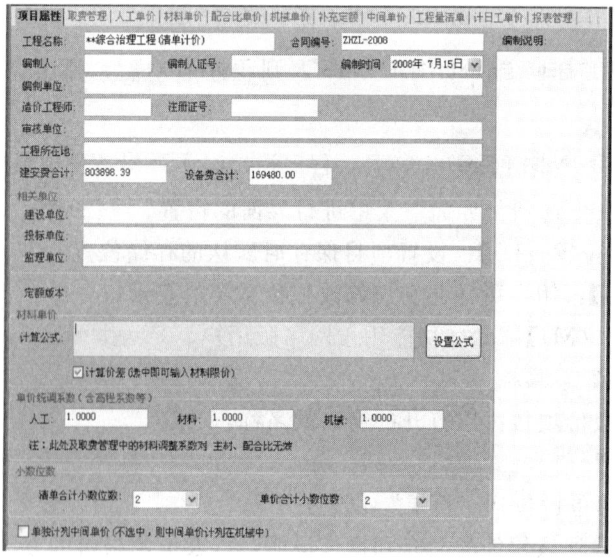

图 9.11　项目属性窗口

2. 项目费用管理

建立项目时系统自动导入该项目对应定额版本的所有工程取费，并填写了缺省的取费（图9.12）。

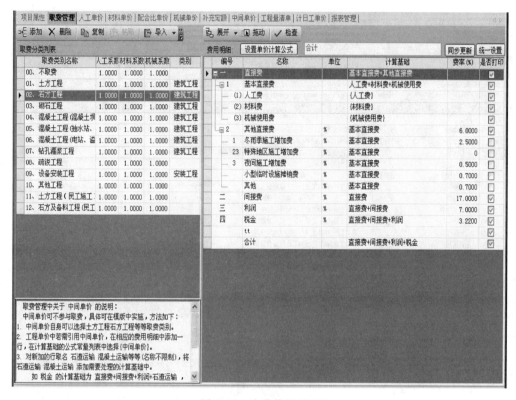

图 9.12　取费管理界面

取费管理页面分左右两个窗体，上图左边列表是当前项目中所有取费分类列表；右表中显示选定取费类别对应的费用组成明细和工程单价计算公式。用户可对取费分类列表进行增删和修改，并在费用明细中，对相应分类设置费用的计算基础，并设置是否取费。

3. 人工单价计算

建立报价项目时系统自动建立与所选定额对应的全部人工名称，打开人工单价页面（图9.13），点页面上"计算当前"按钮，软件自动计算所有人工分类的单价，然后通过明细区域中的选择框"是否计价"来选择人工单价或者根据项目的实际情况在人工预算单价列直接填写人工单价。人工工资地区系数、工程类别、工种级别三项分别默认为"六类工资区""枢纽工程"和"工长"，调整上述参数请在【选择参数】和【人工系数】中操作。

4. 材料单价

材料单价窗口（图9.14）分为三部分：材料分类（单击 ▣ 分类列表 可隐藏、显示此列），材料单价库列表（左侧上表），以及材料库列表（左侧下表）。

5. 配合比单价

配合比单价窗口分为两部分：配合比单价列表、配合比材料组成列表（图9.15）。

代号	名称	地区系数	工程类别	级别	单位	预算单价	限价	备注	使用量
A0001	人工	六类工资区	枢纽工程	工长	工日	3.5100	0		94491.39
A0002	机械工	六类工资区	枢纽工程	中级工	工日	2.5500	0		0
A0003	安装工	六类工资区	枢纽工程	工长	工日	0	0		0
A0004	综合工	六类工资区	枢纽工程	工长	工日	0	0		0
A0005	抹面	六类工资区	枢纽工程	工长	工日	0	0		0
A0006	拌和	六类工资区	枢纽工程	工长	工日	0	0		0
A0007	技工	六类工资区	枢纽工程	工长	工日	0	0		0

下级插入　同级插入　升级　降级　上移　下移　删除节点　展开

人工单价计算明细:

编号	名称	单位	计算公式	计算式	单价	是否计价
1	基本工资	元/工日	基本工资标准*地区工资系数*12月/年应工作天数*1.068	550*1*12月/251*1.068	28.0800	
2	辅助工资	元			91.7100	
(1)	地区津贴	元/工日	地区津贴标准*12月/年应工作天数*1.068	0*12月/251*1.068	0	
(2)	施工津贴	元/工日	施工津贴标准*365天*95%/年度工作天数*1.068	5.3*365天*95%/251*1.068	7.8200	
(3)	夜餐津贴	元/工日	(中班夜餐津贴标准+夜班夜餐津贴标准)/2*夜餐津贴系数	(3.5+4.5)/2*0.3	1.2000	
(4)	节日加班津贴	元/工日	基本工资*3*10/年应工作天数*35%	28.08*3*10/251*35%	1.1700	
3	工资附加费	元/工日			59.3100	
(1)	职工福利基金	元/工日	(基本工资+辅助工资)*职工福利基金费率	(28.08+0)*0.14	3.9300	
(2)	工会经费	元/工日	(基本工资+辅助工资)*工会经费费率	(28.08+0)*0.02	0.5600	
(3)	养老保险费	元/工日	(基本工资+辅助工资)*养老保险费率	(28.08+0)*0	0	
(4)	医疗保险费	元/工日	(基本工资+辅助工资)*医疗保险费率	(28.08+0)*0.04	1.1200	
(5)	工伤保险费	元/工日	(基本工资+辅助工资)*工伤保险费率	(28.08+0)*0.015	0.4200	
(5)	工伤保险费	元/工日	(基本工资+辅助工资)*工伤保险费率	(28.08+0)*0.015	0.4200	
(6)	职工失业保险基金	元/工日	(基本工资+辅助工资)*职业失业保险基金费率	(28.08+0)*0.02	0.5600	
(7)	住房公积金	元/工日	(基本工资+辅助工资)*住房公积金费率	(28.08+0)*0	0	
4	人工工日预算单价	元/工日	基本工资+辅助工资+工资附加费	28.08+0+0	28.0800	
5	人工工时预算单价	元/工时	人工工日预算单价/日工作时间	28.08/8	3.5100	

图 9.13　人工单价界面

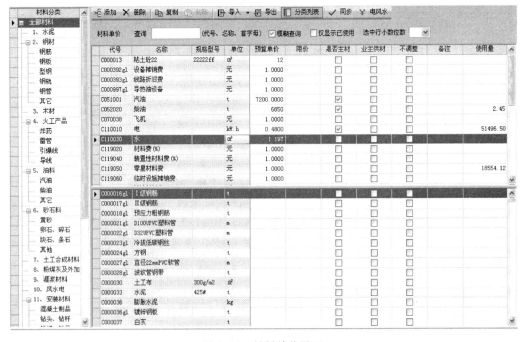

图 9.14　材料单价界面

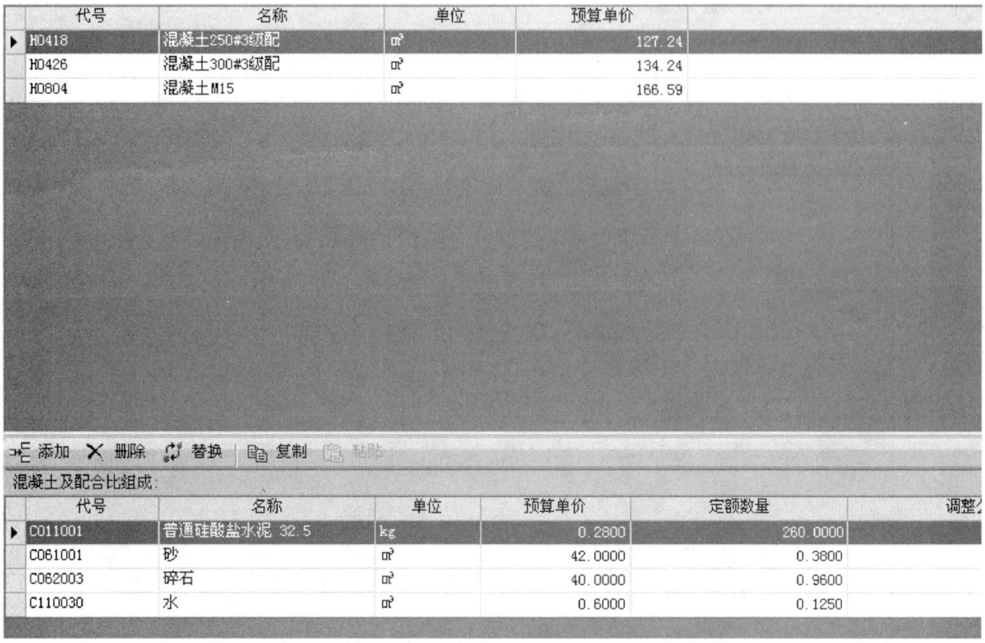

代号 名称 单位 预算单价
H0418 混凝土250#3级配 m³ 127.24
H0426 混凝土300#3级配 m³ 134.24
H0804 混凝土M15 m³ 166.59
添加 删除 替换 复制 粘贴
混凝土及配合比组成:
代号 名称 单位 预算单价 定额数量 调整公
C011001 普通硅酸盐水泥 32.5 kg 0.2800 260.0000
C061001 砂 m³ 42.0000 0.3800
C062003 碎石 m³ 40.0000 0.9600
C110030 水 m³ 0.6000 0.1250

图 9.15　混凝土单价窗口

6. 机械单价

机械单价窗口分为三部分：机械分类（可隐藏，方法同材料单价）、机械单价、机械费用组成列表。依然提供按机械分类、关键字进行查询的方法。单击工具栏中 计算当前 按钮，系统导入机械台时/台班费用（图 9.16）。

机械分类
机械台班(1991水利水电工程
土石方机械
基础处理设备
混凝土机械
运输机械
起重机械
工程船舶
辅助设备
加工机械
其它机械
贵州省预算定额机械补充
青海省补充机械
添加 导入调整系数 删除 复制 粘贴 导入 导出 分类列表 同步
机械单价: 查询: (代号、名称、首字母) 仅显示已使用 模糊查询
代号 名称 规格型号 单位 一类 二类 三类 预算单价 限价
费用 系数 费用 系数 费用 系数
J1001 台班 277.33 215.82 0.00 493.15 493
J1002 台班 365.26 308.61 0.00 673.87 673.
J1003 台班 578.45 346.53 0.00 924.98 924.
J1004 台班 1982.68 666.69 0.00 2649.37 2649.
J1005 台班 2609.98 782.37 0.00 3392.35 3392.
J1006 台班 98.34 335.82 0.00 434.16 434.
J1007 台班 176.30 500.22 0.00 676.52 676.
J1008 台班 203.25 596.12 0.00 799.37 799.
J1009 台班 125.25 376.92 0.00 502.17 502.
J1010 台班 210.45 500.22 0.00 710.67 710.
J1011 台班 280.61 644.07 0.00 924.68 924.
J1012 台班 494.76 866.78 0.00 1361.54 1361.
J1013 台班 767.04 1216.13 0.00 1983.17 1983.
添加 删除 替换 复制 粘贴
机械组成:
代号 名称 单位 预算单价 定额数量 调整公式 计算数量 类型
J9001 一类费 元 1.0000 277.3300 277.3300 一类
A0001 人工 工日 3.5100 2.0000 2.0000 二类
C110010 电 kW.h 0.4800 435.0000 435.0000 二类

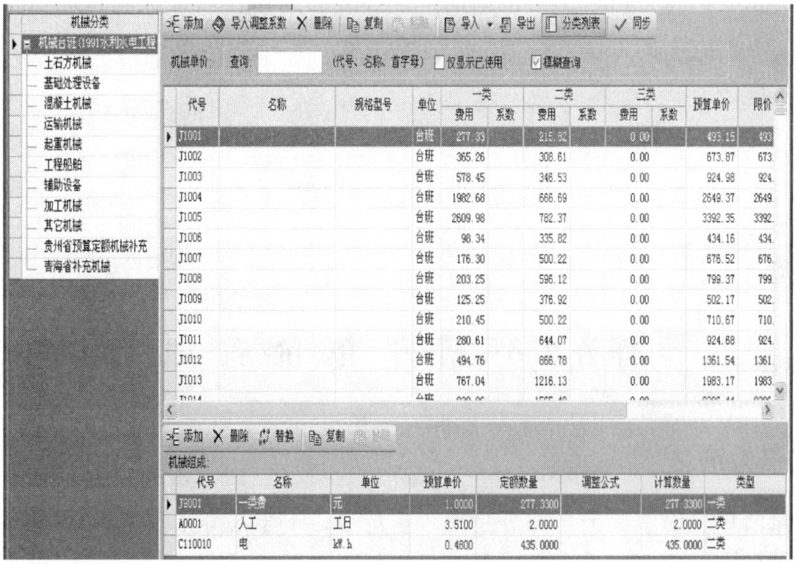

图 9.16　机械单价界面

单击机械单价列表的【添加】按钮，输入代号、名称、单位等信息，如果要添加多个

机械单价则选中"多次重复添加"。

7. 补充定额

根据项目编制需要可编制补充定额（图 9.17）。

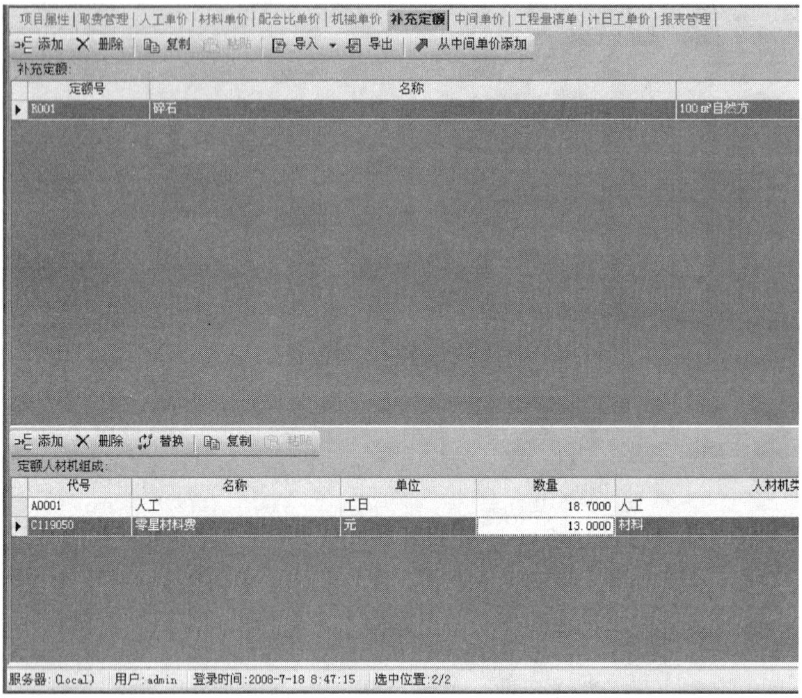

图 9.17　补充定额界面

添加的方法有两种方法：①直接添加，这种方法的操作同机械单价的添加方法相同；②通过　从中间单价添加　的方法进行添加，这种方式可以把中间单价的组成带过来，然后在此基础上进行完善。

8. 中间单价

根据工程实际情况，用户可编制中间单价，如混凝土运输（水平、垂直）、混凝土搅拌、石方运输等，以便在编制工程单价时调用，包括三个列表：中间单价列表、中间单价定额组成列表、定额人材机组成列表。

任务 9.3　清单单价管理

9.3.1　工程量清单

在工程量清单界面中，上半部分是工程量清单，下半部分则是工程量清单对应的工程单价列表、单价定额的组成列表和定额人材机的组成列表（图 9.18）。

选中工程量清单列表中的任意节点，如果该节点套用了工程单价，则在单价列表中自动选中与该清单节点套用单价对应的单价行。

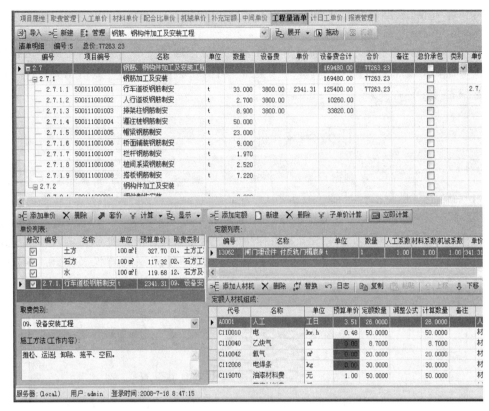

图 9.18　工程量清单界面

清单按分组导入后，先确定列名，按照编号、名称、单个、数量、单价、合价的顺序将清单明细排好。如果是机电安装工程，请选中"含设备费"和"含运杂费"等选项，并填写分组编号和分组名称；如果是插入到当前清单组的，则应选中"追加到当前选中清单"。

最后，将清单导入窗口关闭。点击当前窗口中清单组显示窗口，选中的清单会显示在"清单明细"中（图 9.19）。

图 9.19　清单明细

9.3.2 工程单价的编制

编制工程单价的步骤为：添加单价或者新建单价→选择定额或新建新定额→选择取费类别→对定额人材机进行调整→计算定额费用→计算工程单价费用。点击工具栏中【计算当前】或者【全部计算】

任务9.4 报　表　管　理

"报表管理"界面，左侧窗口显示工程造价管理系统常用的各种报表类型（为树型结构表），右侧窗口显示报表明细（图9.20）。

（提示：4套软件提供的常用各类报表是不同的，是分别按照行业的规范形成配套的报表，用户可以按照提供的各类表直接打印输出，同时也支持用户自己定义模板，即按照各自的需求，对格式进行调整，以后的报表就可以按照修改后的进行报表输出，各软件具体的报表后面会详细介绍。）

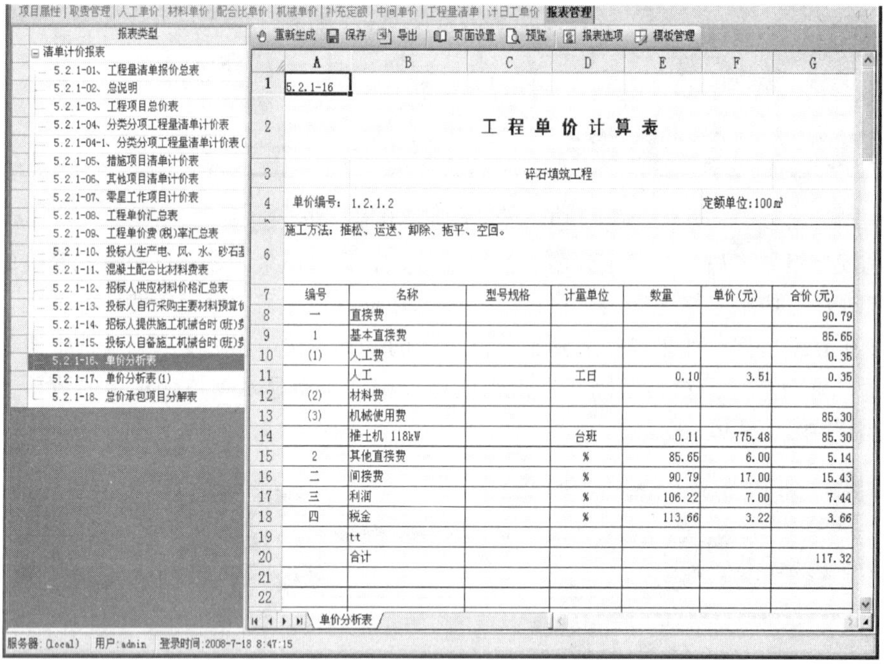

图9.20 报表管理窗口

在"报表管理"界面左侧报表类型列表中选一报表名称则在右边窗口中显示对应的报表，如果是第一次打开该项目对应的报表，则自动生成系统默认的报表格式。右侧的报表明细窗口里，有【重新生成】、【保存】、【导出】、【页面设置】、【预览】、【报表选项】、【模板管理】七个按钮，其功能如下：

重新生成：调整好报表格式、工程项目的价格后，单击【重新生成】按钮则重新生成

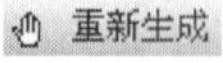

报表。

　　保存：保存当前报表到数据库。

　　导出：导出当前报表为 Excel 文档格式。

　　页面设置：设置选中需打印的报表页面的相关参数，此项功能也可以在【预览】中实现。

　　预览：软件生成的报表，通过"预览"可在打印报表前预览报表，并选择预览、打印比例。点击左上角的打印机图标，即可从连接到本地的打印机打印当前报表（注：必须是连接到本机的打印机），打印完毕后点击　退出（图 9.21）。

　　报表选项：用户可以对部分报表生成报表前进行设置，单击【报表选项】，根据需要进行设置。

　　模板管理：系统内置了报表模板，一般可以满足报价的各种报价需要。通过模板维护可对报表模板进行修改，进而影响相应报表格式。根据系统提供的模板管理器，用户可以根据需要修改报表格式。

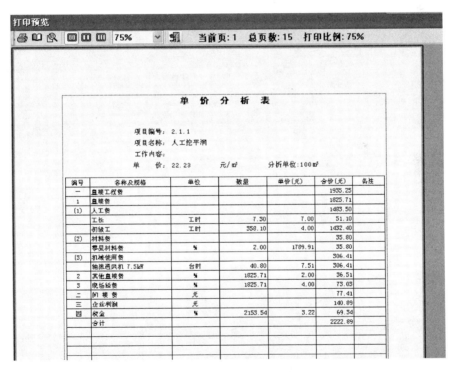

图 9.21　打印、预览报表窗口

思 考 与 练 习 题

1. 简述凯云水利水电工程造价软件的适用范围。

2．简述人工单价的设置方法。

3．简述补充定额的使用方法。

4．简述编制工程量清单的过程。

5．简述报表输出的方法。

附　　录

附录A　水利水电工程等级划分标准

根据《水利水电工程等级划分及洪水标准》（SL 252—2000）及其他现行水利水电工程等级划分的相关规范，汇总工程等别划分标准如下。若规范有变化，应进行相应调整。

（1）水利水电工程的等别应根据其工程规模、效益及在国民经济中的重要性按附表A.1确定。

附表A.1　　　　　　　　　　　水利水电工程分等指标

工程等别	工程规模	水库总库容/亿 m³	防洪		治涝	灌溉	供水	发电
			保护城镇及工矿企业的重要性	保护农田/万亩	治涝面积/万亩	灌溉面积/万亩	供水对象重要性	装机容量/万 kW
Ⅰ	大（1）型	≥10	特别重要	≥500	≥200	≥150	特别重要	≥120
Ⅱ	大（2）型	10～1.0	重要	500～100	200～60	150～50	重要	120～30
Ⅲ	中型	1.0～0.10	中等	100～30	60～15	50～5	中等	30～5
Ⅳ	小（1）型	0.10～0.01	一般	30～5	15～3	5～0.5	一般	5～1
Ⅴ	小（2）型	0.01～0.001		<5	<3	<0.5		<1

对综合利用的水利水电工程，当按各综合利用项目的分等指标确定的等别不同时，其工程等别应按其中最高等别确定。

（2）拦河水闸工程的等别，应根据其过闸流量，按附表A.2确定。

附表A.2　　　　　　　　　　　拦河水闸工程分等指标

工程等别	工程规模	过闸流量/(m³/s)	工程等别	工程规模	过闸流量/(m³/s)
Ⅰ	大（1）型	≥5000	Ⅳ	小（1）型	100～20
Ⅱ	大（2）型	5000～1000	Ⅴ	小（2）型	<20
Ⅲ	中型	1000～100			

（3）灌溉、排水泵站的等别，应根据其装机流量与装机功率，按附表A.3确定。工业、城镇供水泵站的等别，应根据其供水对象的重要性按附表A.1确定。

附表 A.3　　　　　　　　　　灌溉、排水泵站分等指标

工程等别	工程规模	分等指标	
		装机流量/（m³/s）	装机功率/万 kW
Ⅰ	大（1）型	≥200	≥3
Ⅱ	大（2）型	200～50	3～1
Ⅲ	中型	50～10	1～0.1
Ⅳ	小（1）型	10～2	0.1～0.01
Ⅴ	小（2）型	＜2	＜0.01

注　1. 装机流量、装机功率系指包括备用机组在内的单站指标。

　　2. 当泵站按分等指标分属两个不同等别时，按其中高的等别确定。

　　3. 由多级或多座泵站联合组成的泵站系统工程的等别，可按其系统的指标确定。

根据《灌溉与排水工程设计规范》（GB 50288—99），汇总灌溉渠道及建筑物工程级别标准如下。若规范有变化，应进行相应调整。

（1）灌溉渠道或排水沟的级别应根据灌溉或排水流量的大小，按附表 A.4 确定。对灌排结合的渠道工程，当按灌溉和排水流量分属两个不同工程级别时，应按其中较高的级别确定。

附表 A.4　　　　　　　　　　灌排沟渠工程分级指标

工程级别	1	2	3	4	5
灌溉流量/（m³/s）	＞300	300～100	100～20	20～5	＜5
排水流量/（m³/s）	＞500	500～200	200～50	50～10	＜10

（2）水闸、渡槽、倒虹吸、涵洞、隧洞、跌水与陡坡等灌排建筑物的级别，应根据过水流量的大小，按附表 A.5 确定。

附表 A.5　　　　　　　　　　灌排建筑物分级指标

工程级别	1	2	3	4	5
过水流量/（m³/s）	＞300	300～100	100～20	20～5	＜5

附录 B　水利水电工程项目划分

附表 B.1　　　　　　　　　　第一部分：建　筑　工　程

Ⅰ	枢　纽　工　程			
序号	一级项目	二级项目	三级项目	备注
一	挡水工程			
1		混凝土坝（闸）工程		

I	枢 纽 工 程			
序号	一级项目	二级项目	三级项目	备注
			土方开挖	
			石方开挖	
			土石方回填	
			模板	
			混凝土	
			钢筋	
			防渗墙	
			灌浆孔	
			灌浆	
			排水孔	
			砌石	
			喷混凝土	
			锚杆（索）	
			启闭机室	
			温控措施	
			细部结构工程	
2		土（石）坝工程		
			土方开挖	
			石方开挖	
			土料填筑	
			砂砾料填筑	
			斜（心）墙土料填筑	
			反滤料、过渡料填筑	
			坝体堆石填筑	
			铺盖填筑	
			土工膜（布）	
			沥青混凝土	
			模板	
			混凝土	
			钢筋	
			防渗墙	
			灌浆孔	
			灌浆	
			排水孔	
			砌石	
			喷混凝土	
			锚杆（索）	
			面（趾）板止水	
			细部结构工程	

Ⅰ		枢　纽　工　程		
序号	一级项目	二级项目	三级项目	备注
二	泄洪工程			
1		溢洪道工程		
			土方开挖	
			石方开挖	
			土石方回填	
			模板	
			混凝土	
			钢筋	
			灌浆孔	
			灌浆	
			排水孔	
			砌石	
			喷混凝土	
			锚杆（索）	
			启闭机室	
			温控措施	
			细部结构工程	
2		泄洪洞工程		
			土方开挖	
			石方开挖	
			模板	
			混凝土	
			钢筋	
			灌浆孔	
			灌浆	
			排水孔	
			砌石	
			喷混凝土	
			锚杆（索）	
			钢筋网	
			钢拱架、钢格栅	
			细部结构工程	
3		冲砂孔（洞）工程		
4		放空洞工程		
5		泄洪闸工程		
三	引水工程			

续表

I	枢 纽 工 程			
序号	一级项目	二级项目	三级项目	备注
1		引水明渠工程		
			土方开挖 石方开挖 模板 混凝土 钢筋 砌石 锚杆（索） 细部结构工程	
2		进（取）水口工程		
			土方开挖 石方开挖 模板 混凝土 钢筋 砌石 锚杆（索） 细部结构工程	
3		引水隧洞工程		
			土方开挖 石方开挖 模板 混凝土 钢筋 灌浆孔 灌浆 排水孔 砌石 喷混凝土 锚杆（索） 钢筋网 钢拱架、钢格栅 细部结构工程	

Ⅰ	枢　纽　工　程			
序号	一级项目	二级项目	三级项目	备注
4		调压井工程		
			土方开挖 石方开挖 模板 混凝土 钢筋 灌浆孔 灌浆 砌石 喷混凝土 锚杆（索） 细部结构工程	
5		高压管道工程		
			土方开挖 石方开挖 模板 混凝土 钢筋 灌浆孔 灌浆 砌石 锚杆（索） 钢筋网 钢拱架、钢格栅 细部结构工程	
四	发电厂（泵站）工程			
1		地面厂房工程		
			土方开挖 石方开挖 土石方回填 模板 混凝土 钢筋 灌浆孔 灌浆 砌石 锚杆（索） 温控措施 厂房建筑 细部结构工程	

Ⅰ	枢　纽　工　程			
序号	一级项目	二级项目	三级项目	备注
2		地下厂房工程		
			石方开挖 模板 混凝土 钢筋 灌浆孔 灌浆 排水孔 喷混凝土 锚杆（索） 钢筋网 钢拱架、钢格栅 温控措施 厂房装修 细部结构工程	
3		交通洞工程		
			土方开挖 石方开挖 模板 混凝土 钢筋 灌浆孔 灌浆 喷混凝土 锚杆（索） 钢筋网 钢拱架、钢格栅 细部结构工程	
4		出线洞（井）工程		
5		通风洞（井）工程		
6		尾水洞工程		
7		尾水调压井工程		
8		尾水渠工程		

续表

Ⅰ	枢　纽　工　程			
序号	一级项目	二级项目	三级项目	备注
			土方开挖 石方开挖 土石方回填 模板 混凝土 钢筋 砌石 锚杆（索） 细部结构工程	
五	升压变电站工程			
1		变电站工程		
			土方开挖 石方开挖 土石方回填 模板 混凝土 钢筋 砌石 钢材 细部结构工程	
2		开关站工程		
			土方开挖 石方开挖 土石方回填 模板 混凝土 钢筋 砌石 钢材 细部结构工程	
六	航运工程			
1		上游引航道工程		
			土方开挖 石方开挖 土石方回填 模板 混凝土 钢筋 砌石 锚杆（索） 细部结构工程	

Ⅰ	枢　纽　工　程			
序号	一级项目	二级项目	三级项目	备注
2		船闸（升船机）工程		
			土方开挖 石方开挖 土石方回填 模板 混凝土 钢筋 灌浆孔 灌浆 锚杆（索） 控制室 温控措施 细部结构工程	
3		下游引航道工程		
七	鱼道工程			
八	交通工程			
1		公路工程		
2		铁路工程		
3		桥梁工程		
4		码头工程		
九	房屋建筑工程			
1		辅助生产建筑		
2		仓库		
3		办公用房		
4		值班宿舍及文化福利建筑		
5		室外工程		
十	供电设施工程			
十一	其他建筑工程			
1		安全监测设施工程		
2		照明线路工程		
3		通信线路工程		
4		厂坝（闸、泵站）区供水、供热、排水等公用设施		
5		劳动安全与工业卫生设施		
6		水文、泥沙监测设施工程		
7		水情自动测报系统工程		
8		其他		

Ⅱ	引水工程			
序号	一级项目	二级项目	三级项目	备注
一	渠（管）道工程			
1		××～××段干渠（管）工程		
			土方开挖 石方开挖 土石方回填 模板 混凝土 钢筋 输水管道 管道附件及阀门 管道防腐 砌石 垫层 土工布 草皮护坡 细部结构工程	各类管道（含钢管）项目较多时可另附表
2		××～××段支渠（管）工程		
二	建筑物工程			
1		泵站工程（扬水站、排灌站）		
			土方开挖 石方开挖 土石方回填 模板 混凝土 钢筋 砌石 厂房建筑 细部结构工程	
2		水闸工程		
			石方开挖 土石方回填 模板 混凝土 钢筋 灌浆孔 灌浆 砌石 启闭机室 细部结构工程	

续表

Ⅱ	引水工程			
序号	一级项目	二级项目	三级项目	备注
3		渡槽工程		
			土方开挖 石方开挖 土石方回填 模板 混凝土 钢筋 预应力锚索（筋） 渡槽支撑 砌石 细部结构工程	钢绞线、钢丝束、钢筋 或高大跨度渡槽措施费
4		隧洞工程		
			土方开挖 石方开挖 土石方回填 模板 混凝土 钢筋 灌浆孔 灌浆 砌石 喷混凝土 锚杆（索） 钢筋网 钢拱架、钢格栅 细部结构工程	
5		倒虹吸工程		含附属调压、检修设施
6		箱涵（暗渠）工程		含附属调压、检修设施
7		跌水工程		
8		动能回收电站工程		
9		调蓄水库工程		
10		排水涵（渡槽）		或排洪涵（渡槽）
11		公路交叉（穿越）建筑物		
12		铁路交叉（穿越）建筑物		
13		其他建筑物工程		
三	交通工程			
1		对外公路工程		
2		运行管理维护道路		

Ⅱ	引水工程			
序号	一级项目	二级项目	三级项目	备注
四	房屋建筑工程			
1		辅助生产建筑		
2		仓库		
3		办公用房		
4		值班宿舍及文化福利建筑		
5		室外工程		
五	供电设施工程			
六	其他建筑工程			
1		安全监测施工工程		
2		照明线路工程		
3		通信线路工程		
4		厂坝（闸、泵站）区供水、供热、排水等公用设施		
5		劳动安全与工业卫生设施		
6		水文、泥沙监测设施工程		
7		水情自动测报系统工程		
8		其他		
Ⅲ	河道工程			
序号	一级项目	二级项目	三级项目	备注
一	河湖整治与堤防工程			
1		××～××段堤防工程		
			土方开挖 土方填筑 模板 混凝土 砌石 土工布 防渗墙 灌浆 草皮护坡 细部结构工程	
2		××～××段河道（湖泊）整治工程		

续表

Ⅲ		河道工程		
序号	一级项目	二级项目	三级项目	备注
3		××～××段河道疏浚工程		
二	灌溉工程			
1		××～××段渠(管)道工程		
			土方开挖 土方填筑 模板 混凝土 砌石 土工布 输水管道 细部结构工程	
三	田间工程			
1		××～××段渠(管)道工程		
2		田间土地平整		根据设计要求比例
四	建筑物工程			
1		水闸工程		
2		泵站工程(扬水站、排灌站)		
3		其他建筑物		
五	交通工程			
六	房屋建筑工程			
1		辅助生产厂房		
2		仓库		
3		办公用房		
4		值班宿舍及文化福利建筑		
5		室外工程		
七	供电设施工程			
八	其他建筑工程			
1		安全监测设施工程		
2		照明线路工程		
3		通信线路工程		

续表

Ⅲ	河道工程			
序号	一级项目	二级项目	三级项目	备注
4		厂坝（闸、泵站）区供水、供热、排水等公用设施		
5		劳动安全与工业卫生设施工程		
6		水文、泥沙监测设施工程		
7		其他		

附表 B.2　　　　三级项目划分要求及技术经济指标

序号	三级项目			经济技术指标
	分类	名称示例	说明	
1	土石方开挖	土方开挖	土方开挖与砂砾石开挖分列	元/m³
		石方开挖	明挖与暗挖，平洞与斜井、竖井分列	元/m³
2	土石方回填	土方填筑		元/m³
		石方填筑		元/m³
		砂砾料填筑		元/m³
		斜（心）墙土料填筑		元/m³
		反滤料、过渡料填筑		元/m³
		坝体（坝趾）堆石填筑		元/m³
		铺盖填筑		元/m³
		土工膜		元/m²
		土工布		元/m²
3	砌石	砌石	干砌石、浆砌石、抛石、铅丝（钢筋）笼块石等分列	元/m³
		砖墙		元/m³
4	混凝土与模板	模板	不同规格形状和材质的模板分列	元/m²
		混凝土	不同工程部位、不同标号、不同级配的混凝土分列	元/m³
		沥青混凝土		元/m³（m²）
5	钻孔与灌浆	防渗墙		元/m²
		灌浆孔	使用不同钻孔机械及钻孔的不同用途分列	元/m
		灌浆	不同灌浆种类分列	元/m（m²）
		排水孔		元/m
6	锚固工程	锚杆		元/根
		锚索		元/束（根）
		喷混凝土		元/m³

240

序号	三 级 项 目			经济技术指标
	分类	名称示例	说明	
7	钢筋	钢筋		元/t
8	钢结构	钢衬		元/t
		构架		元/t
9	止水	面（趾）板止水		元/m
10	其他	启闭机室		元/m²
		控制室（楼）		元/m²
		温控措施		元/m³
		厂房装修		元/m²
		细部结构工程		元/m³

附表 B.3　　　　　**第二部分：机电设备及安装工程**

I	枢纽工程			
序号	一级项目	二级项目	三级项目	技术经济指标
一	发电设备及安装工程			
1		水轮机设备及安装工程		
			水轮机	元/台
			调速器	元/台
			油压装置	元/台套
			过速限制器	元/台套
			自动化元件	元/台套
			透平油	元/t
2		发电机设备及安装工程		
			发电机	元/台
			励磁装置	元/台套
			自动化元件	元/台套
3		主阀设备及安装工程		
			蝴蝶阀（球阀、锥形阀）	元/台
			油压装置	元/台
4		起重设备及安装工程		
			桥式起重机	元/t（台）
			转子吊具	元/t（具）
			平衡梁	元/t（副）
			轨道	元/双10m
			滑触线	元/三相10m
5		水力机械辅助设备及安装工程		

附　录

续表

I		枢纽工程		
序号	一级项目	二级项目	三级项目	技术经济指标
			油系统	
			压气系统	
			水系统	
			水力量测系统	
			管路（管子、附件、阀门）	
6		电气设备及安装工程		
			发电电压装置	
			控制保护系统	
			直流系统	
			厂用电系统	
			电工试验设备	
			35kV及以下动力电缆	
			控制和保护电缆	
			母线	
			电缆架	
			其他	
二	升压变电设备及安装工程			
1		主变压器设备及安装工程		
			变压器	元/台
			轨道	元/双10m
2		高压电气设备及安装工程		
			高压断路器	
			电流互感器	
			电压互感器	
			隔离开关	
			110kV及以上高压电缆	
3		一次拉线及其他安装工程		
三	公用设备及安装工程			
1		通信设备及安装工程		
			卫星通信	
			光缆通信	
			微波通信	
			载波通信	
			生产调度通信	
			行政管理通信	
2		通风采暖设备及安装工程		

续表

I	枢纽工程			
序号	一级项目	二级项目	三级项目	技术经济指标
			通风机 空调机 管路系统	
3		机修设备及安装工程		
			车床 刨床 钻床	
4		计算机监控系统		
5		工业电视系统		
6		管理自动化系统		
7		全厂接地及保护网		
8		电梯设备及安装工程		
			大坝电梯 厂房电梯	
9		坝区馈电设备及安装工程		
			变压器 配电装置	
10		厂坝区供水、排水、供热设备及安装工程		
11		水文、泥沙监测设备及安装工程		
12		水情自动测报系统设备及安装工程		
13		视频安防监控设备及安装工程		
14		安全监测设备及安装工程		
15		消防设备		
16		劳动安全与工业卫生设备及安装工程		
17		交通设备		

Ⅱ	引水工程及河道工程			
序号	一级项目	二级项目	三级项目	技术经济指标
一	泵站设备及安装工程			
1		水泵设备及安装工程		
2		电动机设备及安装工程		
3		主阀设备及安装工程		
4		起重设备及安装工程		
			桥式起重机	元/t（台）
			平衡梁	元/t（副）
			轨道	元/双 10m
			滑触线	元/三相 10m
5		水力机械辅助设备及安装工程		
			油系统	
			压气系统	
			水系统	
			水力量测系统	
			管路(管子、附件、阀门)	
6		电气设备及安装工程		
			控制保护系统	
			盘柜	
			电缆	
			母线	
二	水闸设备及安装工程			
1		电气一次设备及安装工程		
2		电气二次设备及安装工程		
三	电站设备及安装工程			
四	供电设备及安装工程			
		变电站设备及安装		
五	公用设备及安装工程			
1		通信设备及安装工程		
			卫星通信	
			光缆通信	
			微波通信	
			载波通信	
			生产调度通信	
			行政管理通信	

续表

Ⅱ	引水工程及河道工程			
序号	一级项目	二级项目	三级项目	技术经济指标
2		通风采暖设备及安装工程		
			通风机 空调机 管路系统	
3		机修设备及安装工程		
			车床 刨床 钻床	
4		计算机监控系统		
5		管理自动化系统		
6		全厂接地及保护网		
7		厂坝区供水、排水、供热设备及安装工程		
8		水文、泥沙监测设备及安装工程		
9		水情自动测报系统设备及安装工程		
10		视频安防监控设备及安装工程		
11		安全监测设备及安装工程		
12		消防设备		
13		劳动安全与工业卫生设备及安装工程		
14		交通设备		

附表 B.4   **第三部分：金属结构设备及安装工程**

Ⅰ	枢 纽 工 程			
序号	一级项目	二级项目	三级项目	技术经济指标
一	挡水工程			
1		闸门设备及安装工程		
			平板门 弧形门 埋件 闸门、埋件防腐	元/t 元/t 元/t 元/t（m²）

续表

Ⅰ	枢　纽　工　程			
序号	一级项目	二级项目	三级项目	技术经济指标
2		启闭设备及安装工程		
			卷扬式启闭机 门式启闭机 油压启闭机 轨道	元/t（台） 元/t（台） 元/t（台） 元/双10m
3		拦污设备及安装工程		
			拦污栅 清污机	元/t 元/t（台）
二	泄洪工程			
1		闸门设备及安装工程		
2		启闭设备及安装工程		
3		拦污设备及安装工程		
三	引水工程			
1		闸门设备及安装工程		
2		启闭设备及安装工程		
3		拦污设备及安装工程		
4		压力钢管制作及安装工程		
四	发电厂工程			
1		闸门设备及安装工程		
2		启闭设备及安装工程		
五	航运工程			
1		闸门设备及安装工程		
2		启闭设备及安装工程		
3		升船机设备及安装工程		
六	鱼道工程			
Ⅱ	引水工程及河道工程			
序号	一级项目	二级项目	三级项目	技术经济指标
一	泵站工程			
1		闸门设备及安装工程		
2		启闭设备及安装工程		
3		拦污设备及安装工程		
二	水闸（涵）工程			
1		闸门设备及安装工程		
2		启闭设备及安装工程		

续表

Ⅱ		引水工程及河道工程		
序号	一级项目	二级项目	三级项目	技术经济指标
3		拦污设备及安装工程		
三	小水电站工程			
1		闸门设备及安装工程		
2		启闭设备及安装工程		
3		拦污设备及安装工程		
4		压力钢管制作及安装工程		
四	调蓄水库工程			
五	其他建筑物工程			

附表 B. 5　　　　　　　　第四部分：施工临时工程

序号	一级项目	二级项目	三级项目	技术经济指标
一	导流工程			
1		导流明渠工程		
			土方开挖	元/m³
			石方开挖	元/m³
			模板	元/m²
			混凝土	元/m³
			钢筋	元/t
			锚杆	元/根
2		导流洞工程		
			土方开挖	元/m³
			石方开挖	元/m³
			模板	元/m²
			混凝土	元/m³
			钢筋	元/t
			喷混凝土	元/m³
			锚杆（索）	元/根（束）
3		土石围堰工程		
			土方开挖	元/m³
			石方开挖	元/m³
			堰体填筑	元/m³
			砌石	元/m³
			防渗	元/m³（m²）
			堰体拆除	元/m³
			其他	

序号	一级项目	二级项目	三级项目	技术经济指标
4		混凝土围堰工程		
			土方开挖	元/m³
			石方开挖	元/m³
			模板	元/m²
			混凝土	元/m³
			防渗	元/m³（m²）
			堰体拆除	元/m³
			其他	
5		蓄水期下游断流补偿设施工程		
6		金属结构设备及安装工程		
二	施工交通工程			
1		公路工程		元/km
2		铁路工程		元/km
3		桥梁工程		元/延米
4		施工支洞工程		
5		码头工程		
6		转运站工程		
三	施工供电工程			
1		220kV供电线路		元/km
2		110kV供电线路		元/km
3		35kV供电线路		元/km
4		10kV供电线路（引水及河道）		元/km
5		变配电设施设备（场内除外）		元/座
四	施工房屋建筑工程			
1		施工仓库		
2		办公、生活及文化福利建筑		
五	其他施工临时工程			

注　凡永久与临时相结合的项目列入相应永久工程项目内。

附表 B.6　　　　　　　　　　第五部分：独立费用

序号	一级项目	二级项目	三级项目	技术经济指标
一	建设管理费			
二	工程建设监理费			
三	联合试运转费			
四	生产准备费			

序号	一级项目	二级项目	三级项目	技术经济指标
1		生产及管理单位提前进厂费		
2		生产职工培训费		
3		管理用具购置费		
4		备品备件购置费		
5		工器具及生产家具购置费		
五	科研勘测设计费			
1		工程科学研究试验费		
2		工程勘测设计费		
六	其他			
1		工程保险费		
2		其他税费		

附录 C 设 计 概 算 表 格

一、工程概算总表

附表 C.1　　　　　　　**工 程 概 算 总 表**　　　　　　　单位：万元

序号	工程或费用名称	建安工程费	设备购置费	独立费用	合计
Ⅰ	工程部分投资 第一部分　建筑工程 第二部分　机电设备及安装工程 第三部分　金属结构设备及安装工程 第四部分　施工临时工程 第五部分　独立费用 一至五部分投资合计 基本预备费 静态投资				
Ⅱ 一 二 三 四 五 六 七	建设征地移民补偿投资 农村部分补偿费 城（集）镇部分补偿费 工业企业补偿费 专业项目补偿费 防护工程费 库底清理费 其他费用 一至七项小计 基本预备费 有关税费 静态投资				

续表

序号	工程或费用名称	建安工程费	设备购置费	独立费用	合计
Ⅲ	环境保护工程投资静态投资				
Ⅳ	水土保持工程投资静态投资				
Ⅴ	工程投资总计（Ⅰ～Ⅳ合计）				
	静态总投资				
	价差预备费				
	建设期融资利息				
	总投资				

二、工程部分概算表

1. 工程部分总概算表

附表 C.2 　　　　　　　　　　工程部分总概算表 　　　　　　　　　单位：万元

序号	工程或费用名称	建安工程费	设备购置费	独立费用	合计	占一至五部分投资比例/%
	各部分投资					
	一至五部分投资合计					
	基本预备费					
	静态总投资					

2. 建筑工程概算表

按项目划分列示至三级项目。

附表 C.3 适用于编制建筑工程概算、施工临时工程概算和独立费用概算。

附表 C.3 　　　　　　　　　　建 筑 工 程 概 算 表

序号	工程或费用名称	单位	数量	单价/元	合计/万元

3. 设备及安装工程概算表

按项目划分列示至三级项目。

附表 C.4 适用于编制机电和金属结构设备及安装工程概算。

附表 C.4 　　　　　　　　　　设 备 及 安 装 工 程 概 算 表

序号	名称及规格	单位	数量	单价/元		合计/万元	
				设备费	安装费	设备费	安装费

4. 分年度投资表

按附表 C.5 编制分年度投资表，可视不同情况按项目划分列示至一级项目或二级项目。

附表 C.5　　　　　　　　**分 年 度 投 资 表**　　　　　　　　单位：万元

序号	项目	合计	建设工期/年度						
			1	2	3	4	5	6	⋯
Ⅰ	工程部分投资								
一	建筑工程								
1	建筑工程								
	×××工程（一级项目）								
2	施工临时工程								
	×××工程（一级项目）								
二	安装工程								
1	机电设备安装工程								
	×××工程（一级项目）								
2	金属结构设备安装工程								
	×××工程（一级项目）								
三	设备购置费								
1	机电设备								
	×××设备								
2	金属结构设备								
	×××设备								
四	独立费用								
1	建设管理费								
2	工程建设监理费								
3	联合试运转费								
4	生产准备费								
5	科研勘测设计费								
6	其他								
	一至四项合计								
	基本预备费								
	静态投资								
Ⅱ	建设征地移民补偿投资								
	⋮								
	静态投资								
Ⅲ	环境保护工程投资								
	⋮								
	静态投资								
Ⅳ	水土保持工程投资								
	⋮								
	静态投资								

序号	项目	合计	建设工期/年度						
			1	2	3	4	5	6	…
V	工程投资总计（Ⅰ～Ⅳ合计）								
	静态总投资								
	价差预备费								
	建设期融资利息								
	总投资								

5. 资金流量表

需要编制资金流量表的项目可按下表编制。

可视不同情况按项目划分列示至一级项目或二级项目。项目排列方法同分年度投资表。资金流量表应汇总征地移民、环境保护、水土保持部分投资，并计算总投资。资金流量表是资金流量计算表的成果汇总。

附表 C.6　　　　　　　　　　资 金 流 量 表　　　　　　　　　单位：万元

序号	项目	合计	建设工期/年度						
			1	2	3	4	5	6	…
Ⅰ	工程部分投资								
一	建筑工程								
（一）	建筑工程								
	×××工程（一级项目）								
（二）	施工临时工程								
	×××工程（一级项目）								
二	安装工程								
（一）	机电设备安装工程								
	×××工程（一级项目）								
（二）	金属结构设备安装工程								
	×××工程（一级项目）								
三	设备购置费								
	⋮								
四	独立费用								
	⋮								
	一至四项合计								
	基本预备费								
	静态投资								
Ⅱ	建设征地移民补偿投资								
	⋮								
	静态投资								

续表

序号	项目	合计	建设工期/年度						
			1	2	3	4	5	6	…
Ⅲ	环境保护工程投资								
	⋮								
	静态投资								
Ⅳ	水土保持工程投资								
	⋮								
	静态投资								
Ⅴ	工程投资总计（Ⅰ~Ⅳ合计）								
	静态总投资								
	价差预备费								
	建设期融资利息								
	总投资								

三、工程部分概算附表

工程部分概算附表包括建筑工程单价汇总表、安装工程单价汇总表、主要材料预算价格汇总表、其他材料预算价格汇总表、施工机械台时费汇总表、主要工程量汇总表、主要材料量汇总表、工时数量汇总表。

1. 建筑工程单价汇总表

附表 C.7 建筑工程单价汇总表

单价编号	名称	单位	单价/元	其中							
				人工费	材料费	机械使用费	其他直接费	间接费	利润	材料补差	税金

2. 安装工程单价汇总表

附表 C.8 安装工程单价汇总表

单价编号	名称	单位	单价/元	其中								
				人工费	材料费	机械使用费	其他直接费	间接费	利润	材料补差	未计价装置性材料费	税金

3. 主要材料预算价格汇总表

附表 C.9 主要材料预算价格汇总表

序号	名称及规格	单位	预算价格/元	其中			
				原价	运杂费	运输保险费	采购及保管费

4. 其他材料预算价格汇总表

附表 C.10　　　　　　　　　　其他材料预算价格汇总表

序号	名称及规格	单位	原价/元	运杂费/元	合计/元

5. 施工机械台时费汇总表

附表 C.11　　　　　　　　　　施工机械台时费汇总表

序号	名称及规格	台时费/元	其中				
			折旧费	修理及替换设备费	安拆费	人工费	动力燃料费

6. 主要工程量汇总表

附表 C.12　　　　　　　　　　主 要 工 程 量 汇 总 表

序号	项目	土石方明挖/m³	石方洞挖/m³	土石方填筑/m³	混凝土/m³	模板/m²	钢筋/t	帷幕灌浆/m	固结灌浆/m

注　表中统计的工程类别可根据工程实际情况调整。

7. 主要材料量汇总表

附表 C.13　　　　　　　　　　主 要 材 料 量 汇 总 表

序号	项目	水泥/t	钢筋/t	钢材/t	木材/m³	炸药/t	沥青/t	粉煤灰/t	汽油/t	柴油/t

注　表中统计的主要材料种类可根据工程实际情况调整。

8. 工时数量汇总表

附表 C.14　　　　　　　　　　工 时 数 量 汇 总 表

序号	项目	工时数量	备注

四、工程部分概算附件附表

工程部分概算附件附表包括人工预算单价计算表、主要材料运输费用计算表、主要材料预算价格计算表、混凝土材料单价计算表、建筑工程单价表、安装工程单价表、资金流量计算表。

1. 人工预算单价计算表

附表 C.15　　　　　　　　　　　　**人工预算单价计算表**

艰苦边远地区类别		定额人工等级	
序号	项目	计算式	单价/元
1	人工工时预算单价		
2	人工工日预算单价		

2. 主要材料运输费用计算表

附表 C.16　　　　　　　　　　　　**主要材料运输费用计算表**

编号	1	2	3	材料名称				材料编号	
交货条件				运输方式	火车	汽车	船运	火车	
交货地点				货物等级				整车	零担
交货比例/%				装载系数					

编号	运输费用项目	运输起讫地点	运输距离/km	计算公式	合计/元
1	铁路运杂费				
	公路运杂费				
	水路运杂费				
	综合运杂费				
2	铁路运杂费				
	公路运杂费				
	水路运杂费				
	综合运杂费				
3	铁路运杂费				
	公路运杂费				
	水路运杂费				
	综合运杂费				
	每吨运杂费				

3. 主要材料预算价格计算表

附表 C.17　　　　　　　　　　　　**主要材料预算价格计算表**

编号	名称及规格	单位	原价依据	单位毛重/t	每吨运费/元	价格/元				
						原价	运杂费	采购及保管费	运输保险费	预算价格

4. 混凝土材料单价计算表

附表 C.18　　　　　　　　　**混凝土材料单价计算表**

编号	名称及规格	单位	预算量	调整系数	单价/元	合价/元

注　1. "名称及规格"栏要求标明混凝土标号及级配、水泥强度等级等。

　　2. "调整系数"为卵石换碎石、粗砂换中细砂及其他调整配合比材料用量系数。

5. 建筑工程单价表

附表 C.19　　　　　　　　　　**建 筑 工 程 单 价 表**

单价编号			项目名称			
定额编号					定额单位	
施工方法			（填写施工方法、土或岩石类别、运距等）			
编号	名称及规格		单位	数量	单价/元	合价/元

6. 安装工程单价表

附表 C.20　　　　　　　　　　**安 装 工 程 单 价 表**

单价编号			项目名称			
定额编号					定额单位	
型号规格						
编号	名称及规格		单位	数量	单价/元	合价/元

7. 资金流量计算表

资金流量计算表可视不同情况按项目划分列示至一级或二级项目。项目排列方法同分年度投资表。资金流量计算表应汇总征地移民、环境保护、水土保持等部分投资，并计算总投资。

附表 C.21　　　　　　　　　　**资 金 流 量 计 算 表**　　　　　　　　单位：万元

序号	项　　目	合计	建设工期/年度						
			1	2	3	4	5	6	⋯
I	工程部分投资								
一	建筑工程								
（一）	×××工程								
1	分年度完成工作量								
2	预付款								
3	扣回预付款								
4	保留金								
5	偿还保留金								

序号	项 目	合计	建设工期/年度						
			1	2	3	4	5	6	···
（二）	×××工程								
	⋮								
二	安装工程								
	⋮								
三	设备购置								
	⋮								
四	独立费用								
	⋮								
五	一至四项合计								
1	分年度费用								
2	预付款								
3	回预付款								
4	保留金								
5	偿还保留金								
	基本预备费								
	静态投资								
Ⅱ	建设征地移民补偿投资								
	⋮								
	静态投资								
Ⅲ	环境保护工程投资								
	⋮								
	静态投资								
Ⅳ	水土保持工程投资								
	⋮								
	静态投资								
Ⅴ	工程投资总计（Ⅰ～Ⅳ合计）								
	静态总投资								
	价差预备费								
	建设期融资利息								
	总投资								

五、投资对比分析报告附表

1. 总投资对比表

格式参见附表 C.22，可根据工程情况进行调整。可视不同情况按项目划分列示至一级项目或二级项目。

附表 C.22　　　　　　　总 投 资 对 比 表　　　　　　　单位：万元

序号	工程或费用名称	可研阶段投资	初步设计阶段投资	增减额度	增减幅度/%	备注
(1)	(2)	(3)	(4)	(4)－(3)	［(4)－(3)］/(3)	
Ⅰ	工程部分投资 第一部分建筑工程 ⋮ 第二部分机电设备及安装工程 ⋮ 第三部分金属结构设备及安装工程 ⋮ 第四部分施工临时工程 ⋮ 第五部分独立费用 ⋮ 一至五部分投资合计 基本预备费 静态投资					
Ⅱ 一 二 三 四 五 六 七	建设征地移民补偿投资 农村部分补偿费 城(集)镇部分补偿费 工业企业补偿费 专业项目补偿费 防护工程费 库底清理费 其他费用 一至七项小计 基本预备费 有关税费 静态投资					
Ⅲ	环境保护工程投资 静态投资					
Ⅳ	水土保持工程投资 静态投资					
Ⅴ	工程投资总计(Ⅰ～Ⅳ合计)					
	静态总投资					
	价差预备费					
	建设期融资利息					
	总投资					

2. 主要工程量对比表

格式参见附表 C.23，可根据工程情况进行调整。应列示主要工程项目的主要工程量。

附表 C.23　　　　　　　主要工程量对比表

序号	工程或费用名称	单位	可研阶段	初步设计阶段	增减数量	增减幅度/%	备注
(1)	(2)	(3)	(4)	(5)	(5)－(4)	[(5)－(4)]/(4)	
1	挡水工程						
	石方开挖						
	混凝土						
	钢筋						
	⋮						

3. 主要材料和设备价格对比表

格式参见附表 C.24，可根据工程情况进行调整。设备投资较少时，可不附设备价格对比。

附表 C.24　　　　　　主要材料和设备价格对比表　　　　　　　单位：元

序号	工程或费用名称	单位	可研阶段	初步设计阶段	增减额度	增减幅度/%	备注
(1)	(2)	(3)	(4)	(5)	(5)－(4)	[(5)－(4)]/(4)	
1	主要材料价格						
	水泥						
	油料						
	钢筋						
	⋮						
2	主要设备价格						
	水轮机						
	⋮						

附录 D　艰苦边远地区类别划分

一、新疆维吾尔自治区（99 个）

一类区（1 个）

乌鲁木齐市：东山区。

二类区（11 个）

乌鲁木齐市：天山区、沙依巴克区、新市区、水磨沟区、头屯河区、达坂城区、乌鲁木齐县。

石河子市。

昌吉回族自治州：昌吉市、阜康市、米泉市。

三类区（29个）

五家渠市。

阿拉尔市。

阿克苏地区：阿克苏市、温宿县、库车县、沙雅县。

吐鲁番地区：吐鲁番市、鄯善县。

哈密地区：哈密市。

博尔塔拉蒙古自治州：博乐市、精河县。

克拉玛依市：克拉玛依区、独山子区、白碱滩区、乌尔禾区。

昌吉回族自治州：呼图壁县、玛纳斯县、奇台县、吉木萨

尔县。巴音郭楞蒙古自治州：库尔勒市、轮台县、博湖县、焉耆回族自治县。

伊犁哈萨克自治州：奎屯市、伊宁市、伊宁县。

塔城地区：乌苏市、沙湾县、塔城市。

四类区（37个）

图木舒克市。

喀什地区：喀什市、疏附县、疏勒县、英吉沙县、泽普县、麦盖提县、岳普湖县、伽师县、巴楚县。

阿克苏地区：新和县、拜城县、阿瓦提县、乌什县、柯坪县。

吐鲁番地区：托克逊县。

克孜勒苏柯尔克孜自治州：阿图什市。

博尔塔拉蒙古自治州：温泉县。

昌吉回族自治州：木垒哈萨克自治县。

巴音郭楞蒙古自治州：尉犁县、和硕县、和静县。

伊犁哈萨克自治州：霍城县、巩留县、新源县、察布查尔锡伯自治县、特克斯县、尼勒克县。

塔城地区：额敏县、托里县、裕民县、和布克赛尔蒙古自治县。

阿勒泰地区：阿勒泰市、布尔津县、富蕴县、福海县、哈巴河县。

五类区（16个）

喀什地区：莎车县。

和田地区：和田市、和田县、墨玉县、洛浦县、皮山县、策勒县、于田县、民丰县。

哈密地区：伊吾县、巴里坤哈萨克自治县。

巴音郭楞蒙古自治州：若羌县、且末县。

伊犁哈萨克自治州：昭苏县。

阿勒泰地区：青河县、吉木乃县。

六类区（5个）

克孜勒苏柯尔克孜自治州：阿克陶县、阿合奇县、乌恰县。

喀什地区：塔什库尔干塔吉克自治县、叶城县。

二、宁夏回族自治区（19 个）

一类区（11 个）

银川市：兴庆区、灵武市、永宁县、贺兰县。

石嘴山市：大武口区、惠农区、平罗县。

吴忠市：利通区、青铜峡市。

中卫市：沙坡头区、中宁县。

三类区（8 个）

吴忠市：盐池县、同心县。

固原市：原州区、西吉县、隆德县、泾源县、彭阳县。

中卫市：海原县。

三、青海省（43 个）

二类区（6 个）

西宁市：城中区、城东区、城西区、城北区。

海东地区：乐都县、民和回族土族自治县。

三类区（8 个）

西宁市：大通回族土族自治县、湟源县、湟中县。

海东地区：平安县、互助土族自治县、循化撒拉族自治县。

海南藏族自治州：贵德县。

黄南藏族自治州：尖扎县。

四类区（12 个）

海东地区：化隆回族自治县。

海北藏族自治州：海晏县、祁连县、门源回族自治县。

海南藏族自治州：共和县、同德县、贵南县。

黄南藏族自治州：同仁县。

海西蒙古族藏族自治州：德令哈市、格尔木市、乌兰县、都兰县。

五类区（10 个）

海北藏族自治州：刚察县。

海南藏族自治州：兴海县。

黄南藏族自治州：泽库县、河南蒙古族自治县。

果洛藏族自治州：玛沁县、班玛县、久治县。

玉树藏族自治州：玉树县、囊谦县。

海西蒙古族藏族自治州：天峻县。

六类区（7 个）

果洛藏族自治州：甘德县、达日县、玛多县。

玉树藏族自治州：杂多县、称多县、治多县、曲麻莱县。

四、甘肃省（83 个）

一类区（14 个）

兰州市：红古区。

白银市：白银区。

天水市：秦州区、麦积区。

庆阳市：西峰区、庆城县、合水县、正宁县、宁县。

平凉市：崆峒区、泾川县、灵台县、崇信县、华亭县。

二类区（40个）

兰州市：永登县、皋兰县、榆中县。

嘉峪关市。

金昌市：金川区、永昌县。

白银市：平川区、靖远县、会宁县、景泰县。

天水市：清水县、秦安县、甘谷县、武山县。

武威市：凉州区。

酒泉市：肃州区、玉门市、敦煌市。

张掖市：甘州区、临泽县、高台县、山丹县。

定西市：安定区、通渭县、临洮县、漳县、岷县、渭源县、陇西县。陇南市：武都区、成县、宕昌县、康县、文县、西和县、礼县、两当县、徽县。

临夏回族自治州：临夏市、永靖县。

三类区（18个）

天水市：张家川回族自治县。

武威市：民勤县、古浪县。

酒泉市：金塔县、安西县。

张掖市：民乐县。

庆阳市：环县、华池县、镇原县。

平凉市：庄浪县、静宁县。

临夏回族自治州：临夏县、康乐县、广河县、和政县。

甘南藏族自治州：临潭县、舟曲县、迭部县。

四类区（9个）

武威市：天祝藏族自治县。

酒泉市：肃北蒙古族自治县、阿克塞哈萨克族自治县。

张掖市：肃南裕固族自治县。

临夏回族自治州：东乡族自治县、积石山保安族东乡族撒拉族自治县。

甘南藏族自治州：合作市、卓尼县、夏河县。

五类区（2个）

甘南藏族自治州：玛曲县、碌曲县。

五、陕西省（48个）

一类区（45个）

延安市：延长县、延川县、予长县、安塞县、志丹县、吴起县、甘泉县、富县、宜川县。

铜川市：宜君县。

渭南市：白水县。

咸阳市：永寿县、彬县、长武县、旬邑县、淳化县。

宝鸡市：陇县、太白县。

汉中市：宁强县、略阳县、镇巴县、留坝县、佛坪县。

榆林市：榆阳区、神木县、府谷县、横山县、靖边县、绥德县、吴堡县、清涧县、子洲县。

安康市：汉阴县、石泉县、宁陕县、紫阳县、岚皋县、平利县、镇坪县、白河县。

商洛市：商州区、商南县、山阳县、镇安县、柞水县。

二类区（3个）

榆林市：定边县、米脂县、佳县。

六、云南省（120个）

一类区（36个）

昆明市：东川区、晋宁县、富民县、宜良县、嵩明县、石林彝族自治县。

曲靖市：麒麟区、宣威市、沾益县、陆良县。

玉溪市：江川县、澄江县、通海县、华宁县、易门县。

保山市：隆阳县、昌宁县。

昭通市：水富县。

思茅市：翠云区、潜尔哈尼族彝族自治县、景谷彝族傣族自治县。

临沧市：临翔区、云县。

大理白族自治州：永平县。

楚雄彝族自治州：楚雄市、南华县、姚安县、永仁县、元谋县、武定县、禄丰县。

红河哈尼族彝族自治州：蒙自县、开远市、建水县、弥勒县。

文山壮族苗族自治州：文山县。

二类区（59个）

昆明市：禄劝彝族苗族自治县、寻甸回族自治县。

曲靖市：马龙县、罗平县、师宗县、会泽县。

玉溪市：峨山彝族自治县、新平彝族傣族自治县、元江哈尼族彝族傣族自治县。

保山市：施甸县、腾冲县、龙陵县。

昭通市：昭阳区、绥江县、威信县。

丽江市：古城区、永胜县、华坪县。

思茅市：墨江哈尼族自治县、景东彝族自治县、镇沅彝族哈尼族拉祜族自治县、江城哈尼族彝族自治县、澜沧拉祜族自治县。

临沧市：凤庆县、永德县。

德宏傣族景颇族自治州：潞西市、瑞丽市、梁河县、盈江县、陇川县。

大理白族自治州：祥云县、宾川县、弥渡县、云龙县、洱源县、剑川县、鹤庆县、漾濞彝族自治县、南涧彝族自治县、巍山彝族回族自治县。

楚雄彝族自治州：双柏县、牟定县、大姚县。

红河哈尼族彝族自治州：绿春县、石屏县、泸西县、金平苗族瑶族傣族自治县、河口瑶族自治县、屏边苗族自治县。

文山壮族苗族自治州：砚山县、西畴县、麻栗坡县、马关县、丘北县、广南县、富宁县。

西双版纳傣族自治州：景洪市、勐海县、勐腊县。

三类区（20个）

曲靖市：富源县。

昭通市：鲁甸县、盐津县、大关县、永善县、镇雄县、彝良县。

丽江市：玉龙纳西族自治县、宁蒗彝族自治县。

思茅市：孟连傣族拉祜族佤族自治县、西盟佤族自治县。

临沧市：镇康县、双江拉祜族佤族布朗族傣族自治县、耿马傣族佤族自治县、沧源佤族自治县。

怒江傈僳族自治州：泸水县、福贡县、兰坪白族普米族自治县。

红河哈尼族彝族自治州：元阳县、红河县。

四类区（3个）

昭通市：巧家县。

怒江傈僳族自治州：贡山独龙族怒族自治县。

迪庆藏族自治州：维西傈僳族自治县。

五类区（1个）

迪庆藏族自治州：香格里拉县。

六类区（1个）

迪庆藏族自治州：德钦县。

七、贵州省（77个）

一类区（34个）

贵阳市：清镇市、开阳县、修文县、息烽县。

六盘水市：六枝特区。

遵义市：赤水市、遵义县、绥阳县、凤冈县、湄潭县、余庆县、习水县。

安顺市：西秀区、平坝县、普定县。

毕节地区：金沙县。

铜仁地区：江口县、石阡县、思南县、松桃苗族自治县。

黔东南苗族侗族自治州：凯里市、黄平县、施秉县、三穗县、镇远县、岑巩县、锦屏县、麻江县。

黔南布依族苗族自治州：都匀市、贵定县、瓮安县、独山县、龙里县。

黔西南布依族苗族自治州：兴义市。

二类区（36个）

六盘水市：钟山区、盘县。

遵义市：仁怀市、桐梓县、正安县、道真仡佬族苗族自治县、务川仡佬族苗族自治县。

安顺市：关岭布依族苗族自治县、镇宁布依族苗族自治县、紫云苗族布依族自治县。

毕节地区：毕节市、大方县、黔西县。

铜仁地区：德江县、印江土家族苗族自治县、沿河土家族自治县、万山特区。

黔东南苗族侗族自治州：天柱县、剑河县、台江县、黎平县、榕江县、从江县、雷山县、丹寨县。

黔南布依族苗族自治州：荔波县、平塘县、罗甸县、长顺县、惠水县、三都水族自治县。

黔西南布依族苗族自治州：兴仁县、贞丰县、望谟县、册亨县、安龙县。

三类区（7个）

六盘水市：水城县。

毕节地区：织金县、纳雍县、赫章县、威宁彝族回族苗族自治县。

黔西南布依族苗族自治州：普安县、晴隆县。

八、四川省（77个）

一类区（24个）

广元市：朝天区、旺苍县、青川县。

泸州市：叙永县、古蔺县。

宜宾市：筠连县、珙县、兴文县、屏山县。

攀枝花市：东区、西区、仁和区、米易县。

巴中市：通江县、南江县。

达州市：万源市、宣汉县。

雅安市：荥经县、石棉县、天全县。

凉山彝族自治州：西昌市、德昌县、会理县、会东县。

二类区（13个）

绵阳市：北川羌族自治县、平武县。

雅安市：汉源县、芦山、宝兴县。

阿坝藏族羌族自治州：汶川县、理县、茂县。

凉山彝族自治州：宁南县、普格县、喜德县、冕宁县、越西县。

三类区（9个）

乐山市：金口河区、峨边彝族自治县、马边彝族自治县。

攀枝花市：盐边县。

阿坝藏族羌族自治州：九寨沟县。

甘孜藏族自治州：泸定县。

凉山彝族自治州：盐源县、甘洛县、雷波县。

四类区（20个）

阿坝藏族羌族自治州：马尔康县、松潘县、金川县、小金县、黑水县。

甘孜藏族自治州：康定县、丹巴县、九龙县、道孚县、炉霍县、新龙县、德格县、白玉县、巴塘县、乡城县。

凉山彝族自治州：布拖县、金阳县、昭觉县、美姑县、木里藏族自治县。

五类区（8个）

阿坝藏族羌族自治州：壤塘县、阿坝县、若尔盖县、红原县。

甘孜藏族自治州：雅江县、甘孜县、稻城县、得荣县。

六类区（3个）

甘孜藏族自治州：石渠县、色达县、理塘。

九、重庆市（11个）

一类区（4个）

黔江区、武隆县、巫山县、云阳县。

二类区（7个）

城口县、巫溪县、奉节县、石柱土家族自治县、彭水苗族土家族自治县、酉阳土家族苗族自治县、秀山土家族苗族自治县。

十、海南省（7个）

一类区（7个）

五指山市、昌江黎族自治县、白沙黎族自治县、琼中黎族苗族自治县、陵水黎族自治县、保亭黎族苗族自治县、乐东黎族自治县。

十一、广西壮族自治区（58个）

一类区（36个）

南宁市：横县、上林县、隆安县、马山县。

桂林市：全州县、灌阳县、资源县、平乐县、恭城瑶族自治县。

柳州市：柳城县、鹿寨县、融安县。

梧州市：蒙山县。

防城港市：上思县。

崇左市：江州区、扶绥县、天等县。

百色：右江区、田阳县、田东县、平果县、德保县、田林县。

河池市：金城江区、宜州市、南丹县、天峨县、罗城仫佬族自治县、环江毛南族自治县。

来宾市：兴宾区、象州县、武宣县、忻城县。

贺州市：昭平县、钟山县、富川瑶族自治县。

二类区（22个）

桂林市：龙胜各族自治县。

柳州市：三江侗族自治县、融水苗族自治县。

防城港市：港口区、防城区、东兴市。

崇左市：凭祥市、大新县、宁明县、龙州县。

百色市：靖西县、那坡县、凌云县、乐业县、西林县、隆林各族自治县。

河池市：凤山县、东兰县、巴马瑶族自治县、都安瑶族自治县、大化瑶族自治县。

来宾市：金秀瑶族自治县。

十二、湖南省（14 个）

一类区（6 个）

张家界市：桑植县。

永州市：江华瑶族自治县。

邵阳市：城步苗族自治县。

怀化市：麻阳苗族自治县、新晃侗族自治县、通道侗族自治县。

二类区（8 个）

湘西土家族苗族自治州：吉首市、泸溪县、凤凰县、花垣县、保靖县、古丈县、永顺县、龙山县。

十三、湖北省（18 个）

一类区（10 个）

十堰市：郧县、竹山县、房县、郧西县、竹溪县。

宜昌市：兴山县、秭归县、长阳土家族自治县、五峰土家族自治县。

神农架林区。

二类区（8 个）

恩施土家族苗族自治州：恩施市、利川市、建始县、巴东县、宣恩县、咸丰县、来凤县、鹤峰县。

十四、黑龙江省（104 个）

一类区（32 个）

哈尔滨市：尚志市、五常市、依兰县、方正县、宾县、巴彦县、木兰县、通河县、延寿县。

齐齐哈尔市：龙江县、依安县、富裕县。

大庆市：肇州县、肇源县、林甸县。

伊春市：铁力市。

佳木斯市：富锦市、桦南县、桦川县、汤原县。

双鸭山市：友谊县。

七台河市：勃利县。

牡丹江市：海林市、宁安市、林口县。

绥化市：北林区、安达市、海伦市、望奎县、青冈县、庆安县、绥棱县。

二类区（67 个）

齐齐哈尔市：建华区、龙沙区、铁锋区、昂昂溪区、富拉尔基区、碾子山区、梅里斯达斡尔族区、讷河市、甘南县、克山县、克东县、拜泉县。

黑河市：爱辉区、北安市、五大连池市、嫩江县。

大庆市：杜尔伯特蒙古族自治县。

伊春市：伊春区、南岔区、友好区、西林区、翠峦区、新青、美溪、金山屯区、五营区、乌马河区、汤旺河区、带岭区、乌伊岭区、红星区、上甘岭区、嘉荫县。

鹤岗市：兴山区、向阳区、工农区、南山、兴安区、东山区、萝北县、绥滨县。

佳木斯市：同江市、抚远县。

双鸭山市：尖山区、岭东区、四方台区、宝山区、集贤县、宝清县、饶河县。

七台河市：桃山区、新兴区、茄子河区。

鸡西市：鸡冠区、恒山区、滴道区、梨树区、城子河区、麻山区、虎林市、密山市、鸡东县。

牡丹江市：穆棱市、绥芬河市、东宁县。

绥化市：兰西县、明水县。

三类区（5个）

黑河市：逊克县、孙吴县。

大兴安岭地区：呼玛县、塔河县、漠河县。

十五、吉林省（25个）

一类区（14个）

长春市：榆树市。

白城市：大安市、镇赉县、通榆县。

松原市：长岭县、乾安县。

吉林市：舒兰市。

四平市：伊通满族自治县。

辽源市：东辽县。

通化市：集安市、柳河县。

白山市：八道江区、临江市、江源县。

二类区（11个）

白山市：抚松县、靖宇县、长白朝鲜族自治县。

延边朝鲜族自治州：延吉市、图们市、敦化市、珲春市、龙井市、和龙市、汪清县、安图县。

十六、辽宁省（14个）

一类区（14个）

沈阳市：康平县。

朝阳市：北票市、凌源市、朝阳县、建平县、喀喇沁左翼蒙古族自治县。

阜新市：彰武县、阜新蒙古族自治县。

铁岭市：西丰县、昌图县。

抚顺市：新宾满族自治县。

丹东市：宽甸满族自治县。

锦州市：义县。

葫芦岛市：建昌县。

十七、内蒙古自治区（95个）

一类区（23个）

呼和浩特市：赛罕区、托克托县、土默特左旗。

包头市：石拐区、九原区、土默特右旗。

赤峰市：红山区、元宝山区、松山区、宁城县、巴林右旗、敖汉旗。

通辽市：科尔沁区、开鲁县、科尔沁左翼后旗。

鄂尔多斯市：东胜区、达拉特旗。

乌兰察布市：集宁区、丰镇市。

巴彦淖尔市：临河区、五原县、磴口县。

兴安盟：乌兰浩特市。

二类区（39个）

呼和浩特市：武川县、和林格尔县、清水河县。

包头市：白云矿区、固阳县。

乌海市：海勃湾区、海南区、乌达区。

赤峰市：林西县、阿鲁科尔沁旗、巴林左旗、克什克腾旗、翁牛特旗、喀喇沁旗。

通辽市：库伦旗、奈曼旗、扎鲁特旗、科尔沁左翼中旗。

呼伦贝尔市：海拉尔区、满洲里市、扎兰屯市、阿荣旗。

鄂尔多斯市：准格尔旗、鄂托克旗、杭锦旗、乌审旗、伊金霍洛旗。

乌兰察布市：卓资县、兴和县、凉城县、察哈尔右翼前旗。

巴彦淖尔市：乌拉特前旗、杭锦后旗。

兴安盟：突泉县、科尔沁右翼前旗、科尔沁右翼中旗、扎赉特旗。

锡林郭勒盟：锡林浩特市、二连浩特市。

三类区（24个）

包头市：达尔罕茂明安联合旗。

通辽市：霍林郭勒市。

呼伦贝尔市：牙克石市、额尔古纳市、新巴尔虎右旗、新巴尔虎左旗、陈巴尔虎旗、鄂伦春自治旗、鄂温克族自治旗、莫力达瓦达斡尔族自治旗。

鄂尔多斯市：鄂托克前旗。

乌兰察布市：化德县、商都县、察哈尔右翼中旗、察哈尔右翼后旗。

巴彦淖尔市：乌拉特中旗。

兴安盟：阿尔山市。

锡林郭勒盟：多伦县、东乌珠穆沁旗、西乌珠穆沁旗、太仆寺旗、镶黄旗、正镶白旗、正蓝旗。

四类区（9个）

呼伦贝尔市：根河市。

乌兰察布市：四子王旗。

巴彦淖尔市：乌拉特后旗。

锡林郭勒盟：阿巴嘎旗、苏尼特左旗、苏尼特右旗。

阿拉善盟：阿拉善左旗、阿拉善右旗、额济纳旗。

十八、山西省（**44个**）

一类区（41个）

太原市：娄烦县。

大同市：阳高县、灵丘县、浑源县、大同县。

朔州市：平鲁区。

长治市：平顺县、壶关县、武乡县、沁县。

晋城市：陵川县。

忻州市：五台县、代县、繁峙县、宁武县、静乐县、神池县、五寨县、岢岚县、河曲县、保德县、偏关县。

晋中市：榆社县、左权县、和顺县。

临汾市：古县、安泽县、浮山县、吉县、大宁县、永和县、隰县、汾西县。

吕梁市：中阳县、兴县、临县、方山县、柳林县、岚县、交口县、石楼县。

二类区（3个）

大同市：天镇县、广灵县。

朔州市：右玉县。

十九、河北省（28个）

一类区（21个）

石家庄市：灵寿县、赞皇县、平山县。

张家口市：宣化县、蔚县、阳原县、怀安县、万全县、怀来县、涿鹿县、赤城县。

承德市：承德县、兴隆县、平泉县、滦平县、隆化县、宽城满族自治县。

秦皇岛市：青龙满族自治县。

保定市：涞源县、涞水县、阜平县。

二类区（4个）

张家口市：张北县、崇礼县。

承德市：丰宁满族自治县、围场满族蒙古族自治县。

三类区（3个）

张家口市：康保县、沽源县、尚义县。

附录 E　西藏自治区特殊津贴地区类别

二类区

拉萨市：拉萨市城关区及所属办事处，达孜县，尼木县县驻地、尚日区、吞区、尼木区，曲水县，墨竹工卡县（不含门巴区和直孔区），堆龙德庆县。

昌都地区：昌都县（不含妥坝区、拉多区、面达区），芒康县（不含戈波区），贡觉县县驻地、波洛区、香具区、哈加区，八宿县（不含邦达区、同卡区、夏雅区），左贡县（不含川妥区、美玉区），边坝县（不含恩来格区），洛隆县（不含腊久区），江达县（不含德登区、青泥洞区、字嘎区、邓柯区、生达区），类乌齐县县驻地、桑多区、尚卡区、甲桑卡区、丁青县（不含嘎塔区），察雅县（不含括热区、宗沙区）。

山南地区：乃东县，琼结县（不含加麻区），措美县当巴区、乃西区，加查县，贡嘎县（不含东拉区），洛扎县（不含色区和蒙达区），曲松县（不含贡康沙区、邛多江区），桑日县（不含真纠区），扎囊县，错那县勒布区、觉拉区，隆子县县驻地、加玉区、三安曲林区、新巴区，浪卡子县卡拉区。

日喀则地区：日喀则市，萨迦县孜松区、吉定区，江孜县卡麦区、重孜区，拉孜县拉孜区、扎西岗区、彭错林区，定日县卡选区、绒辖区，聂拉木县县驻地，吉隆县吉隆区，亚东县县驻地、下司马镇、下亚东区、上亚东区、谢通门县县驻地、恰嘎区，仁布县县驻地、仁布区、德吉林区、白朗县（不含汪丹区）、南木林县多角区、艾玛岗区、土布加区，樟木口岸。

林芝地区：林芝县，朗县，米林县，察隅县，波密县，工布江达县（不含加兴区、金达乡）。

三类区

拉萨市：林周县，尼木县安岗区、帕古区、麻江区，当雄县（不含纳术错区），墨竹工卡县门巴、直孔区。

那曲地区：嘉黎县尼屋区，巴青县县驻地、高口区、益塔区、雅安多区，比如县（不含下秋卡区、恰则区），索县。

昌都地区：昌都县妥坝区、拉多区、面达区，芒康县戈波区，贡觉县则巴区、拉妥区、木协区、罗麦区、雄松，八宿县邦达区、同卡区、夏雅区，左贡县田妥区、美玉区，边坝县恩来格区，洛隆县腊久区，江达县德登区、青泥洞区、字嘎区、邓柯区、生达区，类乌齐县长毛岭区、卡玛多（巴夏）区、类乌齐区，察雅县括热区、宗沙区。

山南地区：琼结县加麻区，措美县县驻地、当许区，洛扎县色区、蒙达区，曲松县贡康沙区、邛多江区，桑日县真纠区，错那县县驻地、洞嘎区、错那区，隆子县甘当区、扎日区、俗坡下区、雪萨区，浪卡子县（不含卡拉区、张达区、林区）。

日喀则地区：定结县县驻地、陈塘区、萨尔区、定结区、金龙区，萨迦县（不含孜松区、吉定区），江孜县（不含卡麦区、重孜区），拉孜县县驻地、曲下区、温泉区、柳区，定日县（不含卡达区、绒辖区），康马县，聂拉木县（不含县驻地），吉隆县（不含吉隆区），亚东县帕里镇、堆纳区，谢通门县塔玛区、查拉区、德来区，昂仁县（不含桑桑区、查孜区、措麦区），萨嘎县旦嘎区，仁布县帕当区、然巴区、亚德区，白朗县汪丹区，南木林县（不舍多角区、艾玛岗区、土布加区）。

林芝地区：墨脱县，工布江达县加兴区、金达乡。

四类区

拉萨市：当雄县纳木错区。

那曲地区：那曲县，嘉黎县（不含尼屋区），申扎县，巴青县江绵区、仓来区、巴青区、本索区，聂荣县，尼玛县，比如县下秋卡区，恰则区，班戈县，安多县。

昌都地区：丁青县嘎塔区。

山南地区：措美县哲古区，贡嘎县东拉区，隆子县雪萨乡，浪卡子县张达区、林区。

日喀则地区：定结县德吉（日屋区），谢通门县春哲（龙桑）区、南木切区，昂仁县桑桑区、查孜区、措麦区，岗巴县，仲巴县，萨嘎县（不含旦嘎区）。

阿里地区：噶尔县，措勒县，普兰县，革吉县，日土县，扎达县，改则县。

参 考 文 献

［1］ 水利部水利建设经济定额站．水利工程设计概估（算）编制规定［M］．北京：中国水利水电出版社，2015．

［2］ 中华人民共和国建设部．水利工程工程量清单计价规范［M］．北京：中国计划出版社，2007．

［3］ 尹红莲，高玉清，杨胜敏．水利水电工程造价与招投标［M］．郑州：黄河水利出版社，2009．

［4］ 梁建林．水利水电工程造价与招投标［M］．郑州：黄河水利出版社，2009．

［5］ 易建芝，侯林峰，高琴月．水利工程造价［M］．武汉：华中科技大学出版社，2014．

［6］ 钟汉华．水利水电工程造价［M］．北京：高等教育出版社，2007．

［7］ 王朝霞．建筑工程定额与计价［M］．北京：中国电力出版社，2009．

［8］ 中国水利工程协会．水利工程造价计价与控制［M］．北京：中国水利水电出版社，2010．

［9］ 中华人民共和国水利部．水利建筑工程预算定额［M］．郑州：黄河水利出版社，2002．

［10］ 中华人民共和国水利部．水利建筑工程概算定额［M］．郑州：黄河水利出版社，2002．

［11］ 中华人民共和国水利部．水利设备安装工程预算定额［M］．郑州：黄河水利出版社，2002．

［12］ 中华人民共和国水利部．水利设备安装工程概算定额［M］．郑州：黄河水利出版社，2002．

［13］ 中华人民共和国水利部．水利工程施工机械台时费定额［M］．郑州：黄河水利出版社，2002．

［14］ 中华人民共和国水利部．水利工程概预算补充定额［M］．郑州：黄河水利出版社，2005．